5G, 6G 시대를 준비하는
차세대 이동통신 시스템

김동옥 지음

光 文 閣
www.kwangmoonkag.co.kr

  최근의 정보통신 기술은 정보화 사회를 주도하는 중추적인 요소로서 모든 분야에 미치는 영향은 실로 상상을 초월한다고 할 수 있다. 빠른 속도로 발전하는 정보통신 기술은 서비스의 멀티미디어화, 유·무선 네트워크의 통합, 5G,6G 서비스를 통한 개인 네트워크 서비스 등의 개인의 생활뿐 아니라 사회 전체를 급격하게 변화시키고 있다. 이러한 시대적 상황에 맞추어 본 교재는 무선분야 특히 이동통신 시스템 및 정보통신 관련 분야(IT)에 종사하고자 학문에 매진하는 학생들과 산업체의 실무 기술자들에게 상세하고 자세하게 설명된 참고 도서로서 충분히 활용될 수 있으리라 생각한다. 종래의 고정 통신은 물론, 최근에는 특히 이동체 통신, 위성 통신, 광통신 등의 분야에 있어서 새로운 통신 방식이 잇달아 연구, 개발되어 실용화가 활발히 진행되고 있다. 따라서 정보통신, 무선통신분야 및 시스템의 통신방식에 대한 개념 및 구성을 이해하지 못하면 새로운 신기술에 대처 할 수 없게 된다. 그래서 전자, 정보, 무선통신분야에 종사자 또는 종사하기를 원하는 학생은 기본적인 무선통신이론에 대한 체계적인 학습이 필수적이다.

  본 교재는 저자가 30년 동안 무선통신분야의 연구소에서, 산업현장에서 또한 강단에서 보고 느낀 신입생, 연구원들이 주로 겪는 애로사항을 참고해 보다 산업현장과 연계될 수 있도록 하기 위해 지금으로부터 이동통신 분야를 공부하려고 하는 기술자를 위한 입문 교재로서 정리한 것인데, 우리나라가 최초로 상용화한 무선통신방식에 관한 주요한 기초 이론과 실무중심의 시설 유지보수 등을 계통적으로 해설한 것이다.

  이 교재의 내용은 21세기 정보화 시대를 열어가는 주역들이 인식하고 있는 아날로그 시스템 및 디지털 이동통신시스템부터 향후 차세대 5G,6G 시대를 준비하는 주요 기술의 내용을 다루었다.

  이 책의 후반은 주로 최근 관심의 대상이 되는 OFDM, CDMA, DMB, 이론을 다루며, 시스템으로는 5G, 6G 이동통신을 이용한 차세대 서비스 등의 기본적인 사항과 유지보수를 위한 실무적인 방법을 기술하였다.

끝으로 이 책이 출간될 수 있도록 물심양면으로 도움을 주신 광문각 출판사에 깊은 감사를 드립니다. 또한 본서의 자료준비 및 정리를 도와주신 지인들에게 고마움을 보냅니다. 이 책으로 공부한 독자가 5G, 6G 통신기술을 터득하여 더욱 깊은 학문으로의 의욕을 가지게 된다면 저자로서 더 없는 기쁨이겠습니다.

저 자

제1장 전파 개요 ·········· 9

1.1 전파 이론 ·········· 10
1.2 전파와 주파수(RF, Radiofrequency) ·········· 23
1.3 간섭 및 잡음·········· 37

제2장 LTE 시스템 ·········· 45

1.1 LTE 시스템 개요 ·········· 46
1.2 Periodic TAU(Tracking Area Update) ·········· 64
1.3 LTE 기술의 진화 ·········· 72

제3장 5G 핵심 기술 ·········· 79

1.1 초 저 지연(Ultra-Low Latency) ·········· 80
1.2 무선 접근 지연 ·········· 81
1.3 멀티플렉싱 및 큐잉 지연 ·········· 89
1.4 전송 지연 ·········· 92
2.1 초 고속 데이터 전송·········· 94
2.2 Carrier Aggregation ·········· 97
2.3 MIMO ·········· 98
2.4 변조 및 코딩·········· 100
2.5 스케일링 펙터 ·········· 101

제4장 5G 3대 기술 ·········· 103

1.1 5G 특징 개요 ·········· 104
1.2 5G 주파수와 전파 특성 ·········· 113
1.3 5G NR frame구조 및 TTI 감소 ·········· 114
1.4 5G 빔포밍 기술 ·········· 119
1.5 NR Peak Throughput ·········· 131

제5장 5G 주파수 대역 ·· **137**

1.1 5G 통신 주파수 대역, 운용 형태의 분류 ·················· 138
1.2 주변국 NR 대역 간섭 ··· 146
1.3 3.5GHz 주파수 분석 ·· 148
1.4 28GHz 주파수 영향 분석·· 159

제6장 전파특성 및 시험 ·· **163**

1.1 NR 전파특성 시험 ·· 164
1.2 NR 3.5GHz 성능시험 ··· 166
1.3 성능 시험 방법 ··· 171
1.4 28GHz NR 성능시험 (Verizon Pre-5G 규격) ·········· 189
1.5 중국 China Mobile Massive MIMO 기술 ··············· 194

제7장 엔지니어링 설계 및 서비스 ································ **199**

1.1 시스템 설계 ··· 200
1.2 서비스 ··· 204
1.3 지하철 서비스 ·· 211

제8장 5G 기술적 요구사항 ·· **217**

1.1 5G 트래픽 ··· 218
1.2 5G 서비스의 기술적 요구사항································ 222
1.3 5G Key Technologies ·· 230
1.4 Multi-Radio Access Technology ························· 238

제9장 엔지니어링 ·· **249**

1.1 NR 장비 엔지니어링 ·· 250
1.2 DUH 설계 ·· 252
1.3 LTE 설치 장소 유형별 ·· 258
1.4 DUL 설계 및 지상 서비스 ······································ 259
1.5 인빌딩 서비스 ·· 263

제10장 안테나 기술 ···································· **269**

1.1 기지국 안테나 ····································· 270
1.2 지향성 안테나 이론 ······························· 280
1.3 안테나 방사 패턴 ································· 285
1.4 안테나 수신감도 ································· 290
1.5 송신신호의 방향성 조정 ··························· 293

제11장 엔지니어링 구축 운용 ························ **297**

1.1 부대물자 ······································· 298
1.2 DUL 정류기/축전지 엔지니어링 및 운용 기준(안) ········· 312

차세대 이동통신 시스템

제1장

전파 개요

1.1 전파 이론
1.2 전파와 주파수(RF, Radiofrequency)
1.3 간섭 및 잡음

차세대 이동통신 시스템

전파 개요

1.1 전파 이론

1) 전파의 특성

이동통신 시스템에서 전파의 특성은 무선 신호를 전송하고 수신하는 과정에서 나타나는 천문학저, 기상학적, 지리적, 시간적 요인에 의한 이용 가능한 주파수 대역 및 신호 전달의 물리적 성질을 의미한다. 주요 전파 특성은 다음과 같다.

2) 전파 지연

신호가 송신지에서 수신지까지 전송되는 데 걸리는 시간을 지연이라고 한다. 전파 지연은 전파 속도, 전송 거리, 대역폭 등의 요인에 영향을 받는다. 따라서 전파 지연(propagation delay)은 전파 속도와 거리를 바탕으로 한 신호가 특정 거리를 통과하는 시간이다. 일반적으로 전파 지연은 다음과 같은 공식으로 계산된다.

(식 1) *Propagation delay = (distance) / (Propagation speed*

이때 전파 속도는 신호가 전파되는 매질에 따라 달라진다. 예를 들어 진공 속 전파 속도는 빛의 속도 (c) 약 299,792,458 m/s(미터/초)이고, 도선 매체에서의 전파 속도는 빛의 속도보다 다소 느린다. 도선 매체에서 전파 속도가 빛의 속도의 2/3 정도라면, 전파 지연 공식은 다음과 같다.

전파 지연 = 거리 / (c x 2/3) 이러한 계산을 통해 얻어진 전파 지연은 보통 나노초(ns) 또는 마이크로초(μs) 단위로 표현된다.

3) 전파 손실

이동통신 시스템에서 전파 손실(Path loss)은 무선 전파 신호가 발신지에서 수신지로 전달되는 동안 감쇄되는 과정을 의미한다. 전파 손실은 다양한 요인에 의해 발생하며, 주요 원인은 다음과 같다.

▶ 전파의 거리: 이동통신 시스템에서 통신하는 기지국과 이동 단말 간의 거리가 멀어질수록 전파 손실이 커진다. 거리가 증가함에 따라 전파 에너지가 퍼져 손실이 발생하게 되는데, 이러한 현상을 거리 손실(Path loss)또는 전파 감쇄(Propagation loss)라 부른다.

▶ 지형 및 장애물: 전파가 건물, 나무, 산 등의 장애물을 만날 때, 투과하지 못하고 반사되거나 산란되어 손실이 발생한다. 이런 이유로 도시 지역이나 산지 지역에서는 전파 손실이 더 큰 경향이 있다.

▶ 주파수: 높은 주파수에서 작동하는 이동통신 시스템은 대기 상의 산란, 산란 및 흡수 등의 영향으로 인해 손실이 더 클 수 있다.

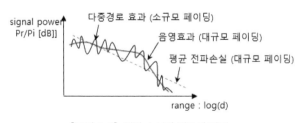

[그림 1-1] 전파 손실의 변동성 비교

전파 손실을 계산하는 데 사용되는 다양한 수학 모델이 존재한다. 가장 일반적으로 사용되는 계산식으로는 프리스-하탁 모델(Friis-Hatak), 오쿠무라-하타 모델(Okumura-Hata), Walfish-Ikegami 모델 등이 있다. 여기서는 프리스-하탁 모델의 간단한 예시를 들겠다. 프리스-하탁 모델(Friis-HT 모델)은 무선 통신에서 프리스 전송 방정식을 바탕으로 공간적 분산 및 채널 특성을 기반으로 하는 전파 손실 모델이다. 프리스-하탁 모델에서 전파 손실 계산식은 다음과 같다.

식 1) $L (dB) = 20 * log10(d) + 20 * log10(f) + 20 * log10(4 * \pi / c)$

여기서 변수의 의미는 다음과 같다. d: 송수신기 간의 거리 (meters), f: 주파수 (hertz), c: 빛의 속도 (약 $3 \times 10 \cdot 8$ m/s)이다.

이 모델의 단점은 국소 환경의 영향을 고려하지 않기 때문에 실제 전파 손실을 정확하게 예측하기 어렵다는 것이다. 때문에 실제 전파 손실을 예측하기 위해서는 경로 손실 모델, 섀도잉 및 다중 경로 페이딩 등의 다른 전파 모델들을 함께 고려할 필요가 있다. 따라서 이동통신 시스템에서 대표적인 전파 손실 요인으로는 자유 공간(free space) 손실, 지구 표면 손실, 대기 감쇠, 비행기 효과, 그림자 영향, 다중 경로 전파 등에 대해서 알아보겠다.

▶ 자유 공간 손실: 이동통신에서는 안테나에서 방사하는 출력이 단말에 얼마나 잘 도달하는지가 중요하다. 기지국에 가까울수록 무선 환경이 좋다고 하며, 기지국에서 멀어질수록 무선 환경이 불량하다고 하는데, 여기에 가장 큰 이유가 바로 Pathloss 때문이다. 자연적으로 공기 중에서 사라지기 때문에 이런 손실이 발생하게 된다.

Pathloss를 계산하는 공식은 아래와 같다.

(식 2)

$$Pathloss = \left(\frac{4\pi d}{\lambda}\right)^2$$
$$= \left(\frac{4\pi d f}{c}\right)^2$$

여기서 λ는 전파의 파장으로 단위는 meter, f는 주파수로 단위는 Hz(Hertz), d는 송신기로부터 수신기까지의 거리로 단위는 meter, c는 빛의 속도로 $3X(10 \cdot 8)$m/s 이다.

참조: (식 3)을 Decibel 단위로 재계산하면, Pathloss = 20log(d) +20log(f)+20log(4pie/c)= 20log(d)+20log(f)−147.55와 같이 표현할 수 있다. 그런데 이 수식은 거리(d)의 단위가 m이고, 주파수(f) 단위가 Hz인 경우에 성립하는 수식이다. 사용하는 거리의 단위가 m이고, 주파수 단위가 MHz인 경우, 상수는 −147.55가 아닌 −27.55가 된다. 예를 들어 계산을 한 번 해 보면, 국내 이동통신사가 활용하는 1.8GHz 대역의 광대역에서 안테나와 100m 떨어진 곳에서의 pathloss를 계산하면, Pathloss = 20log(100)+20log(1800)−27.55 = 77.56dB가 된다.

▶ 지구 표면 손실: 지구 표면 손실은 통신 과정에서 전파가 지구의 표면을 따라 퍼져 나갈 때 발생하는 손실이다. 지구의 표면이 완전히 평평하지 않기 때문에, 전파가 직진하거나 흩어질 때 차폐물, 에너지 흡수, 산란 등에 의해 일어나는 에너지 손실이라고 할 수 있다. 지구 표면 손실은 전파의 질에 영향을 미치며, 전파 거리와 주파수 높낮이 등에 따라 손실률이 달라진다. 이러한 지구 표면 손실을 최소화하기 위한 여러 방법이 알려져 있지만, 일반적으로 높은 고도의 안테나 설치, 리피터(중계기) 간격 조정, 그리고 통신 경로의 최적화 등의 절차가 필요한다. 지구 표면 손실은 지상파 전파의 전파 특성에 큰 영향을 미치므로 중요하다. 지구 표면 손실 계산에는 여러 모델과 공식이 있지만, 여기서는 가장 일반적으로 사용되는 투툰 표면 속도 분석법 (Two-Ray Ground Reflection Model)을 다룬다. 투툰 표면 속도 분석법의 전파 손실 공식은 다음과 같다.

(식 4) $L = 20 * log10(4 * pi * d / lambda)$

여기서 L은 전파 손실(dB), d는 송수신 거리(m), lambda는 파장(m)이다. 그러나 지구 표면 손실을 고려하면, 이 공식은 다음과 같이 수정된다.

(식 5) $L = 40 * log10(d) - 20 * log10(ht * hr) + 20 * log10(lambda)$

여기서 ht는 송신기 안테나의 높이(m), hr은 수신기 안테나의 높이(m)이다. 전파 손실은 다양한 요소에 따라 변동이 있고, 이를 고려한 다양한 모델이 사용되고 있다. 여기를 포함한 환경 요인, 장애물, 토양 및 대기 조건에 따라 더 복잡한 계산식이 필요할 수도 있다.

▶ 대기 감쇠: 대기 감쇠는 전파가 대기를 통과하며 발생하는 감쇠를 의미한다. 대기 감쇠의 주요 원인으로 여러 현상을 포함한다.

▶ 대기 침식(attenuation due to atmospheric absorption): 대기의 기체 분자는 전파 에너지를 흡수하고 열에너지로 전환한다. 대기 침식은 주로 전파 주파수에 따라 달라진다. 높은 주파수에서 대기 분자의 흡수 효과가 일반적으로 높기 때문에 대기 침식이 더 크다.

▶ 산란 손실(scattering loss): 전파는 대기의 먼지, 입자, 빙하 입자 등과 상호작용하여 여러 방향으로 퍼져서 진행한다. 이러한 산란 현상은 전파의 에너지 손실을 일으키며, 전파 거리 및 대기의 물질 농도에 따라 영향을 받는다.

▶ 강우 및 강설 손실(rain and snow loss): 비 또는 눈에서 발생하는 감쇠로, 강우량, 강설량, 전파 주파수, 전파 각도 등에 따라 감쇠 정도가 결정된다.

▶ 대기 난류(turbulence): 대기의 기압, 기온, 습도 변화가 전파의 진행에 영향을 준다. 아열대에서 발생하는 아열대성이나 대기의 열풍 기류 등이 전파 손실을 초래할 수 있다.

전파의 손실에서 대기 감쇠(대기 손실)는 전파가 대기를 통과하면서 일어나는 감쇠이다. 대기 감쇠는 주파수, 거리, 대기 상태(온도 및 습도)에 따라 다르게 나타난니다. 대기 감쇠를 계산하는 방법 중 하나는 데카디의 법칙(ITU-R P.676-11 권고안)에 따른 공식을 사용하는 것이다. 데카디의 법칙에서 대기 감쇠 계산식은 다음과 같다.

(식 6) $L = A + B * f + C * log10(f) * d$

여기서 L = 대기 감쇠(dB), A, B, C = 대기 특성에 따른 상수, f = 주파수(GHz), d = 거리(km)이다. 계산에 앞서 A, B, C의 값을 선정하는 것은 전파 경로와 대기 특성(온도, 압력, 습도 등)에 따라서 얻어진 실험 데이터를 바탕으로 하며 이를 보정하는 작업이 필요한다. 이 공식은 대기 감쇠에 대한 대략적인 추정을 제공하며, 실제 상황에서 정확한 값을 얻으려면 추가적인 보정 및 측정이 필요할 수 있다.

참조: 데카디 법칙(Decadi's Rule)은 전파의 손실, 특히 대기 중의 전파 손실과 관련된 공식이다. 이 법칙은 프랑스의 무선 통신 엔지니어, Count George Decadi가 무선 전파가

지구를 따라 전파될 때 발생하는 손실을 설명하는 데 사용되는 법칙을 정립한 것이다. 데카디 법칙은 전파 손실과 무선 통신 시스템의 성능을 계산하는데 사용되며, 전파 감쇠와 전파 거리 사이의 관계를 나타낸 것이다. 데카디 법칙은 일반적으로 다음과 같이 표현된다. $L = 10 \times n \times \log_{10}(d)$ 여기서 L은 전파 손실(데시벨), n은 데카디 공식 상수(전파 감쇠를 결정하는 요소), d는 전파 거리(미터)이다. 이 공식은 근거리와 장거리 무선 전파에 모두 적용될 수 있지만, 일반적으로 근거리 무선 전파 분야에서 사용된다. 데카디 법칙을 사용함으로써 전파의 손실 값이 제공되어, 아래와 같은 요소들을 고려할 수 있다. 전파 거리: 더 긴 거리의 전파는 더 많은 손실이 발생한다. 주파수: 높은 주파수는 전파 손실에 더 큰 영향을 미치며, 이를 frequency_selective_fading이라고 한다. 대기 상태: 대기의 온도, 습도 및 기압 등 대기 요소는 전파 손실에 영향을 미친다. 충돌 및 산란: 지구의 지형이 전파의 손실에 영향을 미치며 이러한 불규칙과 매개체간 상호작용으로 인해 감쇠가 발생한다. 데카디 법칙은 무선 전파 분야에서 중요한 이론적 탐색으로 무선 통신 설계와 전파 계획 수립, 최적의 주파수 할당 및 기지국의 위치 선택에 큰 도움을 주는 규칙이다.

▶ 비행기 효과: 비행기 효과(airplane effect)는 전파 손실이나 전파 특성에 관한 현상 중 하나로, 통신 시스템의 성능에 영향을 미치는 요인이다. 이 현상은 일반적으로 항공기 위에서 무선 통신이 이루어질 때 발생하며, 다음과 같은 부분에서 주로 관찰된다.

▶ 다중 경로 페이딩: 비행기 효과는 항공기가 낮은 고도에서 무선 신호를 수신하거나 송신할 때 주변 물체와 수신기 또는 송신기 사이에 반사되는 신호로 인해 다중경로 페이딩이 발생한다. 이로 인해 신호 세기의 변동이 발생하며, 종종 통신의 불안정성을 초래할 수 있다. 전파 손실에서 다중 경로 페이딩은 무선 통신 전파가 수신자에 도달할 때 발생하는 현상이다. 여러 요인이 있다지만, 몇 가지 핵심 지점으로 요약할 수 있다.

▶ 다중 경로: 전파 손실 중 하나로, 전파가 다양한 경로를 통해 수신자에 도달하는 현상이다. 이 때문에 간섭, 위상 차이, 신호 감소 등 문제가 발생할 수 있다.

▶ 지연 확산: 다중 경로 페이딩으로 인해 수신 신호가 시간 차이를 갖게 되며, 이는 작은 에러로 인해 전체 데이터가 손상될 가능성이 있다.

▶ 도플러 시프트: 이동하는 송수신 장치들로 인해 [그림 1-2]와 같이 신호의 주파수에 변화가 생기는 현상으로, 이동 경로가 여러 개인 경우 다중 경로 페이딩과 함께 도플러 효과가 더욱 복잡하게 표현될 수 있다.

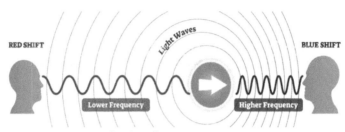

[그림 1-2] 도플러 시프트

이러한 다중 경로 페이딩 문제가 무선 통신 성능을 저하시키는 주요 요인 중 하나이기 때문에, 다양한 기술들이 사용되어 이 문제를 해결하려고 노력하고 있다. 예시로는 다중 중계기(MIMO), 채널 상태 정보 피드백(CSI) 및 다양한 동의어/타임 다이버시티 전략 등이 존재한다.

다중 경로 페이딩(Multipath fading)은 전파 과정에서 신호의 복사본이 여러 경로로 전파되어 수신기에 도착할 때 발생하는 현상이다. 이로 인해 신호 간섭 및 손실이 발생할 수 있다. 요약하면, 다중 경로 페이딩 손실은 수신된 신호의 가감 조합에 기인한 신호의 진폭 변화이다. 일반적으로 다중 경로 페이딩 손실 계산에는 두 가지 주요 방법이 사용된다. 레이리(Rayleigh) 페이딩 모델과 라이스(Rice) 페이딩 모델이다.

▶ 레이리 페이딩 손실 계산: 레이리 페이딩은 완전한 산란(Non-Line-of-Sight, NLOS) 환경에서 사용되는 통계적 모델이다. 레이리 소거 발생 확률은 다음과 같이 계산할 수 있다.

(식 7) $P($레이리$) = 1 - exp(-L/Lo)$

여기서 L은 원하는 페이딩 수준이고 Lo는 참조 페이딩 수준이다.

▶ 라이스 페이딩 손실 계산: 라이스 페이딩은 직진 신호(Line-of-Sight, LOS) 및 산란 신호의 혼합이 있는 경우 사용되는 통계적 모델이다. 여기서 K-인자는 LOS 신호 성분의 강도와 산란 신호 성분의 강도 사이의 관계이다.

(식8) $P($라이스$) = 1 - exp(-L/Lo) * Q1/2(sqrt(2K)), sqrt(2L/(Lo(1+K)))$

여기서 Q1/2(·)는 마르코프 함수이다. 다중 경로 페이딩 손실 계산은 많은 변수가 있으며, 무선 통신 환경의 특성에 따라 신호 손실이 다양할 수 있다. 따라서 전파 모델, 전파 지역 및 다중 경로 페이딩 환경의 특성을 고려해야 한다.

▶ 도플러 시프트: 비행기 효과로 인해 발생하는 또 다른 현상은 도플러 시프트이다. 항공기를 따라 이동하는 송신기와 수신기 사이의 상대적 속도 차이로 인해 신호의 주파수 변동이 발생하게 되며, 이는 통신 시스템의 성능에 영향을 준다. 도플러 효과(Doppler Shift)는 이동 통신 시스템에서 주파수 및 파장의 변화를 예측할 때 사용되는 중요한 개념이다. 이 변화는 빛이나 소리 등의 파동 신호와 관측자 간의 상대적 속도 때문에 발생한다. 도플러 시프트의 계산식은 다음과 같다.

(식 9) $f' = f * (c + v\_r) / (c + v\_s)$

여기서 f'는 수신 주파수, f는 송신 주파수, c는 파동이 전파되는 매질의 속도(일반적으로 음속이나 빛의 속도), v_r은 수신기(관측자)의 속도, v_s는 송신기(파동의 출처)의 속도이다. v_r과 v_s의 부호는 다음과 같다.

– 소스와 수신자가 서로 다가오면 양수, 멀어지면 음수이다.

이 공식을 사용하여 이동통신 시스템에서 도플러 시프트 값을 계산할 수 있다. 관측자와 소스 간의 상대적 속도에 따라 수신 주파수는 송신 주파수에 비해 높거나 낮을 수 있다. 이렇게 계산된 도플러 시프트 값은 무선 통신에서 신호의 정확한 전달 및 받기를 위해 사용된다.

비행기 효과는 무선 통신 시스템을 설계하고 최적화할 때 고려해야 하는 중요한 요소 중 하나이다. 이를 해결하기 위한 다양한 방법과 기술이 연구되고 개발되어 왔으며, 이를 통해 향상된 통신 성능 및 신호 안정성을 제공하고 있다. 비행기 효과(airplane effect)는 일종의 전파 손실(radio signal attenuation)로, 비행기가 중계기와 이동 단말 교직군 또는 기지국 사이에 있을 때 발생한다. 이 현상은 일부 주파수 대역에서 정지 단계에서 비행기의 수신기와 송신기 사이의 전파 손실을 유발하는 것으로 알려져 있다. 이러한 현상을 고려하여 전파 손실 계산식이 도입되었다.

(식 10) $Lp = 20 * log10(d) + 20 * log10(f) + 20 * log10(h) + 20 * log10(sin(\theta)) + C$

▶ 여기서 Lp: 전파 손실(dB), d: 비행기와 지상국 간의 거리(km), f: 주파수(MHz), h: 비행기의 고도(km), θ: 지상국과 수신기 간의 수직 각도(degree), C: 상수(여기에서는 감쇠계수를 고려한 상수)이다. 이 계산식은 일반적인 상황에 대한 근삿값을 제공하며, 실제 전파 손실은 다양한 요인에 의해 영향을 받을 수 있다. 이러한 요인에는 대기 상태, 건물과 같은 장애물, 중계기 및 이동 단말의 송수신 성능 등이 포함된다. 따라서 계산된 전파 손실은 실제 결과와 다를 수 있으므로 실험적 검증이 필요하다.

▶ 그림자 영향: 그림자 영향은 전파 손실의 한 요소로, 무선 전파 시 신호 감쇠를 일으키는 현상이다. 이 영향은 [그림 1-3]과 같이 건물, 산, 나무 등의 장애물이 전파를 방해하면서 생긴다. 그림자 영향으로 인해 수신 레벨은 장애물의 크기, 형태, 물질, 국부적인 지형 특성, 전파 주파수와 다른 요인에 따라 변화할 수 있다. 이 결과, 신호의 강도가 약해지거나 통신 오류가 발생할 수 있다. 그림자 영향을 최소화하려면, 안테나의 위치와 높이를 조절하거나 적절한 주파수를 선택하는 등의 방법을 사용할 수 있다. 그림자 영향은 전파 신호의 손실이 주로 건물, 트리, 산 등과 같은 장애물로 인해 발생하는 현상이다.

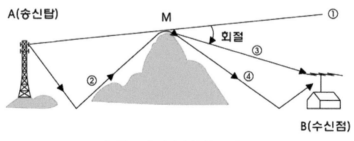

[그림 1-3] 전파의 회절(그림자)

이를 계산하는 일반적인 방법에는 로그 정규 그림자링(Log-normal shadowing) 모델이 있다. 로그 정규 그림자링 모델의 전파 손실 수식은 다음과 같이 표현된다.

(식 11) $Path\ Loss\ (dB) = PL(d0) + 10 * n * log10(d/d0) + X\sigma$

여기서 Path Loss (dB): 전파 손실, PL(d0): 참조 거리에서의 전파 손실, n: 환경별 경로로 손실 계수, d: 수신기와 송신기 사이의 거리, d0: 참조 거리(일반적으로 1m로 설정), Xσ: 로그 정규 임의 변수(평균이 0, 표준편차가 σ)이다. 유의할 점은 로그 정규 그림자링 모델은 실제 환경에서 발생하는 그림자 효과를 다루는 대략적인 방법이므로, 정확도를 높이기 위해 다양한 단계에서 측정 및 튜닝이 필요할 수 있다.

▶ 다중 경로 전파: 다중 경로 전파(Multipath Propagation)는 무선 통신에서 공간 내 다양한 경로를 따라 전파되는 신호로 인해 발생하는 현상이다. 이로 인해 수신기가 동시에 여러 경로의 신호를 수신하게 되어 문제가 발생할 수 있다. 다중 경로 전파로 인한 주요 문제들은 다음과 같다.

▶ 간섭: 신호가 멀티패스 경로를 따라 전파되면서 서로 상호작용하여 간섭이 발생할 수 있다. 이로 인해 수신 신호의 정확성이 감소하고 통신 오류가 발생할 가능성이 높아진다.

▶ 딜레이 스프레드: 다중 경로 전파를 통해 도착하는 신호들의 전파 시간 차이로 인해 발생하는 시간적 왜곡이다. 이로 인해 도착한 신호 전체의 일부가 겹칠 수 있으며, 신호의 전체적인 질이 저하될 수 있다.

▶패딩: 각 경로에 대한 시간 차이로 인해 도착한 신호 전체의 일부가 겹치는 현상이 발생할 수 있다. 이러한 겹침으로 인해 신호의 전체적인 질이 저하되고, 데이터 손실이나 수정이 발생할 수 있다.

▶ 선형 및 비선형 왜곡: 다양한 경로를 따라 전파되는 신호는 위상 차이 등으로 인해 선형 및 비선형 왜곡이 발생할 수 있다. 이로 인해 수신기로 전달되는 신호의 질이 저하되기도 한다.

이러한 문제를 완화하기 위해 사용되는 일부 기술 및 방법에는 다음과 같다.

▶ 다중 안테나 기술(MIMO: Multiple-Input Multiple-Output): 다중 경로 전파를 이용하여 전송 신호의 복원과 성능 향상을 위한 다중 안테나 기술이 있다.

▶ 평등화 (Equalization): 수신 신호에 대해 가전 파수에 대해 적용된 이상의 필터로 결합하여 딜레이 스프레드의 영향을 줄여 원래 신호를 복원하는 기술이다.

▶ 전송 파워 제어: 다중 경로 전파가 발생하는 환경에서 전송 파워를 조절하여 간섭을 최소화하는 기술이다.

▶ 주파수 재사용 간격 증가: 주파수 할당 간격을 증가시켜 간섭을 감소시키는

방법이 있다.

　다중 경로 전파 손실(multipath propagation loss)은 무선 통신에서 전파가 여러 경로를 통해 수신기로 도달함에 따라 도달 지점의 신호 세기와 전단위 역전이 발생할 수 있는 현상을 설명한다. 이 현상은 특히 도시와 같이 근거리 통신에 영향을 줄 수 있다. 다중 경로 전파를 계산하기 위한 일반적인 방법은 레이 트레이싱(ray tracing) 기법, 통계론적(statistical) 기법에서 파생된 분석 방법이다.

　다음의 분석 방법 중 하나가 종종 사용된다. 로그 거리 경로 손실 모델 (log-distance path loss model) 계산식은 다음과 같이 표현된다.

　(식 12) $PL(dB) = PL(d0) + 10 * n * log10(d / d0) + X\sigma$

　여기서 PL은 전파 손실(dB), d0는 참조 거리(m), d는 사용자와 기지국 간의 거리(m), n은 전파 지수, Xσ 는 노이즈의 표준 편차를 나타낸다.

　일반화된 계산 모델 (generalized COST 231 model)은 다음과 같이 표현된다.

　(식 13) $L[db] = A + B * log10(d$

　여기서 L은 전파 손실(dB), d는 사용자와 기지국 간의 거리(km), A와 B는 환경과 성능에 맞게 조정해야 하는 기본 매개 변수이다.

4) 전파 간섭

　전파 간섭이란 이동통신 시스템에서 발생하는 신호 간의 충돌로, 여러 전파 신호가 동일한 빈도 대역에서 우연히 교차하거나 겹치게 되어서 서로 방해를 일으키는 현상을 말한다. 이러한 전파 간섭은 통신 품질 저하, 데이터 손실, 오류 증가 등 이동통신 시스템의 성능에 영향을 미치며, 사용자들의 통신 경험을 해칠 수 있다. 이동통신 시스템에서 전파 간섭의 주요 원인은 다음과 같다.

　▶ 동일 주파수 재사용: 효율적인 주파수 사용을 위해 같은 도시 또는 이웃 지역에서 동일한 주파수를 재사용할 경우 전파 간섭이 발생할 수 있다.

　▶ 다중 경로 전파(Multipath Propagation): 신호가 건물, 산, 기타 위성 등의 장애물로 인해 경로가 분할되어 다양한 경로를 통해 도착하게 되면 전파 간섭이 발생할

수 있다.

▶ 인접 채널 간섭(Adjacent Channel Interference): 인접한 두 채널에서 발생하는 신호가 강하거나 전송하는 동안 주파수가 혼합될 경우 전파 간섭이 발생할 수 있다.

▶ 외부 잡음: 자연적인 전자파 잡음(우주, 번개 등)이나 인공적인 잡음(전자기기와 같은 다른 소스에서 나오는 신호)도 전파 간섭의 원인이 될 수 있다.

이동통신 시스템에서 전파 간섭을 줄이기 위한 주요 방법은 다음과 같다. 셀 구조와 주파수 재사용 패턴을 최적화하여 짧은 거리에서의 동일 주파수 재사용을 최소화한다. 고성능 안테나 설계와 지향성 개선을 통해 전파 방향을 제어하여 전파 간섭을 최소화한다. 전송 기술의 발전과 적응적 변조 및 코딩 기술을 활용하여 전파 품질을 개선하고 전파 간섭에 대한 영향을 줄이다. 간섭 제어 기술(Interference Cancellation)을 활용하여 수신된 신호 중에서 간섭되는 신호를 제거하여 통신 품질을 개선한다.

5) 도플러 효과

이동통신 시스템에서의 도플러 효과는 신호의 주파수 변화를 나타내는 현상으로 이동통신 시스템의 성능에 영향을 미치는 요소이다. 이는 수신기와 송신기 간의 상대적 이동 속도 때문에 발생하며, 특히 무선 통신과 고속 이동통신에 중요한 역할을 한다. 도플러 효과는 다음과 같은 영향을 미친다.

▶ 주파수 변화: 이동체의 속도에 의해 신호의 주파수가 변화한다. 이로 인해 수신기는 실제 송신 주파수와 다른 주파수를 수신하게 되므로 대역폭이 충분하지 않으면 올바른 정보 전달이 어려울 수 있다.

▶ 다중 경로 페이딩: 이동통신 시스템에서는 신호가 여러 경로를 통해 수신기에 도달하게 되는데, 도플러 효과로 인해 각 경로의 신호 주파수에 변화가 생겨 상호 간섭이 발생할 수 있다. 이 현상을 다중 경로 페이딩이라 하며, 이는 통신 품질 저하의 원인이 된다.

▶ 시간적 외설성: 도플러 효과로 인해 신호의 도착 시간에 차이가 발생하며, 이는 시간적 외설성을 높이게 된다. 이 때문에 이동통신 시스템에서는 적절한 동기화를 유지하는 것이 중요한다.

▶ 코드 중첩 인터페이스: 이동통신 시스템의 경우 CDMA(Code Division Multiple Access)와 같은 다중 접속 기술을 사용하는 경우가 많은데, 도플러 효과로 인해 코드들이 이질화되어 중첩 인터페이스 문제가 발생할 수 있다.

도플러 효과에 대응하기 위해 다양한 기술들이 개발되고 있다. 여기에는 적응형 동기화, 도플러 효과 추정 및 보정, 다중 경로 인터페이스 완화 기술 등이 포함된다. 이러한 기술들의 도입으로 이동통신 시스템의 성능을 향상시킬 수 있다.

6) 다중 경로 전파

다중 경로 전파(multipath propagation)는 [그림 1-4]와 같이 전파 신호가 주파수의 특성과 환경 요인에 따라 다양한 경로를 통해 수신기로 도달하는 현상을 의미한다. 건물, 산, 나무 등의 물체 및 지구의 곡률과 대기 조건 때문에 전파는 직접적인 경로 외에도 반사, 산란, 회절 등의 현상을 겪게 된다.

이렇게 서로 다른 경로를 통한 전파는 시간 지연이나 감쇠, 위상 차이를 가질 수 있어서 수신기에 도달하는 신호의 구성이 변경될 수 있다. 이로 인해 통신 성능이 저하될 수 있으며, 일부 경우에는 다중 경로 페이딩 현상(multipath fading)으로 인해 임시적인 신호 감쇠가 발생하기도 한다.

[그림 1-4] 다중 경로 페이딩

다중 경로 페이딩 (Multipath Fading)의 발생 원인은 ① 서로 다른 경로를 따라 수신된 전파들이 여러 물체에 의한 다중 반사 ② 서로 다른 진폭, 위상, 입사각, 편파 등이 간섭(보강 간섭, 소멸 간섭), ③ 불규칙으로 요동치는 현상으로, 육상 이동전화 통신에서 나타나는 주요 특징(통화 끊김 등 초래)이다. [그림 1-4]에서는 1개의 반사파이지만 실제로는 여러 개의 반사파가 혼재되어 수신부로 도착한다. 이러한 반사파는 도착 시간이 다르기 때문에 시간차가 다른 신호들과 겹쳐서 간섭이 증가하게 된다. 이를 심벌 간 간섭(Inter Symbol Interference)이라고 한다.

다중 경로 페이딩 대책으로는 주로 다이버시티가 활용된다. 신호를 여러 개 수신하고, 그중 페이딩이 좀 더 적은 신호를 수신하게 함으로 줄일 수 있으며, 공간 다이버시티 또는 경로 다이버시티, 주파수 다이버시티 등의 기법을 많이 활용한다. TDMA 방식에서는 등화기를 사용하여 각각의 다중 경로 신호를 적절한 시간 간격만큼 시간 지연 시킨 후 모든 신호를 함께 결합하여 수신함으로써 페이딩 현상을 줄일 수 있다. CDMA 방식에서는 레이크 수신기 사용하여 각 경로로부터 수신되는 파동을 분리한 다음 이들을 합산하여 사용하는 공간 다이버시티 방식이다. 이 문제를 해결하기 위해 다양한 안테나 기술과 조절 알고리즘 등을 연구하고 있으며, MIMO(Multiple-Input-Multiple-Output)과 같은 다중 안테나 시스템을 사례로 들 수 있다.

▶ 전파의 유형: 이동통신 시스템에서 전파의 유형은 기본적으로 무선 전파를 말한다. 무선 전파는 이동통신 시스템의 기본 요소로, 데이터와 정보를 공간을 통해 전송하는 데 사용된다. 이동통신 시스템에서 사용되는 여러 가지 전파 유형이 있으며, 주요한 것들은 다음과 같다.

1.2 전파와 주파수(RF, Radiofrequency)

이동통신 시스템에서 전파의 주파수 범위는 대역폭에 따라 나뉜다. 일반적으로 셀룰러 통신을 위한 주파수 대역은 [그림 1-5]과 같이 VHF (30~300MHz), UHF (300MHz~3GHz), SHF (3~30GHz) 및 EHF (30~300GHz) 범위이다. 그러나 이동통신 주파수 범위는 다양한 국가와 통신 회사마다 차이가 있다. 일반적으로 이동통신 주파수는 다음과 같은 범위를 가진다.

▶ 저주파 대역: 600MHz ~ 900MHz (주로 2G, 3G 망에 사용)

▶ 중주파 대역: 1.8GHz ~ 2.2GHz (2G GSM, 3G UMTS, 4G LTE 망에 사용)

▶ 고주파 대역: 2.3GHz ~ 2.7GHz (4G LTE-Advanced 및 5G NR에 사용)

▶ 초고주파 대역: 24GHz ~ 60GHz (5G 통신에서 mmWave 대역으로 사용

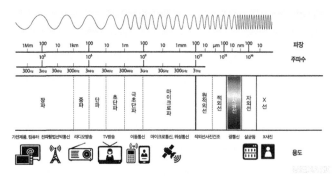

[그림 1-5] 주파수(전자파) 분류

5G 이동통신은 고주파 및 초고주파 대역을 활용하여 높은 데이터 전송 속도를 제공한다. 이러한 주파수 대역의 사용은 국가의 규제 기관과 이동통신 사업자와 협의하여 결정된다. 주파수 대역은 주파수 스펙트럼에서 무선 데이터를 전송하기 위한 전파의 범위로 이해할 수 있다.

1) 전파 모드

주로 안테나로부터 무선 전파를 전달할 때 사용되는 아날로그와 디지털의 두 가지 전파 모드가 있다. 아날로그 전파는 연속적인 신호를 전송하는 데 사용되며, 디지털 전파는 데이터 비트를 이산적인 신호로 전송하는 데 사용된다. 아날로그 전파란 전자적인 신호를 전파에 켜고 끄는 형태로 전송하는 기술이 아닌, 연속적인 형태로 전자파의 진폭, 주파수, 위상 등의 특성을 변화시키며 전송되는 방식의 전파이다.

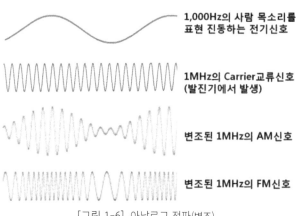

1,000Hz의 사람 목소리를
표현 진동하는 전기신호

1MHz의 Carrier교류신호
(발진기에서 발생)

변조된 1MHz의 AM신호

변조된 1MHz의 FM신호

[그림 1-6] 아날로그 전파(변조)

아날로그 전파는 [그림 1-6]과 같이 주파수 변조 방식(FM)과 진폭 변조 방식(AM)을 주로 사용하며, 이러한 기술은 일반적으로 라디오, TV, LP 레코드 등과 같은 과거의 전자통신 및 오디오/비디오 제품 등에서 사용되었다. 그러나 디지털 전송의 발전과 함께 아날로그 방식보다 훨씬 더 효과적인 데이터 전송을 가능케 하는 디지털 전파가 널리 사용되게 되면서, 아날로그 전파는 점차 감소하는 추세이다. 여기에 따라 현재는 대부분의 통신 시스템들이 디지털 기술을 사용하고 있다. 하지만 아날로그 전파는 여전히 특수한 상황에서나 애플리케이션에서 사용되고 있다.

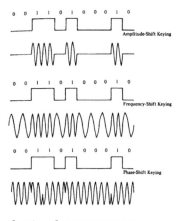

[그림 1-7] 디지털 전파(변조)

전파 모드에서 디지털 전파란 전파 신호를 디지털 형태로 변환한 뒤 전송하는 기술을 의미한다. 일반적으로 적은 대역폭으로 더 효율적으로 통신할 수 있다. 디지털 전송 방식은 아날로그 방식에 비해 더 높은 신호 대 잡음비를 제공하므로, 정보 전송의 정확성이 우수하고 오류 발생률이 낮다. 디지털 전파는 [그림 1-7]과 같이 다양한 형태의 디지털 변조(예: PSK, FSK, 1ASK 등)를 사용하여 데이터 비트를 전송하는 데 사용된다. 디지털 전송 기술은 다양한 유무선 통신 시스템에서 광범위하게 사용되며, 셀룰러 통신, 위성 네트워크, HDTV 방송, 인터넷 등 많은 기술에 영향을 미치고 있다.

2) 전파 편의성(Polarization)

전파의 극성(polarization)은 전자파가 전파되는 동안 전기장과 자기장 벡터가 공간에서 어떻게 배열되어 있는지를 나타낸다. 일반적으로 선형 극성, 원형 극성, 타원형 극성이 존재하며, 이들은 전파의 전달 특성에 영향을 준다.

▶ 선형 극성: 선형 극성(linear polarization)은 전파의 극성 중 하나로, [그림 1-8]과 같이 전기장의 방향이 시간에 따라 일정한 기울기를 유지하면서 전파하는 현상을 말한다. 이는 전파의 파장이 일정 방향으로 진행할 때 일입적으로 일정한 방향을 가지는 전기장으로 볼 수 있다.

선형 극성 전파는 주로 통신과 군사 시스템에서 사용되며, 수직 극성(vertical polarization)과 수평 극성(horizontal polarization)의 두 가지 방향으로 나누어진다. 수직 극성 전파는 지구의 표면에 수직하게 진행하는 전파를 말하며, 수평 극성 전파는 지구의 표면에 평행하게 진행하는 전파를 말한다.

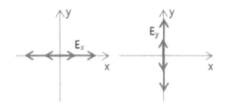

[그림 1-8] 선형 편파

이러한 선형 극성 전파는 변조와 인코드, 전송, 그리고 수신의 과정에서 전력 효율과 같은 요소를 더욱 효과적으로 제어할 수 있다는 장점이 있다. 그러나 전파 경로에서 산란이나 전파 채널의 파괴 등의 불안한 요소로 인해 수신 측에서 선형 극성 전파를 정확하게 감지하는 것이 어려울 수도 있다. 이러한 부분들을 고려하여 선형 극성 전파를 제어하고 최적화하는 것이 중요하다.

▶ 원형 극성: 원형 극성(원형 편파, 또는 원 지향성) 전파는, 방송 및 통신 시스템에서 사용되는 일종의 전파 극성이다. 전파 특성은 대개 일정한 방식으로 방사되는 회전 자기장과 전기장의 주요 축을 구성한다. [그림 1-9]와 같이 원형 극성에서 전파는 공간을 따라 회전하며 진행된다.

전파의 극성은 전파 방향성과 공간에서 무선 전파 강도를 결정하는 데 중요한 역할을 한다.

극성은 일반적으로 선형(수평 또는 수직) 또는 원형(좌회전 또는 우회전) 극성이 있다.

오른손 엄지손가락이 전파방향이고 나머지 손가락이 시간에 따른 전계의 회전방향이면, 우회전원편파(RHCP, Right-Handed Circular Polarization)

왼손 엄지손가락이 전파방향이고 나머지 손가락이 시간에 따른 전계의 회전방향이면, 좌회전원편파(LHCP, Left-Handed Circular Polarization)

[그림 1-9] 원형 편파

원형 극성에서 전파는 무선 통신 시스템에 따라 유용할 수 있으며, 다양한 이점이 있다. 원형 극성은 다음과 같은 상황에서 도움이 된다

지향성: 원형 극성은 중심으로부터 전파가 방출되는 방식에 따라 일정한 방식으로 전파 전력을 분산하므로 전파의 강도와 일관성의 유지에 도움이 된다.

전파 복잡성: 물리적 환경에서 발생하는 반사, 회절 및 산란으로 인해 전파 경로 손실을 줄일 수 있다.

교란 최소화: 원형 극성은 동일한 주파수에 있지만 다른 극성을 가진 중첩된 신호의 간섭을 줄이거나 방지할 수 있다.

원형 극성은 위성 통신, 마이크로파 릴레이 및 좁은 대역 통신 시스템에 특히 유용한다. 그러나 이러한 이점 때문에 높은 주파수와 긴 거리 전송에는 선형 극성보다도 원형 극성이 더 자주 사용된다.

▶ 타원형 극성: 선형 극성과 원형 극성의 중간 형태로, 전파된 전자파의 전기장 벡터가 타원을 그리며 진행하는 전파이다. 이는 [그림 1-10]과 같이 전파의 전기장 벡터의 방향이 일정하게 유지되지 않고, 다양한 방향으로 변화한다. 타원형 극성은 전기장의 세기와 방향이 타원으로 변화하는 극성이다. 이는 선형 극성과 원형 극성

사이의 중간 형태로 볼 수 있다. 선형 극성에서 전기장은 고정된 방향을 유지하며 진행되고, 원형 극성에서 전기장은 그 방향이 시간에 따라 회전한다. 타원형 극성에서는 전기장의 방향이 타원을 그리며 회전하면서 진행한다.

오른손 엄지손가락이 전파방향이고 나머지 손가락이 시간에 따른 전계의 회전방향이면, 우회전원편파(RHCP, Right-Handed Circular Polarization)

왼손 엄지손가락이 전파방향이고 나머지 손가락이 시간에 따른 전계의 회전방향이면, 좌회전원편파(LHCP, Left-Handed Circular Polarization)

위 그림에서 전파방향은 종이를 뚫고 앞으로 나오고 있음

[그림 1-10] 타원형 편파

선자기파의 극성은 통신 시스템, 레이더, 위성 통신 등에서 굉장히 중요한 역할을 한다.

극성 패턴에 따라 전파의 전달 특성이 달라지기 때문에 이를 효과적으로 활용하여 통신 효율을 높일 수 있다.

3) 전파 전송 모드

전파 전송 모드는 전송 거리와 전력 소모에 따라 다양한 전송 모드가 사용된다. 대표적으로 협대역(Narrowband), 광대역(Wideband), 초광대역(Ultra-Wideband) 등이 사용된다.

전파 전송 모드에 대한 클래스 분류는 주로 해당 대역폭의 너비에 따라 결정된다. 각각의 분류 기준은 다음과 같다. Narrowband의 대역폭은 보통 25kHz 이하로 정의된다. 이런 협대역 전송은 데이터 전송률이 낮지만, 거리가 멀어도 전송이 가능하고, 잡음에 대한 저항력이 높다. Wideband의 넓은 대역 전송은 주로 25kHz에서 500kHz 사이를 나타냅니다. 이 모드는 더 높은 데이터 전송 속도를 제공하지만, 그에 따라 에너지 소비와 잡음에 대한 민감성도 증가하는 경향이 있다. Ultra-wideband (UWB) 방식은 대역폭이 500MHz 이상인 경우에 사용된다. 이로 인해 매

우 높은 데이터 전송률을 가능하게 하지만, 짧은 거리에서만 효과적이고, 에너지 소비량이 가장 크며, 환경적 잡음에 가장 민감한다.

각각의 전송 방식은 특정 환경과 상황에서 최적의 성능을 발휘하므로, 적절한 옵션을 선택하는 것이 중요한다. 서로 다른 대역폭 변환과 에너지 소비를 고려하여 사용자의 요구 사항과 맞는 선택을 해야 한다.

▶ 협대역 모드: 협대역 모드(초협대역, Narrowband)는 통신에서 사용되는 전파적 전송 방식 중 하나이다. 협대역 모드는 주파수 대역폭이 좁은 범위에서 데이터를 전송하기 때문에 낮은 전송률(4.8kbps)을 가진다. 이는 전체적인 통신 부하를 줄이고, 전파 간섭의 위험을 낮추면서 통신 소모 에너지를 절약할 수 있는 방식이다. 협대역 통신은 주로 저전력 장치, 보안 시스템, 원격 제어, 자동 미터 리더, 자동차 건강 모니터링, 스마트 그리드 등의 산업 분야에서 사용되고 있다. 이와 같은 시스템은 대역폭이 넓은 고속 데이터 전송과 높은 용량이 필요하지 않으며, 에너지 효율성(10mW 소출력), 긴 전송 거리(1km 이상)와 향상된 에너지 소모가 중요한 요소이다.

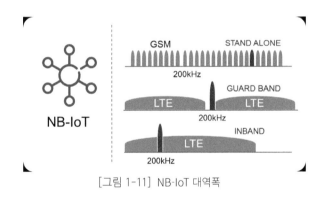

[그림 1-11] NB-IoT 대역폭

NB-IoT는 LTE 표준의 하위 집합을 사용하지만 대역폭을 200kHz의 단일 협대역으로 제한한다. 일반적으로 매우 좁은 대역폭 180kHz에서 작동하며 스펙트럼의 사용되지 않는 부분에서 채널 사이에 있는 LTE 네트워크의 가드 밴드 부분에 배치할 수 있다.

협대역 통신(Narrowband Communication)은 제한된 대역폭을 가진 통신 시스템을 말한다. 협대역 통신은 주로 낮은 데이터 전송 속도를 가지며, 음성, 텍스트 및 기타 기본적인 데이터 통신에 사용되는 경우가 많다. 이로 인해 사용 가능한 주파수 자원을 효율적으로 사용할 수 있고, 전력 소모가 적은 편이다. 협대역 통신이 사용되는 영역으로는 휴대전화 2G 네트워크, 워키토키, 초소량 데이터를 전송하는 IoT 기기 등이 있다. 그러나 최근에는 고속 데이터 전송과 같은 복잡한 통신 요구를 충족하기 위해 광대역 통신(Wideband Communication)이 더 선호되는 추세이다. 이는 인터넷을 통한 동영상 스트리밍, 고화질 음성 통화 등과 같은 어플리케이션에서 협대역 통신으로는 충분히 처리할 수 없기 때문이다.

▶ 광대역 모드: 광대역 모드는 이동통신 시스템에서 데이터 전송에 사용되는 주파수 대역을 의미한다. 광대역 모드는 더 많은 데이터를 빠르게 전송할 수 있어 고품질의 음성, 비디오, 데이터 서비스를 제공하는 데 이상적인 환경을 제공한다.

와이드밴드(Wideband)란 일반적으로 주파수 대역폭이 큰 전송 시스템이나 신호를 설명하는 데에 쓰인다. 이의 정확한 대역폭 넓이는 상황에 따라 다르며, 요구되는 데이터 속도, 신호의 종류, 사용되는 기술 등에 따라 달라진다. 예를 들어 통신 분야에서는 일반적으로 50MHz 이상의 대역폭을 가진 시스템을 와이드밴드라고 볼 수 있다. 그러나 이는 다소 상대적인 개념이기도 하며, 보다 넓은 대역폭이 필요한 응용 분야에서는 해당 정의가 달라질 수 있다.

적은 대역폭을 사용하면서도 높은 데이터 전송 속도를 제공하는 '협대역'과 반대 개념이다. 광대역 시스템은 주로 무선 통신에서 사용되며, Wi-Fi, 4G LTE, 5G 등의 기술에서 볼 수 있다. 광대역 시스템은 다양한 서비스와 응용 프로그램을 지원하므로 사용자 경험을 향상시키는 데에 중요한 역할을 하고 있다.

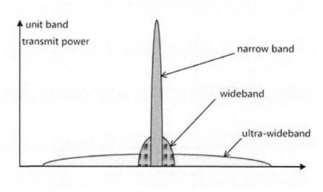

[그림 1-12] 밴드별 전송 파워 및 스펙트럼

광대역 통신(Broadband Communication)은 [그림 1-12]와 같이 상대적으로 넓은 주파수 대역을 사용하여 정보를 송수신하는 통신 시스템을 말한다. 이동통신 시스템에서의 광대역 통신은 다수의 사용자가 동시에 데이터를 고속으로 전송하는 것을 가능하게 한다.

전통적으로 '광대역'이라는 용어는 아날로그 모뎀을 사용하는 저속인 전화선 기반이었던 다이얼업 접속과 대조되는 개념으로 알려져 있었다. 이러한 경우, 광대역 연결은 대역폭이 평균적으로 256 kbps 이상인 연결을 뜻했다. 현재는 고속 인터넷 접속을 위한 기술로서 DSL, 케이블 모뎀, 광섬유, 위성, 무선 등이 될 수 있다.

이동통신 시스템에는 3G, 4G LTE, 5G 등의 광대역 이동통신 기술이 있다. 이들 기술들은 모두 고속 데이터 전송을 제공하며, 이를 통해 고화질 비디오 스트리밍, 고속 파일 다운로드 및 업로드, 웹 브라우징, VoIP 호출 등의 응용 프로그램을 지원한다. 이러한 광대역 통신 기술은 다양한 이동통신 서비스의 고속화, 고품질화를 가능하게 한다.

▶ 초광대역 모드: 초광대역 모드는 특정 이동 통신 시스템에서 사용하는 전송 방식을 가리키는 용어로, 일반적으로 광대역 이상의 대역폭을 사용하는 모드를 지칭한다. 이는 데이터를 전송하고 받을 때 더 많은 정보를 빠르게 처리할 수 있게 해준다.

초광대역(UWB, Ultra Wideband) 기술은 그 대역폭이 500MHz 이상이거나, 주파수 대역에 대한 대역폭이 20% 이상인 RF(Radio Frequency) 신호를 사용한다. 이 기술은 고속 데이터 전송 및 높은 정밀도의 위치 파악 등 다양한 분야에서 활용되며, 자동차 레이더, 무선 LAN, 지능형 교통 시스템 등에서 사용될 수 있다.

이동통신 시스템에서는 초광대역 모드를 이용하여 데이터를 더욱 빠르게, 효율적으로 전송하고 고해상도의 신호 처리를 가능하게 함으로써, 통신 품질을 향상시키고 실시간성을 높이는 데 기여하게 된다.

UWB(초광대역)는 Bluetooth 또는 Wi-Fi와 유사한 근거리 무선 통신 프로토콜이다. 또한, 통신을 위해 전파를 사용하고 매우 높은 주파수에서 작동한다. 대역폭은 [그림 1-12]와 같이 수 GHz의 넓은 스펙트럼도 사용한다. 그것을 생각하는 한 가지 방법은 방 전체를 지속적으로 스캔하고 레이저 빔과 같은 물체에 정확하게 고정하여 위치를 발견하고 데이터를 통신할 수 있는 레이더로 생각하는 것이다.

각각의 이동통신 시스템은 기술마다 특징적인 전파 유형과 구성 요소를 사용하여 효율적이고 안정적인 통신 서비스를 제공한다. 이동통신 시스템들은 이러한 전파 유형의 특성 및 표준에 따라 설계 및 개발되며, 시스템의 성능과 서비스 품질을 결정한다.

▶ 전파의 계산: 이동통신 시스템에서 전파의 계산은 전파 전송 및 감쇠, 간섭, 잡음 등과 관련된 다양한 요소들을 고려해야 한다. 주요 계산 방식은 다음과 같다.

4) 전파 전송 손실

전파가 안테나 간의 거리에 따라 얼마나 손실되는지 계산하는 것으로, 프리스-허브리치 모델, 오카무라-하타 모델 등 다양한 전파 손실 모델이 존재한다. 전파의 감쇠는 [그림 1-13]과 같이 주파수, 거리, 안테나의 높이, 지형 및 환경 조건 등에 영향을 받는다. 일반적으로 사용되는 전파 전파 손실 모델은 다음과 같다.

▶ 자유 공간 손실 모델(Free-space path loss model): 자유 공간 손실 모델은 열린 공간에서의 전파 손실만을 고려하며, 장애물이나 다른 방해 요소가 없는 경우 사용된다. 송신기와 수신기 간의 거리(d)와 사용 주파수(Hz)에 대한 파라메터로 (식 1-3)과 같이 계산할 수 있다.

▶ 로그-거리 경로 손실 모델(Log-distance path loss model): 로그-거리 경로 손실 모델은 전파 손실이 로그 증가한다는 패턴을 따르도록 설계되었다. 이 모델은 거리를 바탕으로 경로 손실을 예측할 수 있다.

▶ 오쿠무라 모델(Okumura Model): 오쿠무라 모델은 도시 환경에서의 전파 손실을 예측하는데 특히 유용한다. 이러한 환경에서는 건물, 나무 등 많은 장애물이 존재하기 때문에, 이러한 모든 요소를 고려하여 손실을 계산한다.

▶ 하타 모델(Hata Model): 오쿠무라 모델을 기반으로 한 하타 모델은 도시부터 교외 지역까지의 다양한 환경에서 적용될 수 있다.

위에서 언급한 것처럼 각 모델은 환경과 요구되는 정확성에 따라 적용 가능한 최적의 모델이 변경될 수 있다. 따라서 사용하는 모델은 연구자나 엔지니어에 따라 결정된다.

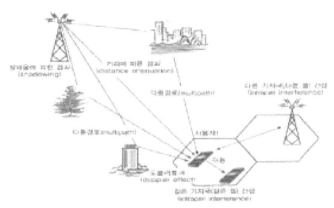

[그림 1-13] 전파의 전파 손실 유형

전파의 전파 손실 계산할 경우 다음의 3가지 주요 현상을 고려하며 계산하여야 한다.

① 자유 공간에서 발생하는 경로 손실(Pathloss)은 거리에 따라서 크게 변화하며, 이동국의 움직임에 따라 수신되는 무선 신호의 크기는 천천히 변화한다.

② 장애물에 의한 감쇠인 Shadowing은 전파 진행 방향을 가로막고 있는 물체의 회절 현상으로 수신 전계가 느리게 변화한다.

③ 도심지에서 다중 전송 경로로 인하여 수신 신호들 사이에 도착 시간의 차이로 인해 발생하는 Multipath fading은 단말에 도착하는 시간 차이를 갖는 신호들이 벡터 합을 이루게 될 때 수신 전계 강도가 빨리 변하는 Fast fading 특성을 가지며, Multipath 페이딩은 [그림 1-14]와 같이 Rayleigh 확률 분포를 갖는다.

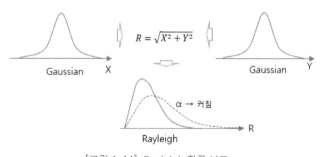

[그림 1-14] Rayleigh 확률 분포

5) 파장 분석

전파의 파장은 전파의 주파수에 의존하며, 공간에서의 전파 특성을 분석할 수 있다. 파장을 이용하여 지연, 왜곡 등의 효과를 계산할 수 있다. 파장 분석은 대게 신호나 파동의 특징을 이해하고 분석하기 위한 일련의 기술을 의미한다. 이는 일반적으로 시간 영역에서 신호를 주파수 영역으로 변환하는 프로세스를 포함하며, 이는 Fourier 변환 등의 기법을 통해 이루어진다.

이동통신 시스템에서 사용되는 푸리에 변환은 [그림 1-15]와 같이 신호를 시간 도메인에서 주파수 도메인으로 변환하는 기술이다.

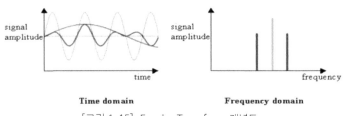

[그림 1-15] Fourier Transform 개념도

복잡한 주파수 관련 문제를 이해하고 분석하는 데 도움이 된다. 본질적으로, 이는 신호를 일련의 정현파로 분해할 수 있는 기능을 제공함으로써 우리가 신호의 주기, 주파수 그리고 진폭 등을 이해할 수 있게 도와준다. 일반적인 1차원 이산 푸리에 변환 (DFT)은 다음과 같다:

(식 14) $X(k) = \Sigma$ from $n=0$ to $N-1$ $[x(n) * e\hat{\,}(-j2\pi kn/N)]$

여기서 x(n)은 시간 도메인에서 n번째 샘플이다. X(k)는 주파수 도메인에서 k번째 샘플이다. N은 총 샘플 수이다. j는 허수 단위이다.(j·2 = −1)

실제 이동통신 시스템에서는 [그림 1-16]과 같이 더 효율적인 푸리에 변환 알고리즘인 고속 푸리에 변환(FFT)이 사용된다. FFT는 DFT의 계산 복잡도를 줄이는 방법이며, 때문에 대용량의 데이터를 빠르게 처리하는 데 유리한다.

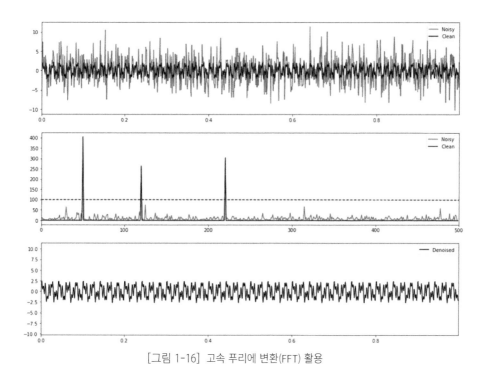

[그림 1-16] 고속 푸리에 변환(FFT) 활용

5G 같은 모바일 통신 기술에서, 푸리에 변환은 직교 주파수 분할 다중 방식(OFDM)이라는 주요 통신 기법의 핵심 부분이기도 한다. 이는 다수의 서브 캐리어를 사용하여 정보를 전송하는 방법으로, 각 채널은 별개의 푸리에 변환을 사용하여 디지털 신호를 변조하거나 복조한다.

파장 분석은 신호를 구성하는 다양한 주파수 성분을 식별하고, 각각의 성분이 신호에 얼마나 기여하는지를 파악하는 데 사용된다. 주파수, 진폭, 위상 등의 정보를 제공하며, 이 정보를 통해 전체 신호의 행동을 더 잘 이해하고 예측할 수 있다. 결국 파장 분석은 파동이나 신호의 복잡한 특성을 분해하여 각각의 기본 구성 요소를 정량화한다는 점에서 중요하며, 이를 통해 전파나 신호에 대한 통찰력을 얻을 수 있다.

6) 경로 손실

전파가 이동통신 시스템의 송수신기 간 이동하는 경로에서 발생하는 손실도 고려해야 한다. 건물과 같은 장애물이나 지면 반사와 같은 다중 경로 효과가 포함된다. 이동통신 시스템에서의 경로 손실(Path Loss)이란 송신기에서 발신된 신호가 수신기에 도달할 때까지 손실되는 신호의 감쇄를 의미한다. 이는 전파의 전파 경로상의 여러 요인들로 인해 발생한다. 주로 3가지 유형의 손실이 있다.

▶ 거리 감쇄 손실(Distance Attenuation Loss): 라디오 웨이브가 확산함에 따라 발생하는 손실로 거리의 제곱에 비례한다. 거리 감쇄 손실 계산식은 일반적으로 무선 통신에서 사용되며, 전파의 강도가 거리에 따라 어떻게 변화하는지 설명한다. 이는 자유 공간 전파 감쇄 모델인 (식 1-3)에 의해 계산할 수 있다. (식 1-3)에 따르면, 음파는 거리, 주파수에 따라 감소하게 되며, 이는 거리 감쇄 손실 계산식에 응용되는 원리이다. 그러나 이 수식은 완벽한 자유 공간 조건에서만 정확하며, 건물이나 벽 같은 장애물을 만날 경우 추가적인 손실이 발생할 수 있다.

▶ 산란 손실(Scattering Loss): 라디오 웨이브가 각종 장애물에 부딪혀 여러 방향으로 흩어지는 현상으로 인한 손실이며, 주파수 산란에 의한 손실을 계산하는 식은 특정한 것을 지징하는 것이 어려울 수 있다. 이는 주파수 산란이 매우 다양한 종류의 통신 시스템에서 발생하며, 그 효과와 정도는 사용된 기술, 시스템의 특징, 그리고 특히 무선 통신의 경우 주파수 및 환경 조건에 따라 크게 달라진다. 더 정밀한 계산을 위해서는 어떤 구체적인 상황이나 시스템을 고려하고 있는지 정의되어야 한다. 예를 들어 광통신, RF 통신, 또는 다른 특정 유형의 주파수 산란 등에 대해 좀 더 구체적인 정보를 제공해야 한다. 그럼에도 불구하고 감쇄 손실을 계산하는 일반적인 식은 주로 거리와 주파수에 따라 결정된다. 앞에서 언급한 대기 감쇄에 의한 손실 계산 산식인 데카디 법칙에 따라 (식 1-6)에 의해 계산할 수 있다.

▶ 흡수 감쇄 손실(Absorption Loss): 라디오 시그널이 대기 중의 분자와 충돌하여 에너지가 흡수되는 현상으로 인한 손실로 구분된다. 특히 흡수 손실(absorption loss)에 초점을 맞출 때는 이를 구하는 구체적인 공식이 고유한 매질(예: 대기, 건물 내부, 지표면 등)의 전파 특성에 따라 다르게 적용된다. 대기 중의 전파 흡수 손실을 계산하는 일반적인 공식은 다음과 같다.

(식 15) $L = \alpha * d$

여기서 L은 전체 손실(dB), α는 흡수 계수(dB/m), d는 전파 거리(m)이다.이 식에서 α(흡수 계수)는 주파수, 온도, 압력, 상대습도 등에 따라 달라질 수 있다. 따라서 대기 중의 RF 흡수는 주파수에 크게 의존하며 특히 온도 및 습도 변화에 의해 영향을 받는다.

이론적 모형을 사용하여 전파 흡수를 계산하는 방법 외에도 실제 측정 데이터를 사용하는 경우도 많다. 이러한 측정 데이터는 특정 환경에서의 전파 손실을 보다 잘 나타낼 수 있다.

이러한 경로 손실은 통신 시스템 설계에 있어 중요한 고려 사항이며, 통신 시스템의 성능과 범위, 신뢰성에 크게 영향을 미친다. 따라서 무선 통신 시스템 설계 시에는 이러한 경로 손실을 최소화하는 방향으로 설계가 이루어져야 한다.

1.3 간섭 및 잡음

이동통신 시스템에서는 주변 다른 전파 소스로 인한 간섭 또는 기기 내부 및 과정 안에서 발생하는 잡음도 계산해야 한다. 이를 위해 전파 간섭 및 잡음 경계를 분석하고, 시스템의 성능을 최적화한다.

▶ 간섭: 전파 간섭은 여러 가지 원인으로 발생할 수 있다. 주요한 원인으로는 다음이 있다. 첫째는 동일한 주파수 사용으로 여러 사용자 또는 장치가 동일한 주파수를 사용하는 경우, 전파 간섭이 발생할 수 있다. 이는 주로 무선 통신에서 나타나며, 다른 장치 간에 충돌이 발생하여 서로의 신호를 방해할 수 있다. 둘째로 전파 반사는 전파가 건물, 벽 또는 기타 장애물 등에 반사되면 전파 간섭이 발생할 수 있다. 이는 신호의 질을 저하시키거나 완전히 차단할 수 있으며, 다른 장치의 신호와 결합되어 간섭을 일으킬 수도 있다. 세번째로 전력 노이즈는 전파 전력 관련 문제로 인해 간섭이 발생할 수 있다. 예를 들어 전원 회로의 잘못된 접촉, 전원 스파이크 또는 전자 장비의 결함 등이 간섭의 원인이 될 수 있다.

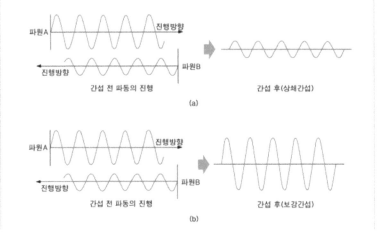

[그림 1-17] 전파의 간섭

이러한 전파 간섭을 해결하기 위해 다음과 같은 방법들이 사용된다.

① 주파수 관리: 각 사용사 또는 장치가 다른 주파수 대역을 사용하도록 주파수 할당이 제대로 이루어져야 한다. 이를 위해 규정과 규정 준수를 강화하고, 주파수 대역을 충분히 나누어 할당함으로써 간섭을 최소화할 수 있다.

② 신호 처리 기술: 신호 처리 기술을 사용하여 간섭을 탐지하고 제어할 수 있다. 예를 들어 신호 세기 조절, 주파수 선택 다중화(Frequency Division Multiple Access, FDMA) 또는 시분할 다중화(Time Division Multiple Access, TDMA) 등을 통해 간섭을 관리할 수 있다.

③ 통신 인프라 개선: 전파 간섭을 최소화하기 위해 통신 인프라를 업그레이드하여 더욱 효율적이고 견고한 네트워크를 구축할 수 있다. 이는 장비의 성능 향상, 신호 간섭 방지를 위한 보호 장치 설치 등으로 이루어질 수 있다.

④ 전파 차폐: 전파 간섭을 차단하기 위해 전파 차폐 장치를 사용할 수 있다. 전파 차폐 장치는 전파를 흡수하거나 반사하여 간섭을 방지하거나 제어하는 역할을 한다. 이러한 장치로는 통신 케이블, 외부 차폐 장치, 차폐 코팅 등이 있다.

전파 간섭 문제는 복잡하고 다양한 요인에 의해 영향을 받을 수 있으므로, 상황에 따라 최적의 해결책을 적용해야 한다. 이동통신 시스템에서 전파의 간섭을 계산하는 방법에는 다양한 방법이 있다. 일반적으로 사용되는 방법은 다음과 같다.

▶ 전파 모델링: 전파 모델링은 전파 신호의 전파 방향과 강도를 예측하는 모델을 사용하여 간섭을 계산하는 방법이다. 그러한 모델에는 경로 손실 모델링, 다중 경로 모델링, 채널 모델링을 고려할 수 있다.

① 경로 손실 모델링(Path Loss Modeling): 패스 로스 모델링은 전파가 출발지에서 수신지까지 이동하는 동안 신호 세기의 감소를 설명하는 모델링 기법이다. 패스 로스 모델링은 거리에 대한 일반적인 식이나 식별된 환경 요인, 예를 들어 건물, 지형, 식물, 지표 등을 기반으로 계산될 수 있다. 패스로스 모델링은 신호 세기의 감소를 예측하고 시스템의 전파 간섭을 평가하는 데 사용된다.

② 다중 경로 모델링(Multipath Modeling): 다중 경로 모델링은 전파가 출발지에서 여러 경로를 통해 도달하는 현상을 설명하는 모델링 방법이다. 이는 건물, 지형 또는 다른 장애물로 인해 발생할 수 있는 신호 반사, 간섭 및 강화 현상을 고려한다. 다중 경로 모델링은 전파 확산 모델링, 기하학적 국부 수신 감쇠 및 매니퐁 모델 등의 다양한 방법으로 수행될 수 있다.

③ 채널 모델링(Channel Modeling): 채널 모델링은 이동통신 환경에서 신호가 전송되고 수신되는 동안 발생하는 전파 이상을 설명하는 모델링 방법이다. 이 모델링은 주로 신호 대잡음비(Signal-to-Noise Ratio, SNR), 간섭 수준, 다중 경로 페이딩 등과 관련된 통계적인 요소를 고려한다. 채널 모델링은 전파 간섭 수준의 평가와 같은 고려 사항을 수용하여 시스템 성능을 예측하는 데 사용된다.

이 외에도, 신호 간섭을 예측하고 모델링하기 위한 다른 방법들도 있다. 이동통신 시스템에서는 보다 정확한 전파 모델링을 위해 필드 데이터를 기반으로 한 측정, 시뮬레이션 및 추정 방법을 사용하기도 한다.

▶ 시뮬레이션: 이동통신 시스템의 간섭을 계산하는 또 다른 방법은 시뮬레이션 기반 방법이다. 이러한 방법에서는 현실 세계를 모방한 가상 환경에서 전파의 전파 경로, 신호 강도 및 간섭을 모의 실험하여 측정한다. 이 방법은 컴퓨터 프로그램을 사용하여 시스템의 동작을 모방하고, 전파의 전파 경로와 중첩을 모델링하는 등의 다양한 요소를 고려한다. 이 시뮬레이션은 실제로 전 방향 전파와 역방향 전파를 시

뮬레이션하고, 다중 경로 간섭과 다중 액세스 간섭 등의 효과를 예측하는 데 도움이 된다.

시뮬레이션은 이동통신 네트워크 설계와 최적화에 많이 사용된다. 각 사용자와 기지국 사이의 링크 품질, 채널 용량, 전파 간섭 등에 대한 정보를 얻을 수 있다. 이를 통해 네트워크의 성능을 향상시키고 최적화된 매개변수를 설정할 수 있다. 또한, 시뮬레이션은 새로운 통신 시스템 개발에 사용되며, 이동성과 다중 경로 간섭 등 다양한 요소를 고려할 수 있다. 시뮬레이션은 간섭 분석, 인증된 이동통신 시스템의 설계 검증, 비용 효율적인 네트워크 디자인 등 다양한 응용 분야에서 사용될 수 있다. 이를 통해 효율적이고 안정적인 이동통신 시스템을 설계하고 운영할 수 있다.

▶ 필드 측정: 이동통신 시스템에서 전파 간섭을 계산하는 하나의 방법은 필드 측정 방법(Field Measurement Method)이다. 필드 측정 방법은 실제 환경에서 전파를 측정히여 각 위치에서의 전파 세기, 전파 간섭 및 전파 품질을 평가하는 절차이다.

필드 측정 방법에는 다음과 같은 절차가 포함된다.

① 측정 포인트 설정: 측정 포인트를 이동통신 시스템의 영향을 받는 지역에 설정한다. 이 포인트들은 전파 세기와 간섭을 계측할 위치를 대표한다.

② 측정 장비 사용: 필드 측정을 위해 전파 감지기나 스펙트럼 분석기와 같은 측정 장비를 사용하여 각 포인트에서의 전파를 측정한다.

③ 데이터 수집: 측정 장비를 사용하여 측정된 데이터를 수집한다. 이 데이터에는 전파 세기, 주파수, 신호 대 잡음비 등의 정보가 포함될 수 있다.

④ 데이터 분석: 수집된 데이터를 분석하여 전파 세기, 전파 간섭 및 전파 품질을 계산한다. 이를 통해 시스템의 성능을 평가하고 간섭 문제를 파악할 수 있다.

필드 측정 방법은 시스템 설계 및 최적화, 문제 해결 등에 활용된다. 이 방법을 통해 전파 간섭을 식별하고 문제를 해결하여 이동통신 시스템의 성능을 향상시킬 수 있다.

▶ 잡음: 이동통신 시스템에서 신호의 잡음은 비정상적인 외부 요인으로 인해 신호에 포함되는 원하지 않는 에너지를 말한다. 전파 잡음은 다양한 요인에 의해 발생할 수 있다. 몇 가지 일반적인 원인과 해결책에 대해 알아보겠다.

① 외부 잡음: 낙뢰와 같은 자연 잡음, 불꽃이나 방전으로 인한 인공 잡음, 온도나 비로 인한 온도 잡음, 다른 전자 기기, 전화 주파수, 전력선 등으로 인해 발생할 수 있는 간섭 잡음이 있다. 이러한 외부 잡음의 경우, 선별적인 실드링이나 기기 위치 변경을 통해 외부 간섭을 줄일 수 있다. 또한, 필요에 따라 전파 간섭을 감지하고 필터링하는 기기를 사용할 수도 있다.

② 내부 잡음: 전파 발생 기기 내부에서 저항체의 열 잡음, 다른 회로나 부품으로 인해 발생할 수 있는 산탄 잡음이 있다. 또한, 전기 접점에서 발생하는 저주파 잡음, 시스템에서 양자화로 인한 시스템 잡음도 있다.이 내부 잡음의 경우, 회로 및 기기 설계를 최적화하고 각 부품 간의 간섭을 최소화할 수 있는 방법을 찾아야 한다. 예를 들어 지향성 안테나를 사용하거나 각 부품 간 적절한 배치를 통해 내부 간섭을 감소시킬 수 있다.

③ 다중 경로 간섭: 전파가 한 번에 여러 경로를 통해 도달하여 간섭을 일으킬 수 있다. 이를 다중 경로 간섭 또는 반사 간섭이라고 한다. 이 경우 다중 경로 간섭을 줄이기 위해 전파의 방향성을 조정하거나 신호 강도를 조절할 수 있는 기술을 사용할 수 있다.

④ 기계적인 문제: 전파 발생 기기 또는 수신기에서 기계적인 문제로 인해 간섭이 발생할 수도 있다. 기계적 문제 해결을 위해 설치, 수리 또는 교체를 검토해야 한다.

이러한 잡음은 신호의 정확성과 품질을 저하시키며, 통신 시스템의 성능을 제한할 수 있다. 이동통신 시스템에서는 잡음을 최소화하고 신호 간섭을 예방하기 위해 다양한 방법과 기술, 장비를 사용한다. 이동통신 시스템에서 전파의 잡음을 계산하는 방법은 여러 가지가 있다. 일반적으로 다음과 같은 방법들이 사용된다.

① 역방향 노이즈 계산(Reverse Link Noise Calculation): 이동통신 시스템에서는 기지국에서 사용자 단말로의 신호 전파와 함께 역방향으로 사용자 단말에서 기지국으로의 신호 전파가 필요한다. 잡음은 전파 경로 상에 있는 여러 요소로 인해 발생하며, 이러한 요소들을 고려하여 역방향 노이즈를 계산한다.

② 전파 경로 손실 계산(Path Loss Calculation): 전파는 공간을 통해 전파되면서

경로 손실을 겪는다. 이 경로 손실을 계산하기 위해서는 전파 경로의 속성, 예를 들어 주파수, 전파 간격, 도달 거리, 장애물 등을 고려해야 한다. 일반적인 전파 모델들, 예를 들어 자유 공간 전파 모델(Free Space Path Loss Model)이나 침투 손실 모델(In-Building Penetration Loss Model) 등이 사용될 수 있다.

③ 열 노이즈 계산(Thermal Noise Calculation): 이동통신 시스템에서는 전파가 전달되는 동안 전파를 이루고 있는 전자들이 열 운동을 할 때 발생하는 열 노이즈가 있다. 열 노이즈의 강도는 온도에 따라 결정되므로, 열 노이즈를 계산하기 위해서는 시스템의 작동 온도를 고려해야 한다.

이러한 방법들을 사용하여 전파의 잡음을 계산하고 분석함으로써 시스템 설계와 성능 평가에 도움이 될 수 있다.

이동통신 시스템에서 잡음을 최소화하기 위한 여러 가지 방법과 기술이 있다. 잡음은 통신 시스템의 성능을 저하시키고 품질을 저하시킬 수 있기 때문에, 이를 최소화하는 것은 매우 중요한다. 일부 일반적인 방법은 다음과 같다.

① 주파수 대역 관리: 잡음은 일반적으로 사용되는 주파수 대역에서 발생하기 때문에, 주파수 대역을 효율적으로 관리하여 잡음의 영향을 최소화할 수 있다. 주파수 병목 현상을 예방하고 주파수 격리를 향상시켜 효과적인 통신을 돕는다.

② 채널 부여 기술: 채널은 [그림 1-18]과 같이 동시에 다수의 통신을 처리하기 때문에, 채널 부여를 효율적으로 관리함으로써 잡음을 최소화할 수 있다. 이를 위해 다중 접속 기술(예: FDMA, TDMA, CDMA)을 사용하여 채널을 분할하고 균등하게 할당할 수 있다.

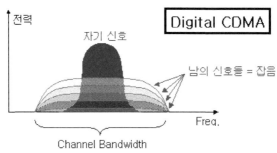

[그림 1-18] CDMA 채널 잡음

③ 신호 처리 기술: 잡음 제거 및 신호 품질 향상을 위한 신호 처리 기술이 개발되었다. 이러한 기술 중 일부는 디지털 신호 처리 기술을 활용하여 잡음을 추정하고 최소화하는 데 도움을 준다. 이를 위해 필터링, 간섭 캔슬링, 에러 제어 등의 기술이 사용될 수 있다.

④ 안테나 설계: 안테나의 설계와 배치는 통신 시스템의 성능에 영향을 미칠 수 있다. 잡음을 최소화하기 위해 안테나의 효율성을 향상시키고, 다중 경로 간 간섭을 줄이는 안테나 설계 기술이 개발되었다.

⑤ 에너지 관리: 효율적인 에너지 관리는 잡음을 줄이는 데 도움이 될 수 있다. 송신 전력 제어 및 지능형 전력 관리 기술을 사용하여 신호 대 잡음 비율(SNR)을 향상시킴으로써 잡음을 최소화할 수 있다.

이러한 방법과 기술은 이동통신 시스템에서 잡음을 최소화하는 데 도움을 줄 수 있으며, 시스템의 성능과 품질을 향상시킬 수 있다. 실제 애플리케이션에는 이외에도 많은 기술과 알고리즘이 사용될 수 있으며, 연구와 기술 발전을 통해 계속해서 진보하고 있다.

▶ 전파의 신호 이해: 이동통신 시스템에서 전파의 신호는 전파가 공기 중을 통해 전달되는 과정에서 발생하는 전자파를 말한다.

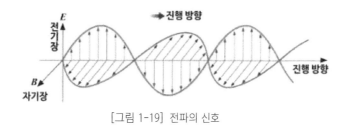

[그림 1-19] 전파의 신호

전자기파(전파)의 특성은 직진, 간섭, 회절, 굴절, 반사 등 빛과 동일한 성질을 가지고 있지만, 주파수에 따라 그 특성의 정도가 다르게 나타난다. 낮은 주파수의 경우 높은 주파수에 상대적으로 회절성이 강해 장애물이 있어도 전송에 유리하다. 하지만 주파수가 낮은 만큼 그 대역폭도 적기 때문에 전송 가능한 정보량이 적다. 해상, 항공 통신 등 장거리 통신에 적합하다. 높은 주파수의 경우 직진성이 강해 특정한 방향으로의 장거리 송수신이 유리하다. 주파수 대역폭이 넓기 때문에 전송 속도나 정보량이 많아 고정형 통신, 초고속 대용량 통신에 적합하다. 전자기파의 송신 출력은 전파거리의 제곱에 반비례하는 이론적 특성을 가지는데, 무작정 거리를 늘이기 위해 전파를 높게 출력하여 송신할 수는 없다.

데이터 통신과 음성 통화를 가능하게 하는데 이러한 전파의 신호는 주로 주파수, 진폭, 위상 정보들로 이루어져 있다.

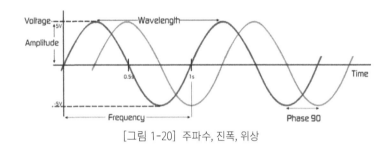

[그림 1-20] 주파수, 진폭, 위상

① 주파수(Frequency): 신호의 진동수를 나타내며, 주파수가 높을수록 데이터 전송 속도가 빨라진다. 주파수는 헤르츠(Hz) 단위로 표현된다.

② 진폭(Amplitude): 신호의 세기를 나타냅니다. 진폭이 크면 신호의 세기가 강하고, 작으면 약한다.

③ 위상(Phase): 전파의 특정 지점에서 파동이 시작되는 각도를 나타냅니다. 위상의 차이는 서로 다른 데이터 비트를 구분하는 데 사용된다.

이동통신 시스템은 복잡한 전파 환경에서 작동해야 하기 때문에, 전파의 신호에 대한 깊은 이해가 필요한다. 이를 위해 기술자들은 전파의 전달, 감쇠, 간섭, 산란 등 여러 현상을 연구하고 분석하여 통신 품질과 전파의 효율성을 개선하기 위한 노력이 필요하다.

차세대 이동통신 시스템

제2장

LTE 시스템

1.1 LTE 시스템 개요
1.2 Periodic TAU(Tracking Area Update)
1.3 LTE 기술의 진화

1.1 LTE 시스템 개요

오늘날 이동통신 기술 세계 표준의 정점에 선 LTE 기술은 3GPP에서 개발한 4세대 이동통신 기술인 LTE(Long Term Evolution)이다. LTE의 표준화가 시작된 2004년에, 2020년까지의 긴 시간 동안의 이동통신 수요를 지원하자는 의미에서 'Long Term'을, 그리고 당시 사용 중이던 WCDMA를 진화시킨 기술이라는 의미에서 'Evolution'이라는 용어를 사용했다. LTE는 이동통신 시스템을 얘기하는 것이며, 무선 접속 기술은 E-UTRA(Evolved Universal Terrestrial Radio Access), 무선 네트워크는 E-UTRAN(Evolved Universal Terrestrial Radio Access Network), 코어 네트워크는 EPC(Enhanced Packet Core)이다. 그리고 EPC와 E-UTRAN으로 이뤄진 전체 시스템을 EPS(Enhanced Packet System)이라고 부른다.

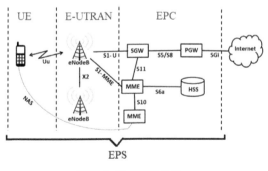

[그림 2-1] EPS의 구성

특히 LTE는 기존의 TDMA나 CDMA가 아닌 Wi-Fi 쪽에서 사용하던 OFDM(Orthogonal Frequency-Division Multiplexing)을 사용한다. 이는 연산량이 많아 시스템에 부담

이 많이 가는 기술이었으나, 기술의 발전에 힘입어 AP의 성능이 향상되면서 충분히 단말에 적용할 수 있는 수준이 됐기 때문에 전 세계적으로 LTE가 가장 대중적인 이동통신 기술로 자리 잡게 되었다.

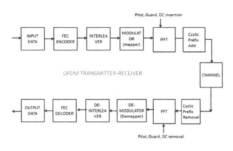

[그림 2-2] OFDM 블록도

　여기서 CDMA 대비해서 OFDM의 장점을 알아보겠다. OFDM은 CDMA에 비해 더 나은 성능을 발휘하며 다중 지연 확산과 관련하여 더 나은 허용 오차를 제공한다. OFDM의 피크 전력 클리핑 성능은 CDMA에 비해 더 좋다. OFDM의 가우스 잡음 내성은 CDMA에 비해 우수하다. 단일 셀 환경에서 OFDM 기반 시스템은 CDMA에 비해 약 2~10배 더 많은 가입자를 할당할 수 있다. 다중 셀룰러 애플리케이션에서 OFDM은 CDMA에 비해 0.7~4배 더 많은 가입자를 할당할 수 있다. CDMA는 단일 주파수가 모든 기지국에 할당되는 다중 셀룰러의 경우 더 잘 수행된다. 다중 사용자의 경우 OFDM 수신기는 분산된 다중 사용자로부터 발생하는 신호 강도의 큰 변화를 처리해야 한다. 반면 CDMA의 주요 이점은 PN 코드로 인해 잡음이 심한 환경에서 보다 안전한 통신을 제공한다는 것이다. 그러나 이는 더 적은 수의 사용자로 제한된다. OFDM은 암호화를 사용하고 스크램블러(무작위화) 모듈을 통합하여 보안 통신을 제공할 수도 있다.

　다음은 LTE의 Core 시스템 관점에서의 특징을 알아보겠다. LTE는 최대 다운링크 속도 75Mbps로 이전 세대의 기술에 비해 이론상 5배 이상 빠른 기술이다. 또한, All-IP를 완벽하게 구현한 첫 패킷 기반 이동통신 기술이기도 하다. 따라서 모든 것이 PC의 네트워크와 마찬가지로 패킷 형태로 데이터가 오가며, 음성 또한 기존의 서킷망이 아닌 패킷망을 사용한다. 즉 VoIP(Voice over IP) 방식으로 음성을 전송하는 것이 기본이다. 하지만 통신사의 환경이나 제반 여건에 따라 음성은 기존 3G망의 음성 서킷망을 그대로 사용하는 경우도 있다.

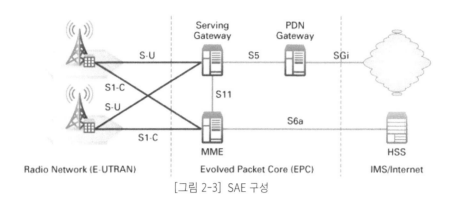

[그림 2-3] SAE 구성

SAE(System Architecture Evolution)는 LTE 네트워크를 단순화하고 다른 IP 기반 통신 네트워크와 유사한 평면 아키텍처를 구축하도록 설계된 새로운 네트워크 아키텍처이다. SAE는 eNB 및 aGW(액세스 게이트웨이)를 사용하고 동등한 3G 네트워크 아키텍처에서 RNC 및 SGSN을 제거하여 보다 간단한 모바일 네트워크를 만든다. 이를 통해 "All-IP" 기반 네트워크 아키텍처로 네트워크를 구축할 수 있다. SAE에는 다른 관련 무선 기술(WCDMA, WiMAX, WLAN 등)과의 완전한 상호작용을 허용하는 엔터티도 포함된다. 이러한 엔터티는 비-3GPP 기술이 네트워크와 직접 인터페이스하고 동일한 네트워크 내에서 관리되도록 구체적으로 관리하고 허용할 수 있다.

LTE는 상용화 초기에는 통신사들이 할당된 주파수의 대역폭 문제로 최대 75Mbps의 다운링크 속도를 제공했으나, 2016년 Cat.3, Cat.4, 그리고 심지어 Cat.19까지 발전하면서 LTE-A(LTE Advanced) Pro로 진화해 1Gbps 다운링크 속도까지 지원할 수 있게 됐다.

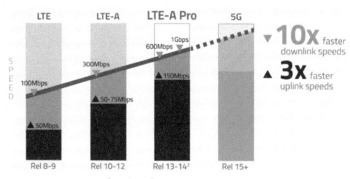

[그림 2-4] LTE Data Speed

    LTE는 처음부터 순수한 패킷 교환 시스템(Packet Switching System)으로 LTE를 설계하였다. LTE는 기존의 서킷 교환 서비스를 더 이상 지원하지 않는다. 즉 이 말은 LTE에서 음성 서비스를 지원하기 위해서는 VoIP(Voice over IP) 방식을 써야 했다. 따라서 국내 이동통신사 중에서 L사는 LTE 전국 서비스망을 구축한 후에는 LTE망을 이용한 음성 서비스, 즉 VoLTE (Voice over LTE)를 가장 먼저 제공하였다. L사는 3세대 시스템을 동기식 방식(CDMA2000 1x EV-DO 리비전A/B)을 채택하고 있었으며, 그 결과 휴대전화를 수급하기가 쉽지 않았다. 더욱이 CDMA 기술은 WCDMA 대비 진화 속도가 느리다 보니 데이터 전송 속도가 비동기식 WCDMA보다 떨어진다는 문제가 있었다. 따라서 L사는 빨리 LTE로 전국적인 커버리지를 구축한 후 LTE로 데이터와 음성 서비스를 제공하였다.

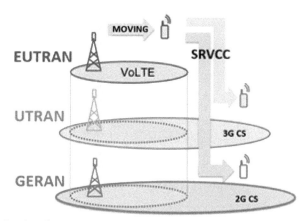

[그림 2-5] VoLTE SRVCC(Single Radio Voice Call Continuity) 개념

1) LTE 시스템 구성

LTE 시스템 기본 구성은 LTE 엔터티(UE 및 eNB)와 EPC 엔터티(S-GW, P-GW, MME, HSS, PCRF, SPR, OCS 및 OFCS)로 구성된 LTE 네트워크 참조 모델을 설명할 수 있다. PDN은 UE가 통신하고자 하는 사업자의 내부 또는 외부 IP 도메인으로, UE에게 인터넷이나 IMS(IP Multimedia Subsystem) 등의 서비스를 제공한다.

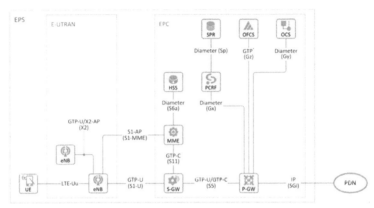

[그림 2-6] LTE 네트워크 참조 모델

먼저 LTE 엔터티에 해당하는 UE는 LTE-Uu 인터페이스를 통해 eNB에 연결된다. eNB는 사용자에게 무선 인터페이스를 제공하고 동적 자원 할당(스케줄러), eNB 측정 구성 및 제공, 무선 허용 제어, 연결 이동성 제어 및 무선과 같은 RRM(Radio Resource Management) 기능을 수행한다.

다음은 EPC 엔터티에 해당하는 MME는 E-UTRAN의 주요 제어 개체이다. 사용자 인증 및 사용자 프로필 다운로드를 위해 HSS와 통신하고, UE에게 EPS Mobility Management(EMM) 및 NAS 시그널링을 이용한 EPS 세션 관리(ESM) 기능을 제공한다. 주요 MME가 지원하는 기능은 다음과 같다. NAS 신호 처리(EMM, ESM 및 NAS 보안), S6a 인터페이스를 통한 HSS를 통한 사용자 인증 및 로밍, 모빌리티 관리(페이징, TAI_Tracking Area List 관리 및 핸드오버 관리), EPS 베어러 관리이다. S-GW는 E-UTRAN을 향한 인터페이스를 종료한다. 로컬 모빌리티 앵커 역할을 한다. 또한, eNB 간 핸드오버 및 3GPP 간 핸드오버를 위한 데이터 연결 지점이다. P-GW는 PDN의 주소 공간에서 IP 주소를 할당하여 UE에게 PDN에 대한 액세스를 제공한다.

P-GW는 3GPP와 비-3GPP 간의 핸드오버를 위한 이동성 앵커 포인트 역할을 한다. 또한, 정책 시행, 패킷 필터링 및 과금을 수행한다. PCRF에서 제공하는 PCC 규칙. P-GW가 지원하는 주요 기능은 다음과 같다. IP 라우팅 및 전달, SDF별/사용자별 기반 패킷 필터링, UE IP 주소 할당, 3GPP와 비-3GPP 간의 이동성 고정(앵커), PCEF 기능, SDF별/사용자별 과금 처리를 수행한다. HSS는 사용자 프로필이 저장되는 중앙 DB이다. 또한, 사용자 인증 정보 및 사용자 프로필을 MME에 보낸다. PCRF는 정책 및 과금 제어 엔터티이다. SDF에 대한 정책 결정을 내리고 PCEF(P-GW)에 PCC 규칙(QoS 및 과금 규칙)을 제공한다. SPR은 PCRF에 구독 정보(가입자별 액세스 프로필)를 제공한다. 이 정보를 바탕으로 PCRF는 가입자 기반 정책을 수행하고 PCC 규칙을 생성한다. OCS는 실시간 신용 관리 및 볼륨, 시간 그리고 이벤트 기반 충전 기능을 제공한다. OFCS는 CDR 기반 과금 정보를 제공한다. 그리고 각 엔터티 간의 인터페이스에 대해서는 표를 참고하도록 하겠다.

참조점	프로토콜	설명
LTE-Uu	E-UTRA (제어 평면, 사용자 평면)	UE와 eNB 간 무선 인터페이스로 제어 평면 및 사용자 평면을 정의한다.
X2	X2-AP (제어 평면) GTP-U (사용자 평면)	두 eNB 간 인터페이스로 제어 평면 및 사용자 평면을 정의한다. 제어 평면에서는 X2-AP 프로토콜이 사용되며, 사용자 평면에서는 X2 핸드오버시 데이터 forwarding을 위해 베어러 당 GTP 터널링을 제공한다.
S1-U	GTP-U	eNB 와 S-GW 간 인터페이스로 사용자 평면을 정의한다. 베어러 당 GTP 터널링을 제공한다.
S1-MME	S1-AP	eNB와 MME 간 인터페이스로 제어 평면을 정의한다.
S11	GTP-C	MME와 S-GW 간 인터페이스로 제어 평면을 정의한다. 사용자 당 GTP 터널링을 제공한다.
S5	GTP-C (제어 평면) GTP-U (사용자 평면)	S-GW와 P-GW 간 인터페이스로 제어 평면 및 사용자 평면을 정의한다. 사용자 평면에서 베어러 당 GTP 터널링을 제공하고 제어 평면에서 사용자 당 GTP 터널 관리를 제공한다. Inter-PLMN 경우에는 S8 인터페이스가 사용된다. S8 인터페이스는 본 문서 범위 밖으로 인터워킹 문서에서 다룬다.
S6a	Diameter	HSS와 MME 간 인터페이스로 제어 평면을 정의한다. UE 가입 정보 및 인증 정보를 교환한다.
Sp	Diameter	SPR과 PCRF 간 인터페이스로 제어 평면을 정의한다.
Gx	Diameter	PCRF와 P-GW 간 인터페이스로 제어 평면을 정의한다. QoS 정책 및 과금 제어를 위한 인터페이스로 정책 제어 규칙 및 과금 규칙을 전달한다.
Gy	Diameter	OCS와 P-GW 간 인터페이스로 제어 평면을 정의한다.
Gz	GTP'	OFCS와 P-GW 간 인터페이스로 제어 평면을 정의한다.
SGi	IP	P-GW와 PDN 간 인터페이스로 사용자 평면과 제어 평면을 정의한다. 사용자 평면에서는 IETF 기반 IP 패킷 forwarding 프로토콜이 사용되고 제어 평면에서는 DHCP와 RADIUS/Diameter와 같은 프로토콜이 사용된다.

[그림 2-7] LTE 참조점의 프로토콜 및 설명

2) LTE 프로토콜 스택

EPS 엔터티와 인터페이스를 기반으로 사용자 평면과 제어 평면에서 LTE 프로토콜 스택을 도식화하면 다음 그림과 같다.

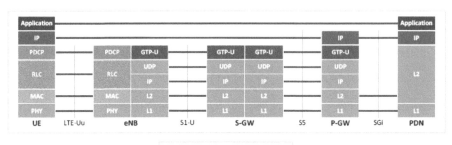

[그림 2-8] LTE 프로토콜 스택: 사용자 평면

먼저 사용자 평면의 LTE-Uu 인터페이스는 다음과 같은 프로토콜로 설명할 수 있다.

PDCP: IP 패킷이 무선링크를 통하여 효율적으로 전송될 수 있도록 한다. 헤더 압축, AS 보안(ciphering 및 integrity protection)을 수행하고 핸드오버 동안 패킷 re-ordering 및 재전송을 처리한다.

RLC: PDCP에서 수신한 패킷을 무선 링크를 통해 전송하기 위하여 분할하고 무선 링크를 통해 수신한 패킷을 PDCP로 전송하기 위하여 재결합한다. 패킷 re-ordering 및 재전송을 처리한다.

MAC: 무선 자원을 UE들에게 동적으로 할당하고, 각 무선 베어러별로 협상된 QoS를 보장받을 수 있도록 QoS 제어 기능을 수행한다. 물리 계층으로 전송하기 위하여 무선 베어러들을 다중화한다.

다음은 S1-U 인터페이스/S5 인터페이스/X2 인터페이스는 다음과 같은 프로토콜로 설명할 수 있다.

GTP-U: S1-U, S5 및 X2 인터페이스 상에서 사용자 IP 패킷을 전송하기 위하여 사용된다. GTP-U 터널이 핸드오버 forwarding 터널인 경우에는 End Marker를 삽입할 수 있다.

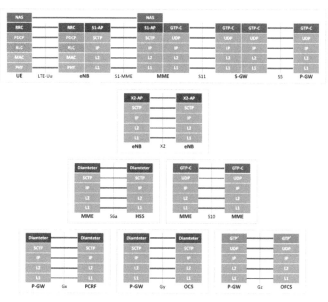

[그림 2-9] LTE 프로토콜 스택 : 제어 평면

이어서 제어 평면에서의 LTE-Uu 인터페이스는 다음과 같은 프로토콜로 설명할 수 있다. NAS: 이동성 관리 기능과 베어러 제어 기능을 수행한다. RRC: E-UTRAN 무선 시그널링 연결에 대한 제어를 수행한다.

X2 인터페이스는 다음과 같은 프로토콜로 설명할 수 있다. X2-AP: E-UTRAN 내에서 UE mobility를 다루는 기능으로 사용자 데이터 forwarding, SN 상태 전달, UE context 해제 기능을 제공한다. eNB 간에 자원 상태 정보, 트래픽 로드 정보 및 eNB 구성 update 정보를 교환하고 mobility 파라미터 설정을 위해 협력한다.

S1-MME 인터페이스는 다음과 같은 프로토콜로 설명할 수 있다. S1-AP: EPS 베어러 설정 시 초기 UE context를 전달한다. 이 후 mobility, paging 및 UE context 해제 기능을 수행한다.

S11 인터페이스/S5 인터페이스/S10 인터페이스는 다음과 같이 정의할 수 있다. GTP-C: GTP 터널을 생성, 유지 및 삭제하기 위한 제어 정보를 교환한다. LTE 간 핸드오버 시에는 데이터 forwarding 터널을 생성한다.

3) LTE GTP

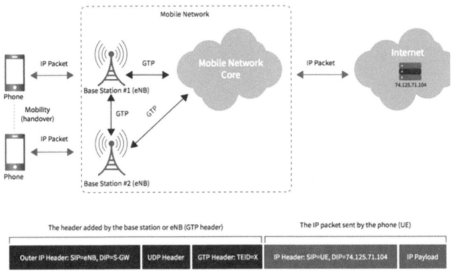

[그림 2-10] LTE GTP Processing

    GTP는 패킷 교환기술을 이용해 언제든지 인터넷 등에 접속이 가능한 일반화된 프로토콜이다. 특히 GSM, UMTS, LTE Core Networks에서 사용되는 프로토콜 기반의 중요 IP/UDP 프로토콜이다. Core네트워크를 통과할 때 user data를 encapsulate하고 다양한 core network entities 간에 특정 bearer signaling traffic을 보낼 때 사용한다.

4) LTE 호 처리 프로세스

    LTE에서의 호 처리 프로세스는 EPC의 MME가 그 중심에 있으며 Mobility Management 주요 프로시저는 다음과 같다. EMM 절차 형태는 EMM 공통형, EMM 특화형, EMM 연결 관리형으로 분류된다. (i) EMM 공통 절차는 UE와 MME 간에 NAS 시그널링 연결(NAS signaling connection)이 존재하면 망에 의해 항상 실행될 수 있는 절차로 GUTI(Globally Unique Temporary Identifier) 할당, 인증(Authentication), UE 식별, 보안 모드 제어(SMC; Security Mode Control), EMM 정보 절차가 있다. (ii) EMM 특화 절차는 사용자 이동성(사용자 등록 및 위치 파악)과 관련된 절차로 Attach, Detach, TA 갱신(TAU; Tracking Area Update) 절차가 있다.
LTE 망이 기존 3GPP 망과 같이 구축되어 있는 경우 EMM 특화 절차에 Combined
Attach, Combined Detach, Combined Tracking Area Update 절차가 있다. (iii) EMM
연결 관리 절차는 NAS 시그널링 연결 설정과 관련된 절차로 서비스 요청, 페이징
(paging), NAS 메시지 전송 절차가 있다.

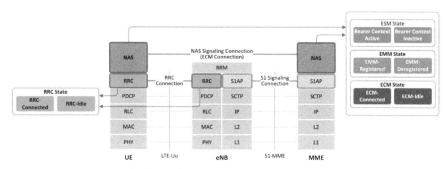

[그림 2-11] EMM, ECM and RRC states

EMM, ECM 및 RRC 상태는 EMM 절차에 따라 변화하며 이러한 변화 과정을 상태
천이(state transition)라 한다. RRC 연결은 ECM 연결을 구성하는 하나의 구간이므로
UE에서 볼 때 ECM과 RRC는 항상 같은 상태를 갖는다. [그림 2-12]는 UE에서 EMM
및 ECM/RRC 간 상태 천이를 나타내고 어떤 이벤트들에 의해 상태 천이가 발생되는
지 보여 준다. 사용자의 EMM 및 ECM/RRC 상태 조합을 A, B, C 및 D로 표시하였다.

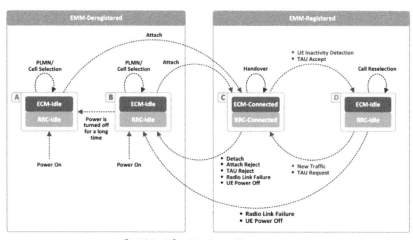

[그림 2-12] EMM State Transition

5) Attach

사용자(UE)가 망에 접속할 때 MME에서 초기 접속 절차가 진행되는 유형을 알아보자. 초기 접속 절차 첫 단계는 사용자가 망에 접속 요청을 함으로써 이루어지는데, 성공적인 초기 접속 절차를 간단히 기술하면 UE가 MME로 접속 요청(Attach Request) 메시지를 전송함으로써 시작되고, MME가 UE로 접속 승낙(Attach Accept) 메시지를 전송하면서 마무리된다. 이때 UE는 MME로 Attach Request(UE ID) 메시지를 전송하면서 자신이 누구인지 UE ID(IMSI 또는 Old GUTI3)를 통해 알리고, MME는 UE로 Attach Accept(GUTI, TAI list) 메시지를 전송하면서 UE가 IMSI 대신 사용할 ID로 GUTI를, 위치 갱신 범위로 TAI list4를 알려준다.

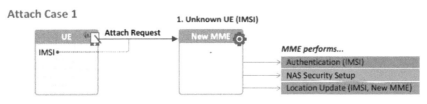

[그림 2-13] LTE Attach Request

UE로부터 Attach Request 메시지를 수신하여 UE로 Attach Accept 메시지를 전송하기 전까지 MME는 다음과 같은 절차를 거칠 수 있다

① UE ID 획득 〉 ② 가입자 인증(Authentication) 〉 ③ NAS Security Setup(NAS Security Key 설정) 〉 ④ 위치 등록(Location Update) 〉 ⑤ EPS 세션 설정

이들 절차 중 어떤 절차를 거치는지는 초기 접속 유형에 따라 달라진다. UE ID 획득과 EPS 세션 설정 절차는 모든 초기 접속 유형에서 공통으로 수행된다. 나머지 절차들, 즉 가입자 인증, NAS Security Setup 및 위치 등록 절차는 초기 접속 유형에 따라 선택적으로 수행되는데 ① UE ID가 무엇인가(IMSI or Old GUTI)와 ② 이 전 사용자 접속 정보가 망(MMEs)에 남아 있는가/없는가 등에 영향을 받는다. 아래 그림은 초기 접속 유형 구별을 위해 적용한 판단 기준을 나타낸다.

1) UE가 망 접속 요청을 어떤 UE ID를 사용하는가?

2) UE가 망 접속 요청을 어떤 MME로 하는가?

3) MME가 "이전 사용자 접속 정보(UE Context)"를 망으로부터 얻을 수 있는가?

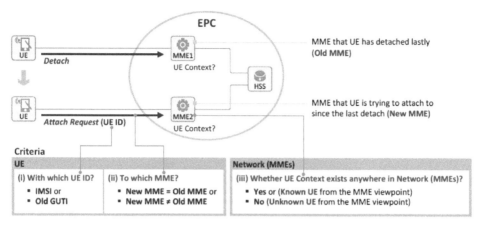

[그림 2-14] Attach 유형 구별을 위해 적용한 판단 기준

LTE에서는 Attach 유형별 판단 기준에 따라 Unknown UE, MME Changed된 경우의 프로세스는 다음과 같다. UE는 Old GUTI로 접속 요청을 하고, MME(New MME)는 Old MME에게 "이전 사용자 접속 정보"를 요청하였으나 받지 못하였으므로 UE에게 UE ID를 요청하여 IMSI를 획득한다.

1) [UE → New MME] Attach Request (Old GUTI)

2) [New MME → Old MME] Identification Request (Old GUTI)

3) [Old MME] No IMSI

4) [New MME ← Old MME] Identification Response (error cause)

5) [UE ← New MME] Identity Request (UE ID = IMSI)

6) [UE → New MME] Identity Response (IMSI)

나머지 절차는 가입자 인증, NAS Security Setup, 위치 등록을 수행하고, EPS 세션/Default EPS 베어러를 설정한다.

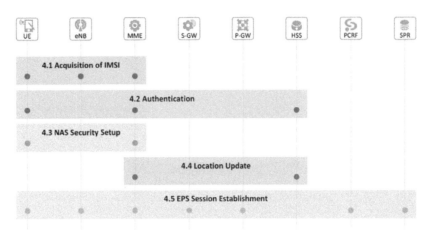

[그림 2-15] Initial Attach Procedure

6) Detach

초기 접속 절차를 거쳐 EPS 세션 및 default EPS 베어러를 생성하고 LTE 서비스를 이용 중이던 사용자는 서비스를 마쳤거나 또는 서비스 중에 망에 의해서 detach되어 서비스를 이용할 수 없는 상태로 갈 수 있다. 사용자가 망에서 detach되면, 사용자의 EPS 세션 및 베어러에 할당되었던 망/무선 자원이 해제되어 EPS 엔터티들(UE 및 망 노드들)에 설정되어 있던 사용자의 MM context와 EPS 베어러가 제거되고, EMM 상태는 Registered 상태에서 De-Registered 상태로 천이한다. 사용자가 망에 access 하기 위해 사용하던 NAS 레벨의 사용자 ID(GUTI)와 security context는 사용자가 정상적으로 detach된 경우 UE와 MME에 유효한(valid) 값으로 저장되어, 사용자가 다음에 망에 접속할 때 사용될 수 있다.

Detach triggering은 UE 또는 망에 의해서 발생할 수 있다. 망에 의한 경우 MME 또는 HSS에 의해서 발생한다. Detach triggering이 어디에서 발생하는가에 따라 Detach Case 아래와 같이 분류할 수 있다.

1) Detach Case 1: UE-initiated Detach는 UE에 의해 detach되는 요인은 다음과 같다.

▶ UE가 전원을 끌 때

▶ USIM card가 UE에서 제거될 때

▶ UE가 non-EPS 서비스를 이용하고자 할 때(예, CS fallback, SMS 등)

2) Detach Case 2: MME-initiated Detach는 MME에 의해 detach되는 경우는 explicit detach와 implicit detach로 구분된다. Explicit detach인 경우 MME는 UE에게 Detach Request 메시지를 전송함으로써 detach 할 것임을 알리고 UE가 detach 후에 다시 attach 해야 하는지 여부를 알려준다. Implicit detach인 경우 UE가 MME와 통신할 수 없는 환경이므로 MME는 UE에 detach 할 것임을 알리지 않고(Detach Request 메시지를 전송하지 않고) detach를 수행한다. MME에 의해 detach되는 요인은 다음과 같다.

(1) Explicit Detach

▶ 통신 사업자의 O&M(Operation & Maintenance) 목적

▶ 재인증(Re-authentication)이 실패한 경우

▶ 사용자에게 할당한 자원을 제공해 줄 수 없는 경우 등

(2) Implicit Detach

▶ 무선 링크 품질이 나빠져(예, Radio link failure) 사용자와 통신을 지속할 수 없는 경우

3) Detach Case 3: HSS-initiated Detach: HSS에 의해 detach 되는 요인은 다음과 같다. HSS에 provisioning 되어 있는 사용자 profile이 변경되어 MME에 저장된 profile이 변경되어야 하는 경우, Illegal UE 등의 이유로 통신 사업자가 해당 UE에 대한 망 접속을 제한하려는 경우이다.

다음은 Detach 전과 후의 자원의 점유와 상태 천이에 대해 알아보겠다. 3가지의 Case 모두 detach 전에 사용자는 EMM-Registered, ECM-Connected, RRC-Connected 상태에 있으며 default EPS 베어러로만 서비스받는 경우 [그림 2-16]은 detach 전과 후에 사용자/제어 평면에서의 Connection 설정과 UE와 MME의 상태를 나타낸다.

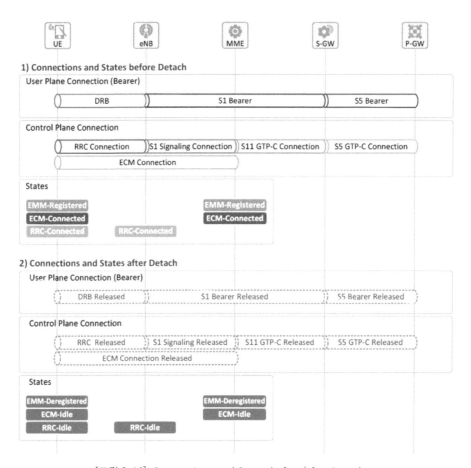

[그림 2-16] Connections and States before/after Detach

Detach 전에는 default EPS 베어러와 이와 관련된 제어 connection들이 설정되어 있고, 사용자 상태는 EMM-Registered, ECM-Connected, RRC-Connected 상태에 있다. Detach 후에는 default EPS 베어러 및 제어 connection이 해제되고 사용자 상태는 EMM-Deregistered, ECM-Idle, RRC-Idle 상태에 있게 된다.

7) S1 Release

S1 해제 절차는 eNB 또는 MME에 의해 triggering 될 수 있다. 먼저 eNB에 의해 triggering 되는 예는 다음과 같다. User inactivity, Repeated RRC signaling integrity check failure, Release due to UE generated signaling connection release, Unspecified failure, O&M intervention 등이다. MME에 의해 triggering 되는 예는

다음과 같다. Authentication failure, Detach, Not allowed CSG cell 등이다. 이외에도 eNB와 MME에서 S1 해제는 control processing overload, not enough user plane processing resources available 등의 이유로 triggering 될 수 있다.

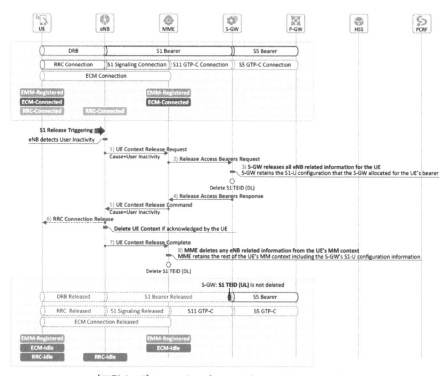

[그림 2-17] Procedure for S1 Release (eNB-initiated)

위의 그림은 S1 Release 전과 후에 사용자/제어 평면에서의 connection 설정과 UE와 MME의 상태를 나타낸다. S1 Release 전에는 사용자와 망 간(UE와 P-GW 간)에 트래픽 전송을 지원하기 위한 EPS 베어러와 시그널링 연결이 설정되어 있다. EPS 베어러로는 DRB, S1 베어러 및 S5 베어러가 설정되어 있고, 시그널링 연결로는 ECM 연결(RRC 연결 + S1 시그널링 연결), S11 연결 및 S5 연결이 설정되어 있다. UE와 MME는 EMM-Registered 및 ECM-Connected 상태에 있고, UE와 eNB는 RRC-Connected 상태에 있다.

S1 Release 후에 사용자 평면에서는 DRB와 하향 S1 베어러가 해제되고 제어 평면에서는 ECM 연결(RRC 연결 + S1 시그널링 연결)이 해제되어 E-UTRAN 자원이

해제된다. S1 베어러의 경우 하향 S1 베어러 자원만 해제되고 상향 S1 베어러 자원은 망에서 유지된다.

Detach 경우와 비교하면, Detach가 발생한 경우에는 망이 사용자에게 할당한 모든 자원이 해제되고 사용자 상태는 EMM-Deregistered 상태로 천이하게 되며, S1 Release가 발생한 경우에는 무선 access 망(E-UTRAN 또는 eNB)에서 할당한 자원은 해제되나 EPC에서 할당한 자원은 그대로 유지되어 사용자 상태는 EMM-Registered 상태를 유지하면서 ECM-Idle 상태로 천이하게 된다. 이후 상향/하향 사용자 트래픽이 발생하면 ECM 연결 및 DRB/S1 베어러(하향)가 설정되면서 ECM-Connected 상태로 천이하고 사용자 트래픽을 전송하게 된다. [그림 2-17]은 eNB가 사용자 비활성화(User inactivity)를 검출하여 eNB에서 S1 해제가 triggering 되어 S1이 해제되는 절차를 나타낸다(Triggering 이유가 사용자 비활성화가 아닌 경우에도 S1 해제는 같은 절차로 수행된다). MME에 의해 S1 해제가 triggering 되는 경우에는 [그림 2-17]에서 절차 1)이 없이 절차 2)부터 시작된다.

8) Service Request

사용자가 망에 등록은 되어 있으나 트래픽 비활성화로 S1 연결이 해제되고 무선 자원이 할당되어 있지 않은 상태에서, 즉 사용자가 EMM 등록 상태(EMM-Registered)에 있으나 ECM 휴지 상태(ECM-Idle)에 있을 때, 사용자가 전송할 트래픽이 발생하거나 망에서 사용자에게 전송할 트래픽이 발생하면, 사용자는 망으로 서비스를 요청하여 ECM 연결 상태(ECM-Connected)로 천이하고, 제어 평면에서 ECM 연결(RRC 연결 + S1 시그널링 연결)을 사용자 평면에서 E-RAB(DRB 및 S1 베어러)을 설정하여 트래픽을 송/수신하게 된다. 망이 사용자에게 트래픽을 전송하는 경우에는, 먼저 사용자에게 전송할 트래픽이 있음을 알려서 사용자가 서비스 요청을 할 수 있도록 한다.

사용자는 전송할 트래픽이 발생하거나 망으로부터 전달할 트래픽이 있다는 신호를 받으면, MME로 Service Request 메시지를 전송함으로써 연결 상태(ECM/RRC-Connected)로 천이하여 무선 자원 및 망 자원을 할당받고 트래픽을 송/수신할 수 있게 된다. Service Request triggering은 UE 또는 망에 의해서 발생할 수 있다. 새로운 트래픽이 어디에서 발생하는가에 따라 Service Request 종류를 아래와 같이 분류하도록 한다.

▶ Service Request Case 1: UE-triggered New Traffic

UE에서 망으로 전송할 uplink data가 생길 때

▶ Service Request Case 2: Network-triggered New Traffic

망에서 UE에게 전송할 downlink data가 생길 때

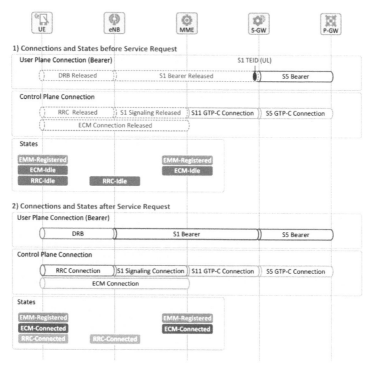

[그림 2-18] Connections and States before/after Service Request

[그림 2-18]은 Service Request 전과 후에 사용자/제어 평면에서의 connection 설정과 UE와 MME의 상태를 나타낸다. Service Request 전에 사용자는 EMM-Registered 및 ECM/RRC-Idle 상태에 있어 EPC에서 할당받은 자원만 유지되고 E-UTRAN에서 할당받은 자원은 해제되어 있다. 제어 평면에서는 S5 GTP-C 터널과 S11 GTP-C 터널이 유지되고 있고 ECM 연결은 해제되어 있으며, 사용자 평면에서는 S5 베어러와 상향 S1 베어러가 유지되고 있고 하향 S1 베어러와 DRB는 해제되어 있다.

Service Request 후에 사용자는 E-UTRAN 자원을 할당받아 EMM-Registered 및 ECM/RRC-Connected 상태에 있게 된다. 사용자와 망 간(UE와 P-GW 간)에 트래픽 전송을 지원하기 위한 EPS 베어러(DRB, S1 베어러 및 S5 베어러)와 시그널링 연결(ECM 연결, S11 GTP-C 터널, S5 GTP-C 터널)이 모두 설정되어 있다.

1.2 Periodic TAU(Tracking Area Update)

사용자가 연결 상태에 있는 경우에는 사용자(UE)와 망(P-GW) 간에 EPS 베어러가 End-to-End로 설정되어 있고, 망(MME)은 사용자가 어느 셀에 접속되어 있는지 알고 있어 망에서 사용자에게 전달할 트래픽이 있는 경우 바로 전달될 수 있다.

사용자가 휴지 상태에 있는 경우에는 사용자(UE)와 망(MME) 간에 시그널링 연결 및 베어러(E-RAB 베어러)가 모두 해제되므로 망(MME)은 사용자가 어느 셀에 있는지 알지 못한다. 휴지 상태에 있는 사용자에게 전달해야 할 트래픽이 발생하면 사용자에게 이를 알릴 수 있어야 하므로, 망은 사용자가 휴지 상태에 있더라도 사용자의 위치를 파악할 수 있어야 하고, 휴지 상태에 있는 사용자들은 전송할 데이터가 없더라도 일정 시간마다 망(MME)에게 어느 TA(Tracking Area)에 있는지 보고해야 한다. TA는 셀들을 묶은 그룹으로 MME가 관리하며, 사용자가 휴지 상태에 있을 때 사용자의 위치를 파악하는 단위가 된다. 이를 위하여 사용자가 망에 초기 접속할 때 MME는 Attach Accept 메시지를 통하여 TAI list와 TAU timer(T3412)를 사용자에게 전달하고 사용자는 TAU timer 경과 시 TAU 절차를 수행한다.

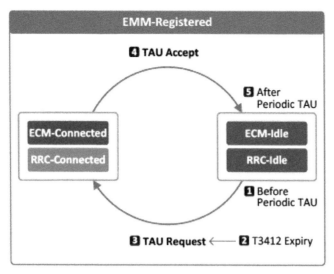

[그림 2-19] State Transition of a User Performing Periodic TAU

Periodic TAU 전/후 사용자 상태를 단계적으로 보면, ① Periodic TAU 전에는 EMM-Registered 및 ECM/RRC-Idle 상태에 있고 E-UTRAN에서 할당받은 자원은 해제되어 있다. 즉 UE와 MME 간에 E-RAB(상향 S1 베어러 제외)과 ECM 시그널링 연결이 해제되어 있는 상태이다. ② Periodic TAU를 수행하는 동안에는 EMM-Registered 및 ECM/RRC-Connected 상태에 있는다. 초기 접속이나 Service Request 때와 다른 점은 UE와 MME 간에 베어러(E-RAB)는 설정되지 않고 Periodic TAU 관련 NAS 메시지를 전송하기 위한 시그널링 연결(ECM 시그널링 연결)만 설정된다. ③ Periodic TAU 후에는 UE와 MME 간에 설정되어 있는 ECM 시그널링 연결이 해제되어 E-UTRAN 자원이 해제되고 사용자 상태는 다시 EMM-Registered 및 ECM/RRC-Idle 상태로 돌아간다. Periodic TAU 전/후 사용자 상태 변화 단계를 정리하면 다음과 같다.

Before Periodic TAU: EMM-Registered, ECM-Idle, RRC-Idle

During Periodic TAU: EMM-Registered, ECM-Connected, RRC-Connected

After Periodic TAU: EMM-Registered, ECM-Idle, RRC-Idle

[그림 2-19]는 Periodic TAU 전/후 사용자 상태를 다시 한번 나타내었다. 휴지 상태에서 T3412가 경과한 UE는 MME로 TAU Request 메시지를 전송하여 현재 위치

한 TA와 최근 방문했던 TA를 보고하고(사용자 상태는 연결 상태로 천이됨), MME
는 UE의 위치 정보(TA)를 갱신한 후 UE에게 TAU Accept 메시지를 보내고 UE와의
시그널링 연결을 해제하여 사용자 상태는 다시 휴지 상태로 천이한다.

Handover without TAU: 단말은 serving 셀과 이웃 셀들의 수신 신호 세기를 측정
하여 주기적으로 보고하거나, 측정값들이 measurement configuration에 의해 주어
진 조건을 만족하게 되면 measurement event가 triggering 되어 eNB에게 이들 값을
보고한다. E-UTRA에 대한 보고 기준(reporting criteria)으로는 A1, A2, A3, A4, A5
가 있고 inter-RAT 측정에 대한 보고 기준으로는 B1과 B2가 있다. Event A3는 핸드
오버 triggering으로 많이 사용되는 event이다. [그림 2-20]은 A3에 의한 핸드오버
triggering 예시이다.

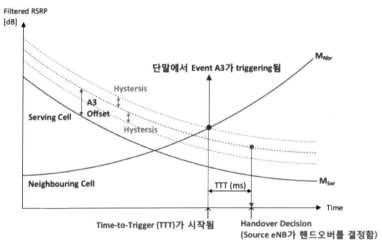

[그림 2-20] Measurement Event A3

Source eNB와 target eNB 간에 핸드오버 준비와 실행이 EPC 개입 없이 이루어지
는가, EPC가 개입하여 이루어지는가에 따라 LTE 핸드오버는 X2 인터페이스를 이용
한 핸드오버(X2 핸드오버)와 S1 인터페이스를 이용한 핸드오버(S1 핸드오버)로 구
분할 수 있다.

[그림 2-21]은 단말이 이동함에 따라 X2 핸드오버와 S1 핸드오버가 발생하는 예
를 나타내고, 핸드오버 triggering 발생 시 source eNB가 X2 핸드오버 또는 S1 핸드

오버를 결정하는 기준을 나타낸다.

▶ X2 핸드오버 (X2 Handover): X2 인터페이스는 eNB 간 인터페이스로, serving 셀이 속한 eNB(source eNB)와 target 셀이 속한 eNB(target eNB) 간에 X2 연결이 존재하는 경우 X2 핸드오버가 수행된다. X2 핸드오버가 수행되면 MME 개입 없이 source eNB와 target eNB가 핸드오버 제어를 위해 통신한다.

▶ S1 핸드오버 (S1 Handover): S1 인터페이스는 E-UTRAN(eNB)과 EPC(제어 메시지인 경우 MME, 사용자 패킷인 경우 S-GW) 간 인터페이스로 source eNB 와 target eNB 간에 X2 연결이 없거나, X2 연결이 있더라도 X2 연결이 핸드오버 를 위해 사용하도록 허용되어 있지 않거나, serving 셀과 target 셀 간에 핸드오버 준비 작업이 실패한 경우에는 S1 핸드오버가 수행된다. S1 핸드오버가 수행되면 source eNB는 핸드오버 제어를 위해 MME를 통해 target eNB와 통신한다.

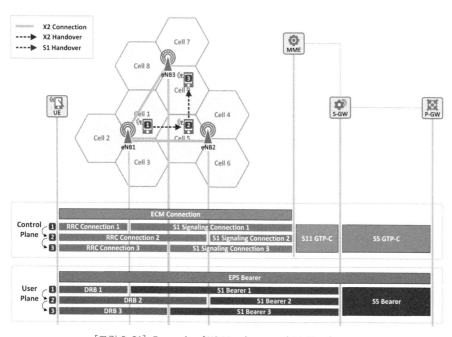

[그림 2-21] Example of X2 Handover and S1 Handover

그리고 핸드오버 준비 단계에서 망 장비들이 핸드오버를 위한 자원을 미리 할당 하여 실제 핸드오버가 실행되는 동안 DL 패킷을 잃어버리지 않도록 저장하지만, 핸드오버 실행 단계에서 단말이 source eNB와의 무선 접속을 끊고 target eNB로 무선 접속을 마칠 때까지는 단말과 셀 간에 패킷을 송/수신할 수 없는 시간이 존재하게 되는데, 이를 핸드오버 단절 시간(handover interruption time)이라 한다.

❶ Target eNB로의 DL synchronization에 걸리는 시간
❷ RACH waiting time
❸ Dedicated RACH preamble을 전송하여 UL 자원을 요청하는 시간
❹ Target eNB에서 preamble을 검출하고 처리하는 시간
❺ RACH Response 메시지를 준비하는 시간
❻ RACH Response 메시지를 decoding 하는 시간
❼ 단말이 target eNB로 핸드오버 실행을 마쳤음을 알리는 시간
❽ Target eNB로부터 핸드오버 실행 종료를 confirm 받는 시간

[그림 2-22]는 X2 핸드오버 실행 단계에서 핸드오버 단절 시간을 나타낸다. 핸드오버 단절 시간이 큰 경우 끊김 없는 서비스(seamless service)를 지원하지 못하고 사용자는 품질 저하를 겪게 된다. 핸드오버 단절 시간은 상기와 같은 8가지 단계들로 구성된다.

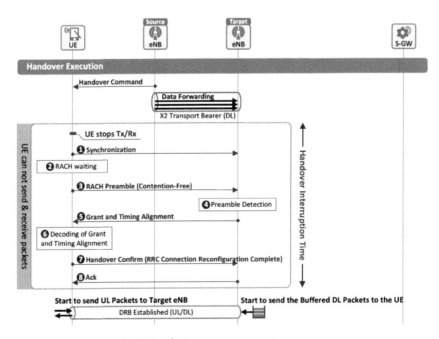

[그림 2-22] Handover Interruption Time

1) Cell Reselection without TAU

셀 재선택은 사용자 단말의 주도로 이루어지며, 사용자 단말은 셀 재선택에 필요한 정보(예, 이웃 셀 신호 측정 여부를 결정할 때 사용되는 임곗값, 서빙 셀과 이웃 셀들의 Rank 계산시 사용되는 파라미터 등)를 eNB가 방송하는 시스템 정보(System Information)로부터 얻는다. Intra-frequency 셀 재선택에 필요한 정보는 SIB(System Information Block) 3과 SIB 4로 전달된다.

셀 재선택을 개시(Cell Reselection Triggering)하면 다음 2가지 단계로 진행된다.

▶ 서빙 셀 측정: 휴지 상태에 있는 단말은 DRX cycle마다 깨어나서 서빙 셀의 신호(Qrxlevmeas)를 측정하여, 서빙 셀의 수신 레벨(Srxlev)을 구하고 계속 머물러 있어도 되는지 다른 셀을 선택해야 하는지 판단한다. 서빙 셀의 수신 레벨은 단말의 송수신 상황이 반영되어(최소 수신 레벨 Qrxlevmin, 허용된 최대 송신 전력 PEMAX 등이 적용됨) 구해진다.

▶ 셀 재선택 개시 (Cell Reselection Triggering): 서빙 셀의 수신 레벨(Srxlev)이 주어진 임곗값(s-IntraSearch)보다 크면 서빙 셀에 계속 머무르고, 그렇지 않으면 다른 셀을 선택하기 위해 셀 재선택이 triggering 된다. 셀 재선택을 triggering 하는 기준이 되는 임곗값은 SIB 3에 의해 전달되고, Release 8인 경우 s-IntraSearch로 Release 9에서는 s-IntraSearchP 와 s-IntraSearchQ 로 정의된다.

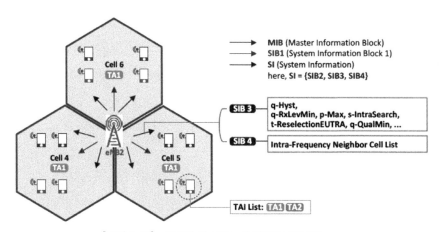

[그림 2-23] eNB2가 방송하는 셀 재선택 관련 SIBs

휴지 상태에 있는 단말이 계속 한자리에 머물러 있는 경우, DRX cycle마다 깨어나서 서빙 셀의 수신 레벨(Srxlev)을 구하는데 서빙 셀의 수신 레벨이 임곗값(s-IntraSearch)을 넘지 않아 계속 서빙 셀에 캠핑하고 있다고 하자. 이제 단말이 이동하여 서빙 셀에서 멀어지면 서빙 셀의 수신 레벨이 점점 감소하여 어느 시점에서는 s-IntraSearch보다 낮아지게 되고 셀 재선택이 triggering 된다. 이제 사용자 단말은 이웃 셀(non-serving 셀)들의 신호를 측정하기 시작한다.

셀 재선택 기준 (Cell Reselection Criteria)은 셀 랭킹 기준과 셀 재선택 조건 유지 시간을 보고 수행한다.

① 셀 랭킹 기준(Cell-Ranking Criterion): 이후 단말은 서빙 셀과 이웃 셀 신호의 측정값(서빙 셀: Qmeas,s 이웃 셀: Qmeas,n)을 기반으로 각 셀의 Rank(Rs, Rn)를 구한다. 셀 Rank 계산에 필요한 파라미터는 SIB 3와 SIB 4로 전달된다(2.2. 참조). 서빙 셀 Rank는 SIB 3에 있는 hysteresis(q-Hyst) 값을 이용하고, 이웃 셀 Rank는 SIB 4에 있는 셀 별 offset(q-OffsetCell) 값을 이용하여 구한다.

② 셀 재선택(Cell Reselection): 서빙 셀과 이웃 셀(non-serving 셀) Rank를 계산하면 셀 재선택 조건(Rn > Rs)을 만족하는지 확인한다. 셀 재선택 조건을 만족하는 이웃 셀이 있으면 best 셀을 선택하여 새로운 셀로 캠핑한다. 셀 재선택은 셀 재선택 조건이 일정 시간(t-ReselectionEUTRA) 이상 유지되어야 수행된다.

이동통신 사업자는 hysteresis와 셀별 offset 값을 이용하여 단말이 서빙 셀에 캠핑하는 정도를 제어함으로써 잦은 셀 재선택을 방지하고 셀 상황에 맞는 셀 재선택이 수행되도록 제어할 수 있다. 또한, 단말의 이동 속도에 따라 scaling factor(q-hystSF, t-ReselectionEUTRA-SF)를 적용하여 q-Hyst와 t-ReselectionEUTRA 값을 제어할 수 있다.

2) Move to Another City

Periodic TAU 절차는 휴지 상태에 있는 사용자 단말이 주기적으로 자신의 위치를 망에게 알리는데 사용된다. UE가 휴지 상태에 있는 경우, MME는 UE로 향하는 호/패킷이 발생하면 UE가 응답할 수 있는지("reachable"한지) 확신할 수가 없다. 따라서 휴지 상태에 있는 UE는 망이 할당한 영역에(TAI list에 있는 TA에) 있더라도 주기적으로 자신의 위치를 망에 보고하고, 망은 UE가 "reachable" 한지 여부를 확인한다. MME는 이를 위해 TAU timer(T3412), Mobile Reachable timer, Implicit Detach timer를 관리한다. 이 중 TAU timer(T3412) 값은 UE에게 전달되는데, UE가 망에 초기 접속할 때 Attach Accept 메시지를 통해서 또는 TA 갱신을 요구할 때 TAU Accept 메시지를 통해서 전달된다.

[그림 2-24]은 사용자 단말이 City 1에서 서빙 셀에 캠핑하고 있다가 LTE 커버리지를 벗어나면서 detach되는 절차를 나타낸다.

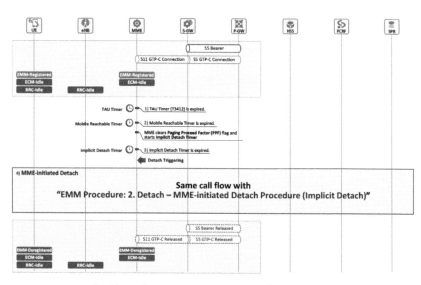

[그림 2-24] Move to Another City in "Idle" State

- [MME] TAU Timer(T3412) 만료

UE의 TAU timer가 만료된다. MME는 UE로부터 TAU Request 메시지를 받지 못했고 UE가 "reachable" 한지 확인해야 한다.

- [MME] Mobile Reachability Timer 만료

UE의 Mobile Reachable timer 역시 만료된다. MME는 UE가 지금 "out of coverage" 상태에 있다고 판단한다. MME는 PPF flag를 clear하고 Implicit Detach timer를 구동한다. UE에게 할당한 자원(EPS 베어러, security context 등)은 유지되나 UE를 paging 하지 않는다.

- [MME] Mobile Implicit Timer 만료

UE의 Implicit Detach timer가 만료된다. MME는 UE가 오랫동안 "out of coverage" 상태에 있다고 판단하고 망에서 implicit detach 시키기로 한다.

- [eNB, MME, S-GW, P-GW, PCRF] UE를 Detach 시킴

MME는 Implicit Detach 절차를 수행한다. 이 절차는 UE에게 할당했던 자원들과 UE 정보가 삭제된다.

1.3 LTE 기술의 진화

LTE 기술을 주도한 3GPP(3세대 파트너십 프로젝트)는 1998년 12월 ETSI(European Telecommunications Standards Institute)가 신기술(또는 보다 구체적으로 기술 사양)을 개발하기 위해 전 세계의 다른 표준 개발 조직(SDO)과 파트너십을 맺으면서 처음 형성되었다. 3GPP는 처음에는 기존 2G TDMA 기반 GSM 표준의 영향을 많이 받았다. 동시에 미국의 또 다른 그룹은 2G IS-95 CDMA 표준의 발전을 기반으로 3G 시스템에 대한 글로벌 사양을 개발하기 위한 3GPP2(3rd Generation Partnership Project 2)를 구성했다. Qualcomm을 포함한 여러 회사가 두 그룹의 구성원으로 서로 경쟁했으며 표준은 계속해서 동시에 개발되었다. 궁극적으로 3GPP와 3GPP2는 일부 차이점이 남아 있기는 하지만 Qualcomm이 개척한 CDMA 기술을 3G 표준의 기본 기술로 사용하는 방향으로 수렴되었다. 3GPP에서 개발한 3G 기술은 W-CDMA 또는 UMTS라고 하며 5MHz 대역폭 반송파를 사용하는 반면, 3GPP2 기술은 cdma2000이라고 하며 1.5MHz 대역폭 반송파를 사용한다. 둘 다 국제전기통신연합(ITU)에서 3G 표준으로 승인했으며, 제4세대 표준인 LTE에서는 3GPP가 전 세계 이동통신 표준을 주도하고 있다.

여기서 오늘날 전 세계 이동통신 표준을 주도하고 있는 3GPP의 표준화 작업 절차 및 프로세스를 알아보는 것은 중요한 의미가 있을 것이다. [그림 2-25]에서와 같이 모든 새로운 3GPP 작업 활동은 분기별 총회에서 승인되어야 한다. 중요한 기능이 승인되면 일반적으로 개별 3GPP 회원의 기술적 기여를 기반으로 여러 기술 옵션/솔루션(3단계)에 대한 타당성을 수행하기 위한 하나 이상의 승인된 연구 항목이 생성된다. 연구 항목의 출력은 타당성 조사에서 합의된 개념을 자세히 설명하는 기술 보고서(TR)이다.

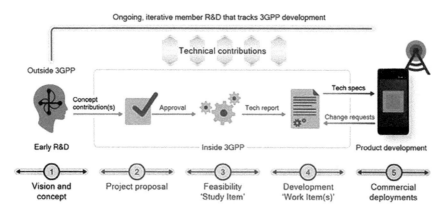

[그림 2-25] 3GPP 작업 절차 및 프로세스

연구 항목이 완료되고 TR이 승인되면 해당 작업 항목이 연구 항목 TR에서 합의된 개념과 지속적인 기술 기여를 기반으로 기능 구현 세부 사항에 대한 개발 작업을 시작할 수 있다. 3GPP 회원(4단계)과 합의된 구현 세부 사항은 3GPP 기술 사양에서 실행된다. 즉 새로운 사양을 생성하거나 기존 사양을 업데이트한다. 기술 사양이 공개되면 광범위한 상용 배포를 가능하게 하는 표준 호환 장치 및 인프라를 제공하기 위한 경쟁이 시작된다(5단계).

[그림 2-26] 3GPP 릴리스에 따른 4G LTE 진화

1) IoT를 위한 4G LTE 진화

4G LTE에서는 IoT를 위한 다양한 표준이 나왔으며, 기술에는 장단점이 있지만, LTE-M 또는 NB-IoT의 기술에 대해 사양을 비교해 보겠다.

CAT 1: 디지털 간판, 키오스크, 산업용 컨트롤러, 보안 카메라 등 주전원을 사용하는 다양한 단일 장치 IoT 애플리케이션에 적합한다. LTE가 접속 가능한 곳이라면 전 세계적으로 이용 가능한다.

CAT 3/4: 최대 100~150Mbps의 속도를 제공하는 이 기술은 여러 장치를 연결하는 IoT 라우터용으로 설계되었다. 그러나 대부분의 단일 장치 IoT 애플리케이션에는 과도한 수준일 수 있다.

CAT-M/LTE-M: 기존 2G 유형 애플리케이션, 자산 추적기와 같이 이동성이 필요한 장치 및 배터리 구동 IoT 센서에 적합한다. 2016년에 정의된 이 기능은 북미, 라틴아메리카 및 아시아 시장에서 우세한다.

NB-IoT: 고정 자산 센서와 같이 이동성이 필요하지 않은 배터리 구동 장치에 가장 적합한다. 2016년에도 정의된 이 기술은 현재로서는 전 세계적으로 사용할 수 없지만 유럽과 같이 LTE 도입이 늦은 시장에 적합한다.

	CAT3/4	CAT1	CAT-M	NB-IoT
Released	2008 (Rel. 8)	2008 (Rel. 8)	2016 (Rel. 13)	2016 (Rel. 13)
Downlink speed	100/150 Mbps	10 Mbps	~375 kbps	~20 kbps
Uplink speed	50 Mbps	5 Mbps	~375 kbps	~60 kbps
Number of antennas	2	2	1	1
Duplex mode / Latency	Full duplex / 50-100 ms	Full duplex / 50-100 ms	Half duplex / < 1s	Half duplex / < 10s
Receive bandwidth	20 MHz	20 MHz	1.4 MHz	200 kHz
Transmit power	23 dBm	23 dBm	20 dBm	23 dBm
Mobility	Yes	Yes	Yes	No
IP-based	Yes	Yes	Yes	Yes/No

[그림 2-27] LTE-M vs NB-IoT의 사양 비교

2) 기가비트 LTE를 위한 4G LTE 진화

4G LTE에서는 기가비트 LTE를 달성하였으며, LTE 릴리스를 구별하기 위해 3GPP는 LTE-Advanced 및 LTE Advanced Pro와 같은 마케팅 이름을 도입했다. 릴리스 13/14는 속도가 1.2Gbps로 두 배 증가했기 때문에 Gigabit LTE의 핵심 이정표였다. 2018년 후반에 출시된 릴리스 15는 5G를 정의하는 최초의 표준이 되었다. 여기서 기가비트 LTE 속도를 달성한 4가지 주요 기술을 설명하겠다.

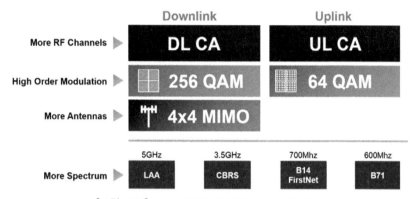

[그림 2-28] Gigabit LTE 주요 기술 Source: Telit

3) 더 많은 RF 채널 및 반송파 집합(Carrier Aggregation)

더 많은 차량을 운송하려면 차선을 넓히고 나아가 여러 개의 고속도로를 건설하듯이, 이동통신에서도 RF 채널의 폭을 넓히고 나아가 여러 개의 반송파를 결합하여 통신하므로 기가비트 LTE를 실현하였다. 이를 통해 더 높은 피크 데이터 속도를 실현하고, 급증하는 데이터 사용량에 대비한 추가 용량을 확보할 수 있었다.

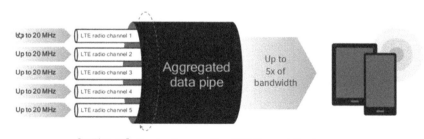

[그림 2-29] Carrier Aggregation 개념 Source: Qualcomm

4) 고차 변조(Higher-order modulation)

차량당 더 많은 사람(예: 데이터)을 수송하기 위해 더 큰 버스와 자동차가 필요하듯이, 여기서 셀룰러 네트워크와 장치는 신호 조건에 따라 변조를 지속적으로 조정한다. HOM(Higher-order modulation)의 단점은 잡음이 많거나 약한 신호는 복조하기가 더 어려워서 재전송이 발생하고 속도가 느려지는 단점이 있다.

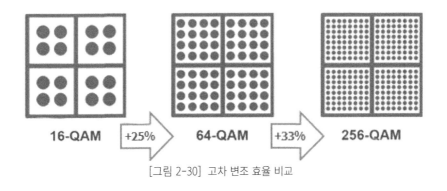

[그림 2-30] 고차 변조 효율 비교

5) 더 많은 MIMO(다중 입력, 다중 출력) 안테나

트래픽이 양방향으로 이동하는 다중 차선 고속도로(병렬로 데이터를 전송 및 수신하기 위해 다중 안테나 사용)를 생각해 보라. 오늘날 대부분의 단말 장치에는 셀룰러 모뎀당 2개의 안테나가 있는 반면, 기가비트 LTE 장치에는 더 빠른 속도를 달성하려면 4개의 안테나가 필요한다. 많은 장치의 경우 이는 직접 연결 안테나에서 케이블 연결 안테나로 이동하는 것을 의미한다.

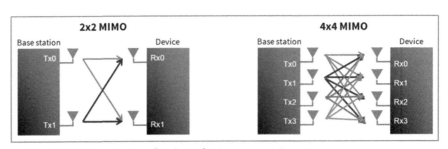

[그림 2-31] 다중 MIMO 개념

6) 스펙트럼의 추가

추가 대역폭을 위한 허가, 공유 또는 비허가 스펙트럼(3.5GHz/5GHz) 사용에는 LTE Rel-13,14,15에서 LAA(License Assisted Access) 및 CBRS(Citizens Broadband Radio system)가 포함된다.

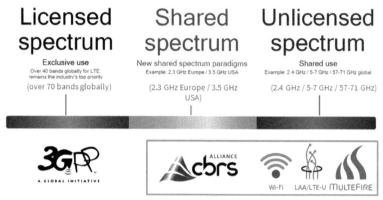

[그림 2-32] 면허, 공유, 비면허 스펙트럼

시민 광대역 무선 시스템(CBRS)은 미국의 경우 2015년 4월부터 FCC는 기존 군용 레이더 및 고정 위성 방송국과 3.5GHz 대역의 상용 액세스 공유를 승인했다. CBRS 스펙트럼은 SAS(Spectrum Allocation Server)에 의해 개별적으로 할당되며, 3가지 우선 순위 액세스 수준(군용 레이더 및 고정 위성 방송국/비용 지급 통신사/무자격의 프라이비트 네트워크 기업)이 있다.

멀티파이어 서비스는 MulteFire Alliance에서 LTE 기술을 기반으로 사설 네트워크를 촉진하는 새로운 업계 연합이다. MulteFire는 IoT용 LTE에서 기가비트 LTE로 확장된다. Rel. 16에서 MulteFire는 Wi-Fi 네트워크를 대체할 수 있다.

제3장

5G 핵심 기술

1.1 초저지연(Ultra-Low Latency)
1.2 무선 접근 지연
1.3 멀티플렉싱 및 큐잉 지연
1.4 전송 지연
2.1 초고속 데이터 전송
2.2 Carrier Aggregation
2.3 MIMO
2.4 변조 및 코딩
2.5 스케일링 펙터

03 PART

차세대 이동통신 시스템

5G 핵심 기술

1.1 초저지연(Ultra-Low Latency)

1) 5G Network 지연 요소

5G NR의 URLLC(Ultra-Reliable Low-Latency Communication) 기술은 미션 크리티컬 애플리케이션에 신뢰성이 높고 지연 시간이 짧은 통신을 제공하는 것을 목표로 하는 5G 네트워크의 핵심 기능이다. URLLC는 산업 자동화, 자율주행차, 원격 수술 등 높은 신뢰성과 낮은 대기 시간이 필요한 애플리케이션을 지원하도록 설계되었다. URLLC 기술의 핵심 구성 요소 중 하나는 초저지연 시간이다. 이는 데이터 패킷이 발신자에서 수신자까지 이동하는 데 걸리는 시간을 의미한다. 5G NR의 목표는 1밀리초의 낮은 지연 시간을 달성하는 것이다. 이는 이전 세대 모바일 네트워크의 지연 시간보다 훨씬 낮다. 이러한 낮은 대기 시간은 산업 자동화 및 촉각 인터넷과 같이 실시간 응답성이 필요한 애플리케이션에 매우 중요하다.

5G 이동통신 네트워크는 사용자가 직접 단말에 연결하는 무선 접속(access) 단과, 다수의 사용자들을 효과적으로 연결하기 위한 유선 코어 망으로 구분된다. 사용자가 체감하게 되는 종단 간의 지연 요소는 [그림 3-1]에서와 같이 각 네트워크 요소별로 나눌 수 있다. ① 사용자에서 무선 네트워크에 진입하기 위한 접근(access) 지연, ② 하나의 무선 채널을 통해 양방향 전송을 지원하기 위한 Duplexing 지연, ③ 자원 효율성을 높이기 위해 다수의 플로우들이 자원을 공유함으로써 발생하는 멀티플렉싱(multiplexing) 및 큐잉(queueing) 지연, ④ 데이터를 유무선 채널 위에 싣기 위한 전송(transmission) 지연, ⑤ 신호를 물리적으로 전달하기 위한 전달(propagation) 지연이다.

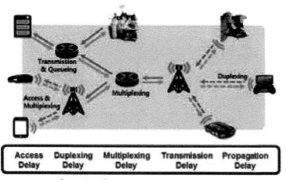

[그림 3-1] 5G Network 지연 요소

네트워크 지연 요소들 중에서 전달 지연과 duplexing 지연은, 물리적인 제약으로 인해 더 이상 줄일 수 없거나 양방향 채널 할당을 통해 쉽게 해결할 수 있다. 따라서 두 요소들을 제외하고, 무선 접근 지연, 멀티플렉싱 및 큐잉 지연, 그리고 전송 지연에 대하여 살펴본다.

1.2 무선 접근 지연

무선 접근(access) 지연은 사용자 단말에서 발생한 데이터를 기지국에 전달하기 위해 소요되는 시간을 의미한다. LTE 프로토콜은 초기 접속 및 자원 할당 등에 있어서 사용자 확인, 과금, 사용자 등록 등 세션 연결을 담당하는 제어 부분(Control Plane)과 데이터를 전송하는 사용자 부분(User Plane)으로 크게 나눌 수 있다. IMT-A는 4G 이동통신을 위해 제어 부분 100ms, 사용자 부분 10ms의 최대 지연 시간을 요구 조건으로 제안하고 있다. [그림 3-2]은 단말이 초기 Idle 상태에서 네트워크에 연결되는 Connected 상태까지의 프로토콜 진행과 각 과정에서의 평균적으로 측정되는 지연 시간을 보여 준다.

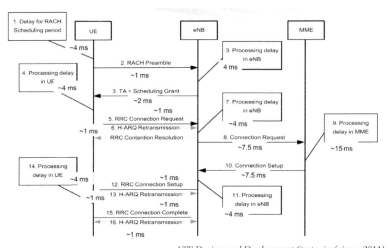

LTE Design and Deployment Strategies(cisco, 2011)

[그림 3-2] Idle-to-Connect 평균 지연 시간

Idle-to-Connect 과정에서는 단말이 Idle 상태에서 경쟁을 통해 RACH (Random Access Channel)에 접속하여 초기 등록 및 인증을 위한 절차를 거친 후에, 코어 네트워크 MME (Mobility Management Entity)와의 정보 교환이 필요하기 때문에 평균 지연 시간이 60ms 정도 걸리는 것으로 알려져 있다. 단말이 Connected 상태 돌입 이후에도 송수신하는 신호가 일정 시간 동안 발생하지 않으면 휴면 모드인 Dormant로 전환되게 된다.

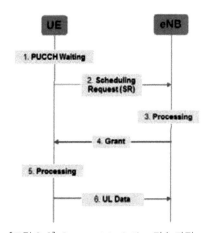

[그림 3-3] Dormant-to-Active 전송 과정

[그림 3-3]은 단말이 Dormant에 있으면서 네트워크와 동기가 유지되고 있을 때, 데이터를 보내기 위해 자원 할당을 받고 초기 상향 링크 데이터를 전송하는 데 까지 소요되는 평균 지연 시간을 분석한 결과이다. RACH의 경쟁이 없음에도 불구하고 자원 할당을 위한 핸드세이킹과 최소 1ms의 슬롯 단위로 인하여, 10ms 내외의 지연시간이 소모되는 것을 알 수 있다. [표 3-1]은 현재의 LTE 슬롯 구조와 프레임 구조를 가지는 무선 접속 방식으로는 5G에서 요구하는 종단 간 1ms를 만족시킬 수 없다는 것을 보여 준다.

Duplex		FDD	TDD	
Component	Process	Time (ms)	RACH in 2,7 subframe(80%)	RACH in 3.8 subframe(20%)
1	PUCCH Waiting	0.5	2	0.5
2	Scheduling Request	1	1	1
3	eNB Processing	3	3	5
4	Grant	1	1	1
5	UE Processing	3	5	3
6	UL Data	1	1	1
Total Delay		9.5	13	11.5
Average total delay		9.5	12.25	

[표 3-1] LTE Dormant-to-Active 평균 지연 시간

또한, [그림 3-2]에서 알 수 있듯이, 사용자 인증 및 코어 네트워크와의 정보 교환 절차를 제외하더라도, 프레임 및 슬롯 구조로 인하여 자원을 할당하는 과정에서 10ms 내외의 시간이 소요된다.

서브프레임 설계 기술은 저지연 서비스에 적합한 구조로 프레임을 구성하는 기술로서 가장 기본적인 설계 철학은 Transmission Time Interval (TTI)라 불리는 데이터 전송의 기본 단위를 줄이는 것이다. 서브프레임의 길이가 줄어들면 스케줄링, 전송, ACK/NACK 등의 절차의 기본 시간 단위가 줄어들어 지연 시간을 줄이는 효과가 있다. 추가로 고려되고 있는 저지연 서비스용 서브프레임 설계 기술은 Self-Contained TDD 서브프레임 기술이다. 이 기술은 하나의 서브프레임 안에 하향 링크와 상향 링크를 모두 포함하여 전송된 데이터에 대한 ACK/NACK를 동일한 서브프레임 내에서 전송할 수 있도록 하여 지연 시간을 줄이는 기술이다. 이외에도 다양

한 서브프레임 구조가 저지연 서비스를 위하여 제안되고 있다. 마지막으로 상향 링크 데이터 전송 기술은 기존의 LTE 시스템이 스케줄링에 기반하여 상향 링크 데이터를 전송하는 것과 달리 저지연 서비스 트래픽을 상향 링크 데이터 전송에 대한 허가 없이 전송하는, 이른바 Grant-Free Access가 고려되고 있다. 이와 비슷한 개념으로 경쟁 기반 PUSCH(Contention-Based Physical Uplink Shared Channel, CB-PUSCH)도 3GPP 표준에서 고려되고 있다. 또한, 저지연 서비스를 위한 상향 링크 데이터 전송 기술로서 기존 랜덤액세스 기술을 개선하여 활용하는 다양한 시도들이 제시되고 있다.

1) 5G NR 제어 평면 대기 시간

통신 시스템의 대기 시간 성능은 제어 평면과 사용자 평면 모두에 대해 분석하여야 한다. 먼저 컨트롤 플레인 지연 시간에 대해 알아보겠다.

3GPP TR 38.913에 따른 제어 평면 대기 시간의 정의는 "배터리 효율적인 상태(예: IDLE)에서 지속적인 데이터 전송 시작(예: ACTIVE)으로 이동하는 시간"이다. NR의 표준화 단계에서 이루어진 합의를 고려하면 제어 평면 대기 시간은 [그림 3-4]와 같이 비활성 상태에서 비활성 상태의 첫 번째 업링크 패킷을 보내는 시간까지의 전환 시간으로 분석할 수 있다.

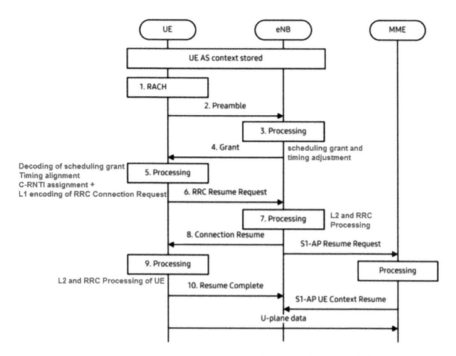

https://www.techplayon.com/5g-nr-control-plane-latency-calculations/

[그림 3-4] NR Idle to Active 프로세스

    [표 3-2]는 참조 통화 흐름에 표시된 모든 단계를 고려하여 계산된 대기 시간을 보여준다. [표 3-2]에서 LTE 릴리스, 10열은 기존의 1ms TTI 길이와 LTE로서의 UE-eNodeB 처리 지연을 사용한 지연 시간을 보여 준다. NR에 대한 분석은 LTE와 동일한 접근 방식을 재사용할 수 있지만, 향상된 하드웨어 기능으로 인해 다양한 TTI 및 처리 지연과 같은 다양한 시스템 매개변수를 사용할 수 있다.

Step	Description	LTE Rel.10 1 ms TTI 1 Processing	NR - Case 1 1/7 ms TTI 1 Processing Delay	NR -Case 2 1/7 ms TTI 50% Processing Delay	NR - Case 3 1/7 ms TTI 33% processing Delay
1	RACH Scheduling (Average delay due to RACH scheduling period (1ms RACH	0.5	1/14	1/14	1/14
2	RACH Preamble	1	1/7	1/7	1/7
3-4	Preamble Detection and Transmission of RA response (Time between the end RACH transmission and the UE's reception of scheduling grant and timing adjustment)	3 (2 + 1)	2 + 1/7	1 + 1/7	2/3 + 1/7
5	UE Processing Delay (Decoding of scheduling grant, timing alignment and C-RNTI assignment + L1 encoding of RRC Connection Request)	5	5	2.5	5/3
6	RRC Connection Resume Request Transmission	1	1/7	1/7	1/7
7	Processing delay in eNB (L2 and RRC)	4	4	2	4/3
8	RRC Connection Resume Transmission and UL grant	1	1/7	1/7	1/7
9	L2 and RRC Processing Delay in the UE	15	15	7.5	5
10	RRC Connection Resume complete Transmission	1	1/7	1/7	1/7
Total Delay for full Resumption		31.5 ms	26.8 ms	13.8 ms	9.5 ms
Total TTI Dependent Latency		5.5 ms	0.8 ms	0.8 ms	0.8 ms
Total Processing Dependent Latency		26 ms	26 ms	13 ms	8.7 ms

[표 3-2] NR 제어 평면 지연 시간

NR 계산을 위해 2-심벌 TTI(1/7ms는 1ms 서브프레임에서 LTE와 동일한 심벌 수)를 고려하였다. 처리 지연의 경우 LTE와 동일한 처리 지연을 Case 1로, 처리 지 연이 Case 2로 50% 적고, Case 3으로 처리 지연이 33% 적은 세 가지 경우를 고려하 였다.

2) 5G NR 사용자 평면 지연 시간

3GPP TR 38.913에 따른 사용자 평면 대기 시간의 정의는 "무선 인터페이스를 통해 무선 프로토콜 L2/L3 SDU 진입점에서 무선 프로토콜 L 2/L3 SDU 진입점으 로 애플리케이션 계층 패킷/메시지를 성공적으로 전달하는 시간이다. 업링크 및 다운링크 방향 모두에서, 장치나 기지국 수신 모두 DRX에 의해 제한되지 않는 다." 즉 사용자 평면 지연 시간은 송신기 PDCP가 IP 패킷을 수신한 시점부터 수 신기 PDCP가 IP 패킷을 성공적으로 수신하여 상위 계층으로 전달하는 시점까지 의 무선 인터페이스 지연 시간으로 정의한다.

FDD 또는 TDD에서 LTE에 대한 사용자 평면 지연 시간을 계산하는 모델은 아래 [그림 3-5]와 같다. 5G 사용자 평면 지연 분석에도 동일한 모델을 적용할 수 있 다. 이는 매우 일반적인 모델이기 때문이다.

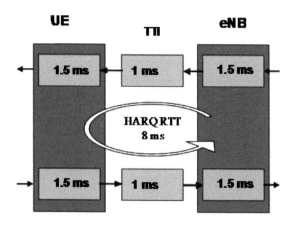

https://www.techplayon.com/5g-nr-user-plane-latency/

[그림 3-5] 사용자평면 지연 분석 일반 모델

FDD 모드 사용자 지연 시간 계산을 위해 다음 매개변수가 가정된다. 3GPP RAN WG1에 따라 부반송파 간격은 (15kHz x 2·n) 및 미니 슬롯의 기호 수(2 기호)로 간주될 수 있다. LTE에 사용된 동일한 접근 방식은 송신기 및 수신기 처리 지연에서 재사용될 수 있다. 즉 TTI 및 HARQ 왕복 시간과 동일하게 왕복 시간은 6 또는 8 TTI일 수 있다(HARQ 피드백 타이밍에 대해 3 또는 4 TTI 가정). 이는 단지 계산을 위해 고려된다. 정리하면 다음 6가지로 요약할 수 있다. ① 하위 반송파 간격: 15kHz, 60kHz 등, ② TTI당 OFDM 기호: 미니 슬롯의 경우 2개, ③ 송신기 처리 지연: TTI와 동일, ④ TTI: 부반송파 간격 및 TTI당 기호 수에 따라 다름, ⑤ 수신기 처리 지연: TTI와 동일, ⑥ HARQ RTT: 6 또는 8 TTI(HARQ 피드백 타이밍에 대해 3 또는 4 TTI 가정)

아래 [표 3-2]는 FDD 프레임 구조에서 LTE의 전체 사용자 평면 대기 시간과 NR의 두 가지 선택된 PHY 구성을 보여 준다. NR-FDD-Case#1은 15kHz 부반송파 간격과 8TTI HARQ RTT의 2-심벌 TTI를 가정한다. 이는 HARQ 재전송 없이 0.571ms의 사용자 평면 대기 시간으로 이어지고 10% HARQ BLER에서는 0.685ms로 이어진다. NR-FDD Case #2는 HARQ 재전송 여부와 관계없이 0.1429ms 및 0.1643ms의 사용자 평면 대기 시간을 초래하는 60kHz 부반송파 간격, 6TTI HARQ RTT의 2-심벌 TTI를 가정합니다. TDD의 경우 FDD에 사용되는 매개변수 외에 DL/UL 구성도 고려해야 한다. LTE와 동일한 구성이나 반복되는 SU 서브프레임과 같이 낮은 지연 시간을 지원하기 위한 향상된 구성을 예로 들 수 있다. FDD에 사용되는 2-심볼 미니 슬롯은 추가적인 DL/UL 스위칭 오버헤드를 고려할 때 TDD에 적합하지 않을 수 있으므로 TTI당 OFDM 심벌 수에 대해서도 추가 고려가 필요하다. 릴리스 14에서 도입된 지연 시간 감소에 대한 합의는 TTI당 7개의 기호를 시작점으로 사용할 수 있다. ① TTI당 OFDM 기호: 7(슬롯) 이하, ② DL/UL 구성: LTE와 동일, SU 반복 등 LTE 및 두 개의 선택된 TDD 구성에 대한 전체 사용자 평면 대기 시간인 NR-TDD- Case#1은 LTE TDD Conf. #6과 동일한 DL/UL 구성으로 15kHz 부반송파 간격 및 7-심볼 TTI를 가정하며, 이는 3.075ms로 이어지며 HARQ 재전송 없는 다운링크 및 링크에 대해 각각 2.775ms의 사용자 평면 대기 시간, 10% HARQ BLER를 사용하는 경우 다운링크 3.54ms 및 업링크 3.2575ms이다. NR-TDD-2 구성은 반복되는 S/U 서브프레임이 있는 60kHz 서브캐리어 간격, 4-기호 TTI를 가정하며, 이는 HARQ 재전송 여부와 관계없이 0.3124ms 및 0.355ms의 사용자 평면 대기 시간으로 이어진다.

Step	Parameter	LTE Release 10	NR-FDD Case #1	NR-FDD Case #2	LTE Release 10	NR-TDD Case #1	NR-TDD Case #2
1	Subcarrier Spacing	15 kHz	15 kHz	60 kHz	15 kHz	15 kHz	60 kHz
2	OFDM symbols per TTI	14	2	2	14	7	4
3	DL/UL configuration	NA	NA	NA	LTE Conf. #6	LTE Conf. #6	S-U repeated
4	Processing Delay						
	4.1 Transmitter processing delay	1 ms	0.143 ms	0.0357 ms	1 ms	0.5 ms	0.0714 ms
	4.2 Frame alignment time	0.5 ms	0.071 ms	0.0179 ms	1.4 ms (DL) / 1.4 ms (UL)	1.325 ms (DL) / 1.025 ms (UL)	0.0714 ms
	4.3 Transmission Time (= TTI)	1 ms	0.143 ms	0.0357 ms	1 ms	0.5 ms	0.0714 ms
	4.4 Receiver processing delay	1.5 ms	0.214 ms	0.0536 ms	1.5 ms	0.75 ms	0.1071 ms
5	One Way Latency = 4.1 + 4.2 + 4.3 + 4.4	4 ms	0.571 ms	0.1429 ms	4.9 ms (DL) / 4.9 ms (UL)	3.075 ms (DL) / 2.775 ms (UL)	0.3124 ms
6	HARQ RTT (round-trip time)	8 ms (n + 4 NACK, n + 4 Re-Tx)	1.142 ms (n + 4NACK, n + 4 Re-Tx)	0.2143 ms (n + 3NACK, n + 3 Re-Tx)	11.2 ms (DL) / 11.5 ms (UL)	4.65 ms (DL) / 4.825 ms (UL)	0.4286 ms
	User plane latency with 10 % HARQ BLER 10 % (one way latency) + 0.1 × (HARQ RTT)	4.8 ms	0.685 ms	0.1643 ms	6.02 ms (DL) / 6.05 ms (UL)	3.54 ms (DL) / 3.2575 ms (UL)	0.355 ms

[그림 3-6] NR 사용자 평면 지연 시간

1.3 멀티플렉싱 및 큐잉 지연

5G 무선 엑세스망과 유선 옵티컬 네트워크에서의 지연 시간 개선 노력과 함께, 초저지연 인터넷을 실현하기 위해 풀어야할 다양한 숙제들이 남아 있다. 예를 들면 우리나라의 서울-부산 간 거리 약 325 km에서 크기가 500~1000 byte인 일반적인 IP 패킷의 왕복 전송을 고려했을 때, 패킷의 최대 전송 지연의 하향 경곗값(low bound)은 약 5~7.5ms에 이를 것으로 예상된다. ① DPI(Deep Packet Inspection), NAT(Network Address Translation), 과금, 방화벽 등에서 추가적으로 발생하는 패킷 연산 지연 시간, ② 서버 및 단말의 운영 체제가 발생시키는 NIC(Network Interface Card) 과 네트워킹 어플리케이션 간의 Context switching 및 버퍼링 지연시간, ③ 유선과 무선 네트워크를 연결하는 게이트웨이에서 발생하는 자원 미스매치를 해결하기 위한 큐잉 지연 시간, ④ 인터넷의 전송률을 끌어올리기 위해, 모든 스위치에서 기본적으로 발생시키는 패킷 멀티플렉싱을 위한 큐잉 지연 시간 등에 대한 해결책이 필요하다.

SDN 기반 컴퓨팅 및 운영 체제 구조 혁신을 통해 해결할 수 있을 것으로 기대되는 ①, ②와 달리 ③, ④는 네트워크 분야의 오랜 딜레마인 패킷 큐잉에 의한 "전송률 vs. 지연 시간" 문제와 관련이 깊고, 그만큼 해결하기 쉽지 않다. 또한, 그 문제의 심각성도 앞서 다뤘던 유선 네트워크에서의 물리적인 지연 요소에 비해 훨씬 심각하다. 일례로 울산에서 서울까지의 왕복 지연 시간은 광케이블 또는 구리선에서의 신호 전파 시간인 20만km/s를 고려할 때 5ms 내외여야 하나, 실제로 관측되는 지연 시간은 15~30ms로, 물리적 지연 시간의 수배에서 최대 수십 배에 달하는 지연 시간이 큐잉에 의해 발생하며, 이는 인터넷 상에서 유무선 네트워크를 막론하고 관찰되고 있다.

패킷 큐잉으로 인한 지연 시간의 문제는 [그림 3-7]의 예를 통해 손쉽게 이해될 수 있다. 다수의 패킷이 다양한 입력 인터페이스를 통해 유입되는 스위치는 특정한 출력 인터페이스에 대해 아래와 같이 패킷을 누적시키는 큐 구조를 가진다. 큐 구조가 가지는 전송률을 극대화하기 위해서는 해당 큐에 머무는 패킷의 수가 0이 되지 않도록 입력되는 패킷의 양을 적절히 조절해야 한다. 또한, 입력되는 패킷의 양은 물리적으로 주어진 큐의 크기를 넘어가지 않는 범위 내에서 조절되어야 한다.

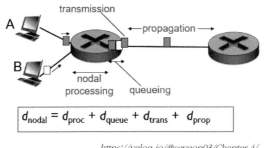

$$d_{nodal} = d_{proc} + d_{queue} + d_{trans} + d_{prop}$$

https://velog.io/@seyeop03/Chapter-4/

[그림 3-7] Network Processing Delay

입력되는 패킷 양에 대한 이러한 제어는 인터넷의 말단에서 이루어지며, NUM (Network Utility Maximization) 이라 불리는 최적화 문제를 통해 다양하게 연구되어 왔으며, 혼잡 제어라는 개념을 통해 전송 계층에서 TCP(Transmission Control Protocol)로써 구현되어 왔다. 중요한 부분은 큐에 쌓여있는 패킷의 숫자를 0이 되지 않게 말단에서 제어하는 것이 쉽지 않다는 것이다. 기존 단말의 트래픽 제어 기법들은 효율성만을 고려하여 큐에 많은 수의 패킷을 쌓는 기법을 선택했으며, 이를 통해 손쉽게 최대 전송률을 달성하는 대신, 보장할 수 없는 패킷 처리 시간이라는 반대급부를 얻게 되었다. 이는 패킷의 전송에 있어서 지연 시간을 '보장'하는 것이 불가능함을 의미한다. 그러나 패킷이 지나는 인터넷 경로상에 존재하는 모든 스위치들의 큐의 크기를 일정 값 이하로 제한되도록 제어할 수 있다면, 이 정보를 활용하여 지연 시간을 보장하는 것이 가능할 것으로 예상된다. 최근의 연구들은 패킷 왕복 지연 시간 정보가 단말에서 스위치에 큐잉된 패킷을 파악하기 위해 사용될 수 있다는 사실이 데이터센터 네트워크에서 입증되고 있다. 통제된 데이터센터 네트워크를 확장하여 인터넷에 적용하기 위해서는 훨씬 더 복잡하고 많은 요소가 고려되어야 할 것으로 예상된다. 스위치의 큐잉 정보와 함께 중요한 것은 어떤 종류의 제어를 단말에서 수행해야 하는 가이다. 이에 대한 답은 명확하지 않지만, ECN(Explicit Congestion Notification)과 같이 네트워크에서 도움을 받는 기법이 최근 관심을 받고 있다. ECN은 혼잡 상황을 겪는 패킷에 대한, 스위치로부터의 매우 단순한 bit marking 기법으로 인터넷 말단에 존재하는 단말이 인터넷 내부에 존재하는 스위치들과 대화할 수 있는 통로를 제공한다. 최근의 혼잡 제어 기법들은 패킷들에 표시된 ECN bit들을 보다 지능적으로 이해하는 알고리즘을 도입함으로써 말단으로 부터의 제어 효율이 크게 높아질 수 있다는 것을 보이고 있다. 이러한 과정을 통해 인터넷을 통과하는 패킷들의 지연 시간이 예측 가능하더라도, 실제 저지연 인터넷을 실현하여 상용화하기 위해서는, 앞서 언급한 전송률로 표시되는 네트워크의 효율성과, 요구되는 지연 시간 간의 상관관계에 대한 대응이 중요하다. 즉 저지연을 요구하는 트래픽에 대해 지연 시간을 보장하는 것과 동시에, 저지연이 요구되지 않는 트래픽을 수용함으로써 전송률의 극대화를 달성할 수 있는 방안이 요구된다.

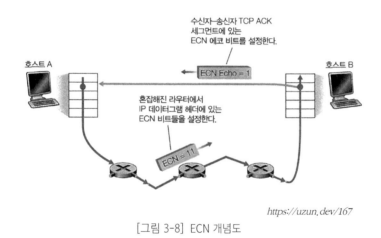

[그림 3-8] ECN 개념도

실감형 서비스를 위한 저지연 트래픽과 Best Effort 서비스로 대변되는 지연 허용 트래픽들에 대해 적절히 대응하는 새로운 네트워크 구조를 개발함으로써, 저지연을 보장하면서 높은 전송률을 달성하는 네트워크를 상용화할 수 있을 것으로 예상된다. 이를 위해 저지연 트래픽의 진입 허용을 제어하기 위한 단말/스위치 간 협업 구조, 각 스위치에서의 패킷 큐잉 구조에 있어서 하드웨어와 소프트웨어의 재설계가 필요하다. 일반적으로 이러한 네트워크 재설계 요구가 인터넷 전체에서 받아들여지기 힘들다는 것은 잘 알려진 사실이나, Tele-presence 실현에 따른 수많은 고부가가치 서비스의 등장에 대한 기대가 가능한 5G 이동통신 네트워크에서는 현실적인 어려움을 극복하고 상용화될 수 있을 것이다.

1.4 전송 지연

무선 네트워크에서의 데이터 채널의 전송 시간 간격(TTI)을 줄이기 위해 부반송파 간격을 15kHz뿐만 아니라 30kHz, 60kHz, 120kHz로 늘리거나, 14-symbol 단위의 스케줄링 대신 2/4/7-symbol mini-slot을 스케줄링 단위로 정의한다. 15kHz 부반송파 간격을 사용할 경우 전송 시간 간격은 1ms이고, 30kHz 부반송파 간격을 사용할 경우 전송 시간 간격은 0.5ms로 줄어든다. 여기에 2-symbol mini-slot을 사용하면 전송 시간 간격은 70μs로 줄어든다. 또한, 제어 채널을 1-symbol 단위로 전송함으로써 전송 지연을 줄일 수 있다. DL 제어 채널로 DL/UL 데이터 채널의 스케줄링 정보를 전송할 때 대기 시간을 줄이기 위해 DL 제어 채널의 모니터링 시간을 OFDM 심벌 단위로 단축할 수 있다. 스케줄링 기반 UL 데이터 전송인 경우, UE는 gNB에 SR(Scheduling Request)을 보내 UL 자원 할당을 요청한다. SR을 보낼 때 대기시간을 줄이기 위해 SR 자원 설정 주기를 줄일 수 있다.

유선 네트워크의 데이터 전송은 DWDM(Dense Wavelength Division Multiplexing)을 사용한 광 네트워크를 통해 이루어진다. 따라서 DWDM의 전송지연에 대해 먼저 분석할 필요가 있다. 광 네트워크는 크게 광케이블, 광신호를 송수신하는 Transponder, Dispersion compensation module(DCM), 신호 증폭기(amplifier) 등으로 구성되어 있다. DWDM에서 전송 지연을 가져오는 요소들 중 가장 중요한 요소는 광케이블의 길이가 있다.

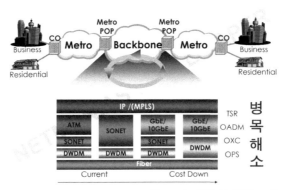

Netmanias, 2001. 11. 07, Metro_Trend_and_technology.pdf

[그림 3-9] Optical metro network 개념

일반적으로 광케이블에서 빛은 공기 중에서 보다 느리게 전파되며, 광케이블의 refraction 특성에 따라 조금씩 다른 값을 가진다. Single mode fiber(SMF)에서 일반적으로 1km의 거리를 전송하기 위해 빛이 전달되는 속도는 4.9us이며, 이보다 약 31% 빠른 속도로 전달이 가능한 Hollow Core Fiber (HCF)도 있으나, 신호 감쇄(attenuation) 특성이 좋지 않음이 알려져 있다. 광케이블 내에서 신호의 파장에 따라서 신호의 전달 속도가 다르며, 이로 인하여 Chromatic Dispersion (CD)가 발생한다. CD를 보상하기 위해 Dispersion Compensation Module (DCM)을 사용한다. DCM 방법은 크게 Dispersion Compensating Fiber(DCF) DCM, Non-Zero Dispersion Shifted Fibers(NZ-DSFs) DCM, Fiber Bragg Grating (FBG) DCM이 있으며, DCF DCM은 신호 전송에 추가로 15~25%의 지연 시간이 추가로 소요되며, NZ-DSF DCM은 약 5%의 지연 시간이 추가된다. FBG DCM을 사용할 경우에는 (케이블 길이에 상관없이) 5~50 ns의 지연 시간만이 추가로 요구된다. Optical 신호 증폭기는 Erbium doped fiber amplifier(EDFA)가 널리 사용되며, 내부적으로 약 30m의 Erbium doped fiber를 통해서 신호를 증폭시킨다. 30m의 추가 길이로 인하여 약 147ns의 지연 시간이 추가된다.

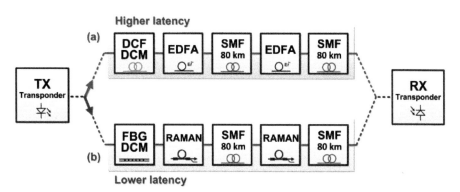

http://proceedings.spiedigitallibrary.org/ on 02/10/2014

[그림 3-10] DWDM conventional/optimized latency 비교

최근에는 Stimulated Raman Scattering 기법을 활용한 Raman amplifier가 개발되었으며, Raman amplifier를 사용할 경우, 추가적인 지연 시간 없이 신호를 증폭할 수 있다. Transponder는 전기신호와 광신호의 전환을 담당하며, 일반적으로

5~10us의 지연 시간이 요구된다. 최근에는 FEC(Forward Error Correction)이나 in-band management channel 기능이 없는 light-weight 설계를 통해 4~30ns의 지연 시간을 달성하였다. 네트워크 인터페이스에서는 프레임을 전송하기 위한 전송 지연 시간이 요구된다. 전기신호와 광신호의 전환은 프레임이 모두 버퍼에 전달된 후에 발생한다. 따라서 프레임의 크기와 전송 속도에 의해서, 크기/전송 속도의 형태로 정해지며, 작은 크기의 프레임일수록 더욱 작은 지연 시간을 가진다. 그 밖에 추가적인 지연 시간으로 광신호-전기신호-광신호(OEO) 전환에 약 100us의 지연 시간이 필요하며, FEC를 위해서 15~150us, 그 외의 DSP(Digital Signal Processing; e.g., QPSK 모듈레이션)에 약 1us의 추가 지연 시간이 요구된다. 따라서 저지연 성능을 위해서는 광네트워크 내에서 OEO 전환, FEC, DSP의 과정을 거치지 않는 것이 도움이 된다. 이해를 돕기위해 160km 길이의 10 Gbps 광 메트로 네트워크에서 64 byte의 프레임을 보내는 경우를 고려하자. 송신단과 수신단에서 각각 Transponder를 거치고, 네트워크 내부에서 두 번의 광 증폭기와 한 번의 DCM을 거친다고 했을 때, DCF DCM과 EDFA를 사용할 경우, 총 1ms 정도의 지연 시간이 걸리며, FBG DCM과 Raman amplifier를 사용할 경우 약 0.784ms의 지연 시간이 걸린다. 우리나라의 서울-부산 직선거리는 약 325 km이며, 광신호의 왕복을 고려했을 때 1,000km의 거리가 최대 전송 거리일 것으로 예상된다. 또한, 일반적인 IP 패킷이 전송된다고 가정하면, 프레임의 크기는 약 500~1000byte로 증가하여 네트워크 인터페이스의 전송 시간이 10~20배 증가한다. 이들을 고려했을 때, 사용자 종단 간 지연 시간의 최댓값의 하향 경곗값(low bound)은 약 5~7.5ms에 이를 것으로 예상된다.

2.1 초고속 데이터 전송

1) 5G Network Mode

NR에는 3GPP에서 지정된 두 가지 큰 주파수 범위가 있다. 하나는 우리가 일반적으로 부르는 것(sub 6Ghz)이고, 다른 하나는 우리가 일반적으로 밀리미터파라고 부르는 것이다. 범위에 따라 최대 대역폭과 부반송파 간격이 달라진다. 6Ghz 이하에서는 최대 대역폭이 100Mhz이고 밀리미터파 범위에서는 최대 대역폭이 400Mhz이다. 일부 부반송파 간격(15, 30Khz)은 Sub 6Ghz에서만 사용할 수 있고, 일부 부반송파 간격(120Khz)은 밀리미터파 범위에서만 사용할 수 있으며, 일부 부반송파 간격(60Khz)은 Sub 6Ghz와 밀리미터파 모두에서 사용할 수 있다.

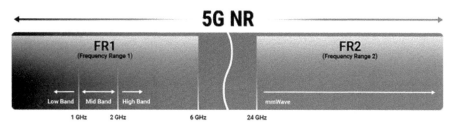

[그림 3-11] 5G 사용 주파수 대역

기지국(BS)에서 모바일 가입자 장치(MS)로의 모든 전송에 사용되는 주파수를 다운링크 주파수라고 한다. BS에서 MS로의 방향을 다운링크 방향이라고 한다. TDD(Time Division Duplex) 및 FDD(Frequency Division Duplex)는 무선 시스템에서 대역폭을 효과적으로 사용하기 위해 FDMA(Frequency Division Multiple Access) 및 TDMA(Time Division Multiple Access)를 사용한다.

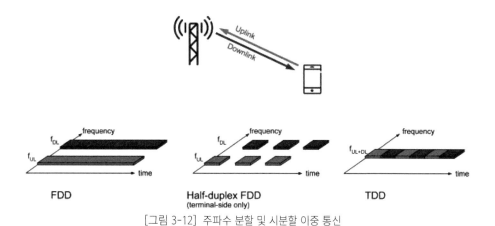

[그림 3-12] 주파수 분할 및 시분할 이중 통신

무선 시스템에서 업링크와 다운링크라는 용어는 채널(업링크 채널, 다운링크 채널), 프레임 구조(업링크 프레임, 다운링크 프레임), 패킷(업링크 패킷, 다운링크 패킷)

등을 나타내는 데 사용된다. 마찬가지로 유선 시스템에서 모뎀에서 케이블 회선으로의 전송은 업스트림 방향으로 알려져 있으며, 인터넷 서버에서 모뎀/사용자 터미널로의 전송은 다운스트림 방향으로 알려져 있다. 통신 방식에서 TDD(Time-Division Duplexing)는 송신기와 수신기가 동일한 주파수 대역을 사용하지만 서로 다른 시간에 트래픽을 전송하고 수신하는 통신 방법이다. FDD(Frequency Division Duplexing)는 송신 및 수신 작업에 서로 다른 두 가지 주파수를 사용하는 전이중 방식이다.

매개변수	TDD	FDD
스펙트럼	송신 및 수신 기능은 동일한 주파수 대역에서 서로 다른 시간에 발생	송신 및 수신 기능은 동일한 채널의 서로 다른 주파수에서 동시에 발생
채널 상호성	두 작업에 동일한 주파수가 사용되므로 채널 전파는 양방향에서 동일	Tx 와 Rx 에 서로 다른 주파수가 사용되므로 양방향에서 채널 특성이 다름
업링크/다운링크 비대칭	수요에 맞춰 업링크 및 다운링크 용량 비율을 동적으로 변경할 수 있음	업링크/다운링크 용량은 규제 당국이 정한 주파수 할당에 따라 결정
가드 밴드	업링크와 다운링크 전송이 충돌하지 않도록 보호 기간이 필요	FDD 에서는 큰 보호 대역이 용량에 영향을 주지 않음.
불연속 전송	상향링크와 하향링크 전송이 서로 다른 시간에 이루어지기 때문에 전송 중에 끊김이 발생	서로 다른 주파수를 사용하므로 업링크 및 다운링크 전송이 동시에 수행될 수 있으므로 불연속성이 없음
교차 슬롯 간섭	기지국은 업링크 및 다운링크 전송 시간을 동기화, 인접 기지국이 서로 다른 업링크 및 다운링크 할당을 사용하고 동일한 채널을 공유하는 경우 셀 간에 간섭이 발생할 수 있음	해당사항 없음
하드웨어 비용	송신기와 수신기를 분리하는 데 다이플렉서가 필요하지 않으므로 비용이 절감	Diplexer 가 필요하므로 비용이 더 많이 발생

[표 3-3] TDD와 FDD 전송 방식의 비교

GSM, UMTS, LTE와 같은 2G, 3G, 4G(FDD, TDD 둘다 사용) 통신에서는 FDD 방식을 메인으로 채택하고 있다. GSM은 890MHz에서 960MHz까지의 주파수 대역을 가진다. 890MHz에서 915MHz는 Uplink 대역, 935MHz에서 960MHz는 Downlink 대역으로 분리되어 있다. 915MHz부터 935MHz까지 20MHz는 Guard band로 활용

하여 두 대역을 분리하는 역할을 한다. 그러나 5G NR FR2 Band에서 TDD만 사용한다. 그 이유는 [표 3-4]와 같이 mmWave 대역을 지원하는 Duplexer를 설계하는데 기술적인 한계가 존재한다. 또한, Uplink data보다 Downlink data 양이 더 많기 때문에 TDD 방식으로 통신하는 것이 저전력 측면에서 더 좋기 때문에 FR2 Band에서는 TDD 방식만 사용한다.

구분	다이플렉서	듀플렉서
정의	주파수가 크게 다른 신호를 별도로 처리할 수 있는 필터 세트로 구성, 수신 경로에서 서로 다른 두 대역을 분리하고 전송 경로에서 결합	두 개의 필터(대역통과형)로 구성되어 동일 대역 내에서 동일 안테나를 사용하여 동시 송수신이 가능
작동 방향	일반적으로 동일한 방향으로 흐르는 신호로 작동	일반적으로 안테나에서 양방향으로 흐르는 신호로 작동
작동 중인 밴드 분리	넓은 주파수 대역에서 작동	Tx 및 Rx 경로의 주파수 대역이 매우 근접
예시/응용	스마트폰은 LC 다이플렉서를 사용하며, 다이플렉서의 다른 예로는 안테나 스플리터, DSL 스플리터, 스피커 크로스오버 네트워크 등	스마트폰은 SAW Duplexer 방식을 사용

[표 3-4] 다이플렉서와 듀플렉서의 비교

2.2 Carrier Aggregation

5G 주파수 결합(spectrum aggregation)은 새로운 무선 세대에서 중요한 역할을 하는 기능이다. 기본 개념은 [그림 3-13]과 같다. 가령 3.5GHz와 4.9GHz와 같이 여러 무선 주파수를 묶어서 사용자 한 명당 더 많은 스펙트럼 리소스를 할당할 수 있다. 이를 통해 열악한 환경에서도 네트워크 속도와 최고/평균 데이터 속도를 높이고, 증대된 네트워크 용량을 제공할 수 있습니다. 대역이 여러 개면 사용자 데이터 요청에 대해 공유 대기열을 제공하므로 각기 다른 대역이 여러 대기열을 제공하는 경우보다 더 효율적이기 때문이다. 주파수 결합 방법의 하나인 5G 캐리어 어그리게이션(carrier aggregation, CA) 역시 5G 제어 채널을 중대역에서 저대역으로 옮겨 중대역 커버리지를 넓혀 준다.

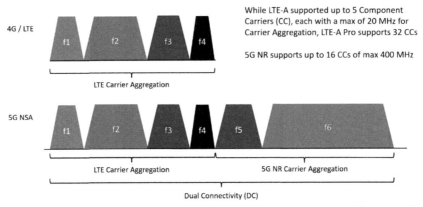

While LTE-A supported up to 5 Component Carriers (CC), each with a max of 20 MHz for Carrier Aggregation, LTE-A Pro supports 32 CCs

5G NR supports up to 16 CCs of max 400 MHz

https://blog.3g4g.co.uk/2020/06/carrier-aggregation-ca-and-dual.html(3gpp 38.802)

[그림 3-13] 5G 스펙트럼_CA(Carrier Aggregation) & DC(Dual Connectivity)

2.3 MIMO

Massive MIMO(대량 다중 입력 다중 출력)는 스펙트럼 및 에너지 효율성을 향상시키기 위해 기지국에 매우 많은 수의 안테나 요소를 장착하는 무선 통신 기술이다. Massive MIMO 시스템은 일반적으로 단일 안테나 배열에 수십, 수백, 심지어 수천 개의 안테나를 갖는다. 빔포밍 및 공간 다중화와 같은 기술을 통해 대규모 MIMO가 5G NR 시스템의 핵심 기술 중 하나로 구현된다.

$$C = \boxed{BW} \times \log_2 \left(1 + \frac{S}{N} \right)$$

Spatial Multiplexing (x Layer 수)

• Spatial Diversity
• Beamforming

[그림 3-14] MIMO 이득에 따른 Shannon Capacity 영향

MIMO 기술에 따른 이득은 크게 세 가지로 나눌 수 있고, 이는 단말 속도 증대에 각각 다른 영향을 준다. Spatial Diversity는 같은 data stream을 중복하여 전달하여 원하는 신호를 강화하기 위해 사용한다. 송신기에서는 다수의 안테나로 같은 정보를 중복 전송하고, 수신기는 다수의 안테나로 받은 각 신호를 결합하여 multipath fading 마진을 줄이고 오류를 최소화한다. Spatial Multiplexing은 여러 개의 data stream을 다수의 송신 안테나를 통해 각기 다른 경로로 전송하여 전송 속도를 향상시킨다. 수신기는 다수 안테나로 각각의 데이터를 수신한다. 한 사용자에게 적용될 경우(SU-MIMO) 전송 속도가 증가되며, 여러 사용자에게 적용될 경우(MU-MIMO) 셀 용량이 증대된다. 빔포밍은 2개 이상의 안테나를 사용하여 원하는 방향으로의 신호를 강화하고 원하지 않는 방향으로의 신호를 최소화(Zero Forcing)한다. 에너지를 집중해서 전송하기 때문에 수신 세기가 증가되며, 다중 경로에 의한 반사파 영향을 줄일 수 있다. LTE 시스템에서는 빔포밍을 사용하지 않았으나, NR에서는 안테나 수가 매우 많은 Massive MIMO와 Active Antenna 시스템을 통해 빔포밍을 효율적으로 사용한다.

대규모 MIMO의 주요한 3가지 이점은 다음과 같다. ① 셀 가장자리에서 향상된 통신 품질: 셀룰러 통신의 맥락에서 최종 사용자가 기지국에 가까울수록 신호는 더 강해진다. 최종 사용자가 기지국에서 멀어질수록 신호가 약해지는 셀 가장자리에 접근하게 된다. Massive MIMO는 전송을 공간적으로 지시하여 에너지를 최종 사용자에게 집중시켜 더 나은 셀 에지 성능을 가능하게 한다. ② 향상된 처리량: MU-MIMO를 통한 공간 다중화를 사용하면 무선 통신 시스템은 동일한 시간-주파수 리소스를 사용하여 여러 사용자 장비(UE)와 동시에 통신할 수 있다. 이 기술은 셀의 스펙트럼 효율성과 집계 처리량을 크게 향상시키기 위해 대규모 MIMO와 함께 사용한다. ③ 밀리미터파로 활성화: 밀리미터파 주파수(24GHz 이상)를 사용하면 경로 손실로 인해 신호 전력이 빠르게 떨어진다. 결과적으로 밀리미터파 전송을 통해 대규모 MIMO를 통해 신호 전력을 높일 수 있다. 대규모 MIMO의 필요성은 밀리미터파(최대 52GHz)의 새로운 주파수가 도입된 5G 시스템에서 더욱 필수적인 기술이 되었다.

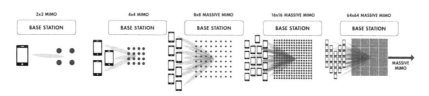

https://www.mathworks.com/discovery/massive-mimo.html

[그림 3-15] MIMO에서 Massive MIMO로의 개념

2.4 변조 및 코딩

변조는 유용한 비트인지 패리티 비트인지에 관계없이 단일 RE가 전달할 수 있는 비트 수를 정의한다. 5G NR은 QPSK, 16 QAM, 64 QAM 및 256 QAM 변조를 지원한다. QPSK를 사용하면 RE(Resource Element)당 2비트를 전송할 수 있고, 16QAM을 사용하면 4비트, 64QAM을 사용하면 6비트, 256QAM을 사용하면 8비트를 전송할 수 있다.

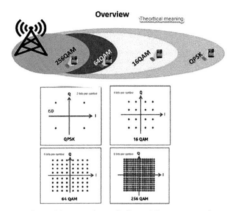

https://www.telecomhall.net/t/learn-more-about-ul-256-qam-in-both-4g-5g/25469
[그림 3-16] 5G Modulation Order

여기서 16, 64 및 256은 QAM 변조의 변조 차수(Order) = 2n(16=24)이다. 4G의 64QAM과 비교하여 5G의 256QAM의 이득은 256 QAM은 기호당 8비트를 전송하는 반면, 65 QAM은 기호당 6비트를 전송한다. 이는 256 QAM이 최대 UL 속도에서 최대 33%의 이득을 제공할 수 있음을 의미한다.

채널 코드는 통신 채널에서 발생할 수 있는 에러를 수정하기 위해 꼭 필요한 기술이다. 1990년대에 들어 Shannon limit에 근접한 성능을 보이는 turbo 코드가 발견된 이후, low density parity-check(LDPC) 코드와 polar 코드 등의 채널 코딩 기술이 진화하였으며, 5G NR은 MBB(모바일 광대역) 서비스의 데이터 전송에는 LDPC (저밀도 패리티 검사) 코드를 사용하고 제어 신호에는 폴라 코드를 사용합니다.

2G	3G	4G	5G
Convolution	Turbo	LDPC	LDPC/Polar

[그림 3-17] 채널 코딩 기술 진화

LDPC 코드는 특히 초당 수 기가비트의 데이터 속도에서 구현 관점에서 매력적이다. NR을 위해 고려되는 LDPC 코드는 다른 무선 기술에 사용되는 LDPC 코드와는 달리 속도 호환 구조를 사용한다. 이는 HARQ 동작을 위해 다양한 코드 속도로 전송을 허용한다.

$$H = \begin{bmatrix} 1 & 1 & 0 & 0 & 1 & 0 & 0 \\ 1 & 0 & 0 & 1 & 0 & 0 & 1 \\ 0 & 0 & 1 & 0 & 1 & 1 & 0 \\ 0 & 1 & 0 & 1 & 0 & 1 & 0 \\ 1 & 0 & 0 & 0 & 1 & 0 & 1 \end{bmatrix} \Longleftrightarrow$$

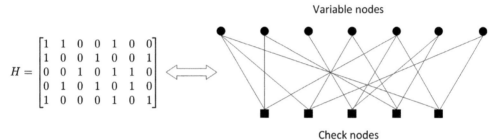

https://www.cambridge.org/core/journals/apsipa-transactions-on-signal-and-information-processing/article/an-overview-of-channel-coding-for-5g-nr-cellular-communications/CF52C26874AF5E00883E00B6E1F907C7

[그림 3-18] LDPC 패리티 검사 행렬의 그래프 표현

NR은 데이터 전송에 비해 정보 블록이 상대적으로 작은 물리 계층의 제어 신호에는 폴라 코드를 사용한다. 폴라 코드를 외부 코드와 연결하고 연속적인 취소 목록 디코딩을 수행함으로써 더 짧은 블록 길이에서 좋은 성능이 달성된다.

2.5 스케일링 펙터

스케일링 펙터는 3GPP 38.306에서 정의하고 있으며, f(j)는 1, 0.8, 0.75 및 0.4의 값을 사용할 수 있다. 이는 밴드 조합별로 고려되는 MIMO 레이어 및 변조 차수(modulation order)와 관련이 있다.

구분		SCS (kHz)	Maximum CBW (MHz)	Maximum number of Layers	Maximum modulation order	Scaling factor
BPC		N/A	100	4	8	NA
CA_1	CC1	30	100	4	8	1
CA_2	CC1	30	100	2	8	0.5
	CC2	30	100	2	8	0.5
CA_3	CC1	30	100	4	6	0.75
	CC3	30	100	4	6	0.75

Scaling factor examples. Source: Adapted from 3GPP TSG RAN 2018

[그림 3-19] 스케일링 펙터

예를 들어 베이스밴드 처리 능력(BPC)이 100MHz, 4계층 및 256QAM인 UE를 생각해 보겠다. 이 UE가 두 개의 컴포넌트 캐리어에 대해 구성되었다고 가정한다. BPC로 인해 UE는 각 CC에 대해 2개의 레이어만 지원할 수 있으므로 결과적으로 스케일링 계수는 0.5가 된다. 대안적으로, UE는 각 CC에 대해 4개의 계층을 사용하도록 구성될 수 있지만, 대신 더 낮은 변조 차수 64QAM이 사용되어 스케일링 계수가 0.75가 된다. 스케일링 팩터는 RRC 시그널링을 통해 구성된다. 스케일링 인자는 최대 레이어 수와 최대 변조 차수와 밴드 조합의 연관성을 반영하기 위해 도입되었다. 밴드별, 밴드 조합별로 최대 레이어 수와 최대 변조 차수를 적용했으면 스케일링 요소는 더 이상 필요하지 않다.

제4장

5G의 3대 기술

1.1 5G 특징 개요

1.2 5G 주파수와 전파 특성

1.3 5G NR frame구조 및 TTI 감소

1.4 5G 빔포밍 기술

1.5 NR Peak Throughput

차세대 이동통신 시스템

5G의 3대 기술

1.1 5G 특징 개요

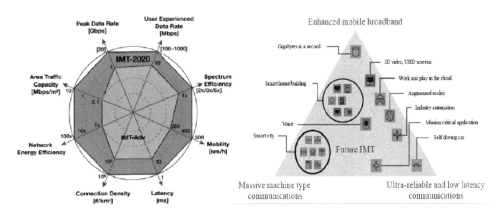

구분	4G	5G
최고 속도	1Gbps	20Gbps
체감 속도	10Mbps	100~1000Mbps
주파수 효율성	-	4G 대비 3배
이동성	350km/h	500km/h
Latency	10ms	1ms
최다 연결 기기 수	105/km2	106/km2
에너지 효율성	-	4G 대비 100배
면적당 용량	0.1Mbps/m2	10Mbps/m2

[표 4-1] 5G 요구 조건 (ITU-R M.2083, Sep. 2015)

그리고 3대 이용 시나리오를 위한 5G의 8개 key capabilities(KPI)를 제시하여, 각 항목에 대해 4G(IMT-Advanced)와 비교하여 [표 4-1]과 같이 나타내었다. 4G 대비 사용자 체감 데이터 전송 속도는 10배, 주파수 효율은 3배를 KPI로 제시하고 있다. 그뿐만 아니라 이용 시나리오에 따른 주요 KPI를 도식화하여, 이용 시나리오와 KPI의 연계성을 [표 4-1]과 같이 나타내고 있다. eMBB와 연관성이 높은 KPI가 6가지이고, mMTC가 1가지, URLLC가 2가지로, mobility는 eMBB와 URLLC에 동시에 연관이 높은 파라미터임을 나타내었다.

2015년 국제통신연합 ITU는 5G 이동통신의 요구 사항을 권고하며 5G 이동통신 표준화의 시작을 알렸다. ITU의 비전 권고에는 위에 명시된 8가지 요구 조건 외에 에너지 효율, 신뢰성, 셀 경계 사용자 주파수 효율, 이동성 단절 시간, 대역폭의 5가지 조건을 포함하여 총 13가지 조건이 권고되었다. 서비스 측면에서 5G use case는 크게 eMBB enhanced mobile broadband, mMTC massive machine-type communications, URLLC ultra-reliable and low latency communications로 구분된다. eMBB는 고속의 끊김 없는 데이터 전송을 통해 3D video 혹은 UHD 서비스를 목표로 한다. mMTC는 많은 단말을 비용 효율적으로 운영하는 smart city 등의 어플리케이션에 사용되며, URLLC는 저지연과 높은 안전성을 요구하는 원격 의료 서비스, 자율운전 등에 사용된다.

국제 표준화 단체인 3GPP는 Release 14 2016년부터 Release 16~2019년 말까지 모든 요구 사항을 만족하는 규격 완성을 목표로 연구를 진행 중이다. 4G 기술이 LTE로 통칭되던 것처럼 5G 기술은 NR New Radio로 통칭되며, 본 백서에서는 앞으로 5G 기술을 NR로 언급한다.

1) 안테나 이득, 방향성 및 편향

이동통신 시스템에서 안테나는 신호의 송신과 수신에 필수적인 요소이다. 전압/전류로 표현되는 전기적 신호와 전기장/자기장으로 표현되는 전자기파를 서로 변환해 주는 역할을 하는 것, 그것이 바로 안테나이다. 안테나 외부의 전자기장의 변화와 안테나 도선상의 전기적 신호가 상호 연동함으로써, 대기 중에 떠다니는 전자기파 신호를 전자기기가 감지하고, 또 그 역도 가능할 수 있는 것이다.

안테나의 가장 근본적인 원리는 공진(resonance)으로 설명된다. 공진이란 구조적/전기적으로 주파수 선택 현상을 가리키는 말로써, RF에서 가장 흔하게 사용되는 말이다. 우선 쉬운 예로 dipole antenna와 monopole antenna의 예를 보자.

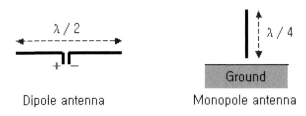

[그림 4-1] 공진 안테나

가장 일반적인 안테나 형태인 dipole 안테나의 경우 막대기 길이의 두배의 파장을 가진 주파수에 공진하게 된다. 뉘쉬어 말하면, 원하는 주파수를 송수신하려면 막대기 길이를 λ/2 길이로 만들면 된다는 것이다. 예를 들어 1GHz의 신호를 송수신하고 싶다면, 1GHz의 공기 중 파장은 30cm이다. 그러므로 dipole antenna의 길이를 15cm로 만들면 1GHz용 안테나가 만들어지는 것이다. monopole의 경우는 Ground가 image 효과를 가지기 때문에, dipole보다 반으로 작은 길이인 λ/4 로 만들면 된다. 결론적으로 "안테나의 사이즈는 주파수에 철저히 의존한다."라는 의미이다. 따라서 "파장이 짧아질수록 더 작게 공진기를 구현할 수 있다."라고 할 수 있다.

■ 안테나 이득

안테나에서의 이득(antenna gain)은 입력 신호에 대비하여 출력 신호가 더 커진다는 의미의 이득이 아니다. 안테나 이득은, 방향성(directivity)로 인해 파생되는 상대적 이득을 의미하는 안테나만의 용어이다. 안테나의 이득이란 최대 전계 방향을 기준으로 isotropic한 복사 패턴에 대비한 안테나 복사 패턴의 비율을 의미한다. 따라서 안테나 Gain의 개념을 [그림 4-2]와 같이 표시된다.

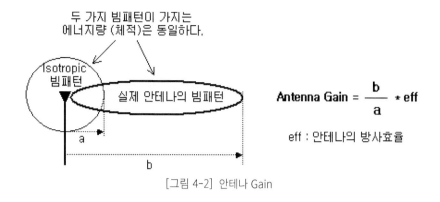

[그림 4-2] 안테나 Gain

$$\text{Antenna Gain} = \frac{b}{a} * \text{eff}$$

eff : 안테나의 방사효율

즉 안테나로 인해 신호가 커지는 게 아니라, 사방으로 고르게 퍼져 나가야 할 에너지가 일정 방향으로 몰리는 경우 그 쏠리는 비율을 의미하는 셈이 된다. 단위로는 dB를 사용하며, isotropic 안테나를 기준으로 하는 (일반적인) 경우는 dBi라고 표현한다. 반면 dipole 안테나를 기준으로 하여 이득을 계산할 때는 dBd라는 단위를 쓰기도 한다. Dipole 안테나의 이득은 2.15dBi이므로, dBd와 dBi는 아래와 같은 관계를 가진다.

0 dBd = 2.15 dBi, dBi = dBd + 2.15

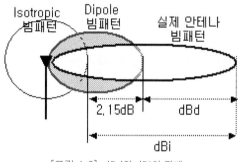

[그림 4-3] dBd와 dBi의 관계

■ 방사 패턴(Radiation Pattern)

안테나에는 유효 전자기파 영역인 빔 패턴(beam pattern, 또는 radiation pattern)이 존재한다. 결국 특정 방향과 위치로 전자기파를 사용한다는 것이므로, 이것은 안테나의 방향성(directivity)이란 개념을 탄생시킨다. 우선 모든 안테나 책에서 제일 먼저 언급되는 것으로 isotropic antenna라는 게 있다. 어떤 점전원(point source)처럼 되어, 위아래 360도 전 방향으로 동그란 구처럼 전자기파가 사방으로 고루 퍼져 나가는, 무지향성 안테나를 의미한다. 그렇지만 이렇게 완벽하게 사방으로 고루 전 자기파를 방사하는 안테나는 존재하지 않는다. 이론상으로만 존재하는 안테나라서 실제로는 단일한 하나의 안테나로는 저렇게 사방으로 완벽하게 균등하게 전자파가 복사되도록 만들 수가 없다는 것이다.

빔 패턴이 의미하는 물리적 의미는, 안테나에서 360도 전 방향으로 복사(radiation) 되는 전자기파의 전계 강도(electric field strength)를 그린 곡선이다. 안테나의 빔 패턴을 측정하는 방법은 간단한다. 표준 안테나를 이용하여 측정하고자 하는 안테나의 360도 전 방향에서 신호를 수신해서 각 각도별로 수신된 전계 강도를 표시하면 아래 처럼 polar chart상에 파형이 그려지게 된다. 이때 동그란 polar chart에서 중심에서 떨어진 거리 자체가 선계 강도의 크기를 밀한다.

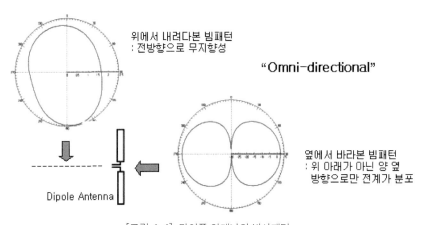

[그림 4-4] 다이폴 안테나의 방사패턴

결국 안테나의 이득이 크다는 얘기는, 특정 방향(즉 신호를 보내기 위한 방향)으로 더욱 샤프하게 전자파가 쏠린다는 의미이다. 결국 안테나의 이득이 높다는 말은, 전자파를 전달하기를 원하는 특정 방향으로 더욱 강한 전자파를 보낼 수 있다는 의미가 된다.

안테나의 이득이 크다고 마냥 좋을까? 안테나가 가진 제한된 에너지양 때문에 이득과 빔 폭은 기본적으로 trade off 관계를 가지게 된다. 그렇기 때문에 안테나 이득이 높다고만 좋은 것이 아니라, 시스템에서 원하는 만큼 적절한 대역폭과 이득을 가지는 게 중요한다.

　이렇게 빔 폭의 기준점으로, HPBW(Half Power Beam Width: 반전력 빔 폭)라는 지표를 사용한다. 안테나의 빔 폭이 넓다, 좁다라는 걸 말할 수 있는 기준점이 있어야 할텐데 이것을 쉽게 표준화할 수 있도록 최대 빔 방향의 전력을 기준으로 전력이 반(10*log(0.5) = −3 dB)로 줄어드는 지점까지의 각도를 HPBW라고 정한 것이다.

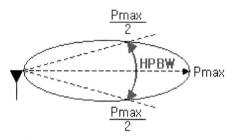

[그림 4-5] 반전력 빔폭(HPBW)의 개념

　일반적인 "안테나의 빔 폭이 몇도다"라는 얘기는 대부분 이런 반전력 빔 폭을 기준으로 말하는 것이다.

　■ 유효 방사 전력(ERP or EIRP)

　안테나와 관련된 주요 factor 중에 ERP(Effective Radiated Power) 또는 EIRP (Effective Isotropically Radiated Power)라는 개념이 나오게 된다. 이것은 무선기기의 유효 출력의 개념으로서, 안테나 이득의 효과를 함께 고려한 유효 송신 출력을 나타내는 수치이다.

　EIRP = Pt * Ga(식1−17)

　여기서 Pt: 송신기 출력, Ga: 안테나 이득이다. 즉 송신기의 출력이 30dBm이고 안테나 이득이 8dB라면 EIRP는 30 + 8 = 38dBm이 된다. 실제로 안테나의 빔 패턴은 목적지를 향해 최대의 이득을 가지는 형태를 가질 것이고, 그에 따라 목적지에서는 다른 지역보다는 더 큰 전력의 신호를 수신할 수 있게 된다. 송신기의 출력은 단순히 사방으로 균일하게 나간다는 가정일 뿐 특정 방향의 개념이 들어 있지 않지만, 실제로 송신기는 특정 방향으로 빔이 쏠리는 안테나 이득을 갖고 있다. 그래서 EIRP처럼 송신기의 유효 출력이라는 실질적인 개념의 규격이 존재하는 것이다.

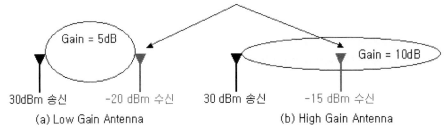

송수신 거리가 고정된 경우, 안테나 이득이 높으면 더 높은 전계강도로 수신이
가능하기 때문에 실제로 송신기 유효출력이 더 큰 것처럼 보여짐
=> 송신기의 안테나이득을 고려한 EIRP (유효복사전력) 개념이 필요

[그림 4-6] 유효 방사 전력의 개념

EIRP가 isotropic 패턴에 대비한 안테나의 이득 자체만을 첨가한 개념이라면, ERP는 그에 dipole 안테나의 이득을 곱한 유효 출력 개념이다. 이것은 시스템 용량을 계산하기 위해 송-수신 측의 이득을 함께 고려하기 위한 것으로써, Dipole 안테나의 이득은 2.15dB이기 때문에, ERP와 EIRP는 아래와 같이 간단한 수식 관계를 가진다.

(식1-18) $ERP = EIRP - 2.15\ dB$

■ 임피던스와 VSWR(정재파비)

아래 그림에서 무선 장치와 안테나 간의 선로 임피던스가 존재하며 임피던스 미스매치에 따라서 진행파에 대한 반사파가 발생한다.

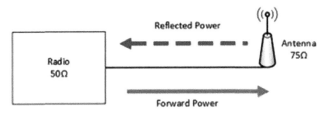

[그림 4-7] 임피던스와 정재파비 개념

무선 엔지니어링 및 통신에서 전송 라인 또는 도파관의 특성 임피던스에 대한 부하의 임피던스 매칭 측정. 따라서 VSWR은 투과파와 반사파 사이의 비율 또는 정상파의 최대 진폭과 최소 진폭 사이의 비율이며 VSWR은 일반적으로 VSWR이라고 하는 전압 비율로 정의된다.

[그림 4-8] 전압 정재파비(VSWR)

이는 최대 진폭과 최소 진폭의 전압비로 나타내며 (식 1-19)와 같다.

(식 1-19) $VSWR = Vmax/Vmin$

임피던스 정합도에 따라 나타나는 정재파의 최대 점과 최소 점의 진폭비는 다르게 되며 비율이 낮을수록 좋은 값을 갖게 된다. 따라서 정재파비는 진행파와 반사파의 반사계수(R)와도 (식 1-20)과 같이 정의할 수 있다.

(식 1-20) $VSWR = (1 + |R|) / (1 - |R|)$

예를 들어 진행파가 그대로 반사파로 되는 전반사 현상을 가정한다면 Vmin 값은 "0"가 되어 VSWR = Vmax / 0 = 무한대가 된다. 정리하면 VSWR은 반사파에 의해 생기는 정재파의 높이의 비를 의미하는 것으로 VSWR의 값이 1이 가장 이상적인 시스템(반사파가 없는 상태)이며, 높아질수록 반사가 심해지며 임피던스 매칭이 틀어졌다는 의미이다. 따라서 VSWR이 무한대라면 전반사 상태이다. 일반적인 VSWR은 1.5 이하로 설계하면 무난하다고 하며, 최대의 마지노선은 2.0을 넘지 않도록 설계한다.

높은 SWR은 전송선 효율이 좋지 않고 반사 에너지가 송신기를 손상시키고 송신기 효율을 감소시킬 수 있음을 나타낸다. SWR은 일반적으로 전압 비율을 나타내므로 일반적으로 VSWR(전압 정재파 비율)이라고 한다.

2) LTE로부터 NR까지의 핵심 기술 변화.

■ 최고 속도 20배 및 셀 용량 1,000배은 어떻게 증가시킬까?

NR에서는 최고 속도 목표 달성을 위해 사용 주파수 대역폭을 늘리고, LTE보다 진화된 통신 기술을 적용한다. NR 주파수는 3.5 GHz(100MHz 이상) + 28 GHz (800MHz 이상)으로 최소 900MHz 가 사용된다. 기술적 측면에서는 active 안테나 및

massive MIMO를 통한 3차원 빔포밍 기술이 사용되어 안테나 gain을 높이고 셀 간 간섭을 줄인다. 또한, 빔포밍은 동일 셀 내 동일 자원으로 동시에 여러 사용자가 서비스되는 Multiuser MIMO MU-MIMO 기술을 가능하게 하며, 이는 NR 셀 용량 증대의 핵심이 된다. NR에서는 상향 링크 waveform도 변화된다. LTE에서는 OFDM의 PAPR 문제로, 출력 파워 및 배터리 한계가 있는 상향 링크는 SC-FDM 방식을 사용하여 성능 저하가 있었다. NR에서는 강전계 시 하향 링크와 동일한 CP-OFDM 방식을, 약전계 시 SC-FDM를 사용하여 성능을 높인다. 이러한 셀 용량 증대는 프론트홀 용량 증대로 직결되며, NR에서는 이를 위해 DUH-DUL 간 기능 분리 지점을 변경하여 용량을 축소한다(CPRI eCPRI).

■ 통신 지연(Latency)은 어떻게 감소시킬까?

Latency 감소는 NR 초기 단계 목표 중 하나이다. 이를 위해 NR에서 가장 크게 변화한 것은 TTI 감소로, LTE의 1ms 대비해 감소된 TTI를 사용한다(현재 3.5GHz 대역 TTI는 0.5ms, 28GHz 대역 TTI는 0.125ms). 짧은 TTI는 빠른 응답 및 재전송을 가능하게 한다. 또한, ACK/NACK 전송을 위한 대기 시간이 유동적인 asynchronous HARQ 동작을 상·하향 링크에 모두 적용하여 빠른 재전송을 지원한다. NR 서비스별 latency 타겟이 상이한데, 3GPP 기준 eMBB는 단방향 4ms이고, URLLC는 0.5ms이다.

■ NR 조기 상용화는 어떻게 가능한가?

초기엔 5G 상용화 시점이 2020년으로 언급되었으나, 국내는 2019년 3월 세계 최초 상용화를 목표로 노력 중이다. 상용화 일정을 앞당길 수 있었던 배경은 LTE망을 활용한 'NSA' 구조의 등장이 다. 기존의 LTE망을 활용하여, NR 초기 투자를 줄이면서 안정적인 NR 서비스를 시작할 수 있다.

■ Lean + Flexible 구조란?

NR 기술을 설명할 때 가장 많이 나오는 키워드는 Lean과 Flexible이다. 'Lean'이란 '낭비가 없는'이라는 의미로, NR은 LTE 대비 자원 및 에너지 낭비를 최소화한다. 특히 Reference signal(RS) 구조가 변화되는데, LTE에서는 CRS cell specific RS 가 자원을 고정적으로 점유하는 구조였으나, NR에서는 사용자 요구 시에만 RS를 전송한다. 'Flexible'이란 '유연한'이라는 의미로, NR에서는 customizing 할 수 있는 요소가 많다. LTE에서는 subcarrier spacing (SCS)로 15kHz만 사용하였으나, NR 에서는 15, 30, 60, 120, 240kHz를 사용할 수 있다. 또한, TDD 상하향 비율을 TD-LTE에 비하여 유연하게 구성 가능하며, PDCP layer 위에 SDAP Layer를 추가하여 더 정교한 QoS 적용이 가능하다.

1.2 5G 주파수와 전파 특성

규격 3GPP 상 NR 주파수는 450MHz~6GHz(FR1)과 6GHz~52.6GHz(FR2)로 구분된다. 정부는 FR1의 3.5GHz 대역과 FR2의 28GHz 대역을 5G 통신용으로 할당하였고, 경매'(18년 6월)를 통해 당사는 3.6~3.7GHz와 28.1~28.9GHz를 각각 할당받았다.

3.5GHz 대역 주파수 영향 요소는 ① LTE 주파수 IM Intermodulation 영향, ② 1.8GHz LTE UL 2nd Harmonic, ③ 1.8GHz LTE DL 2nd Harmonic, ④ 인접 대역 레이더, ⑤ 주변국 일본 TD-LTE 동일 대역 간섭, ⑥ 주변국 5G 동일 대역 간섭, ⑦ 생활기기, ⑧ UWBUltra Wide Band 간섭, ⑨ 위성 대역 보호 등이 있다. 할당 대역은 ① LTE 주파수 IM과 ⑤ 주변국 5G 동일 대역 간섭, ⑨ 위성 대역 보호에만 영향을 받는다. LTE 주파수 IM의 경우 LTE/NR 공중선 결합 시 나타나는 간섭으로, 금번 5G 할당된 3.5GHz 세 밴드 중 가장 IM 영향이 낮긴 하나 결합 최소화가 권고된다. 주변국 5G 간섭은 덕팅 현상으로 발생 가능하며 안테나 틸트 등 간섭 완화 솔루션이 필요하다. 위성 대역 3.7GHz 이상 간섭은 5G 불요파가 위성 대역에 영향을 주는 것으로, 위성 지구국의 경우 안테나 이격 등을 통한 보호가 필수이다.

28GHz 대역 주파수 영향 요소는 ① 차량 충돌 방지 레이더, ② ESIM Earth Station in Motion 주파수가 있다. 당사 할당 대역은 ② ESIM에만 영향을 받으나 대부분의 ESIM이 해상/항공에서만 사용하므로 5G와의 공존이 가능할 것으로 예상된다.

주파수 대역에 영향을 주는 요소는 5장에서 상세히 설명한다.

NR에서는 사용 주파수 대역이 높아짐에 따라 LTE 대비 손실이 많아진다. 특히 28GHz와 같은 초고주파 대역은 약간의 장애물에도 급격한 감쇄가 발생한다.

[표 4-2]는 금번 3GPP에서 진행한 전파 시험[1]을 통해 파악한 대역별 전파 특성 상세 내용이다.

비교항목	3.5GHz	28GHz
지상 추가 손실	-6~7dB	-25dB
장애물 회절 특성	기존 상용 주파수와 유사	급격한 감쇄
인빌딩 투과 손실	-3dB	-13dB

[표 4-2] 기존 대역(1.8GHz) 대비 NR 전파 특성

1.3 5G NR frame구조 및 TTI 감소

SCS: (3.5GHz) 30kHz, (28GHz) 120kHz

TTI: (3.5GHz) 0.5ms, (28GHz) 0.125ms

RB 수: (3.5GHz) 100MHz당 273개, (28GHz) 400MHz당 264개

NR에서는 LTE와 달리 사용할 수 있는 SCS 종류가 5개 15, 30, 60, 120, 240kHz 로 확장된다(LTE SCS는 15kHz만 사용). SCS가 커질수록 TTI가 감소하기 때문에 응답 시간(latency)이 짧아지고 고주파 대역에서 발생하는 phase noise에 강하다는 장점이 있으나 CP 길이 감소로 인해 셀 커버리지가 줄어드는 단점이 있다. 규격상 3.5GHz 대역에서는 15, 30, 60kHz를 SCS로 사용할 수 있고, 28GHz 대역에서는 60, 120, 240 kHz 를 사용할 수 있다.

3.5GHz 대역에서는 셀 커버리지 확보를 위해 30kHz를 사용한다. 반면 28GHz 대역에서는 짧은 TTI 및 phase noise 감소를 위해 120kHz를 사용한다(TTI 각각 0.5ms, 0.125ms). 심벌당 CP 길이는 3.5GHz/28GHz 대역 각각 2.3ms/0.6ms로, LTE normal CP 길이인 4.7ms 대비 $\frac{1}{2}$배/$\frac{1}{8}$배 감소된 수치이다. 모두 normal CP 기준이며 extended CP는 SCS를 60kHz 로 사용할 경우에만 지원된다. 추후 5G 어플리케이션이 확장될 경우 다른 SCS가 사용될 수 있으며, 규격상 서비스 타입별 다양한 SCS를 동시에 사용하는 유연한 구성(Flexible Numerology)이 가능하다.

---

1   3.5GHz는 H社 표준 NR 장비로 시험, 28GHz는 S社 Pre-NR 장비로 시험

3.5GHz 대역에서 100MHz 대역폭 사용 시 total RE 자원 수는 70MHz 대역폭을 사용하는 LTE 대비 1.56배 많다. 28GHz 대역 800MHz 대역폭 사용 시 RE 자원 수는 LTE 대비 12.07배 많다.

3.5GHz 대역에서의 frame 구조는 다음과 같다.

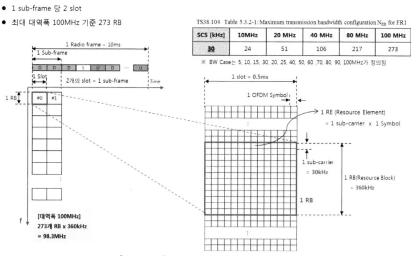

[그림 4-9] 3.5 GHz 대역 frame 구조

28GHz 대역에서의 frame 구조는 다음과 같다.

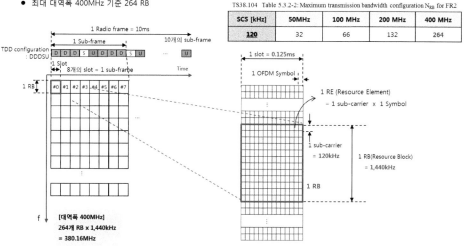

[그림 4-10] 28GHz 대역 frame 구조

1) Reference Signal(RS) 변화

LTE에서는 cell-specific RS(CRS)가 거의 모든 기능을 담당한다. CRS는 cell의 대역폭 전체에 고르게 분포되어 있으며, 매 subframe마다 전송된다. 이러한 CRS 기반의 RS 구조는 단순하지만 CRS가 항상 고정적으로 전송되어야 하므로 자원/에너지 효율성이 떨어진다(심지어 셀에 active 사용자가 없을 때에도 CRS는 고정적으로 전송된다).

NR에서는 이러한 비효율성을 해결하기 위해 CRS를 사용하지 않고, 사용자 특성화된 user-specific RS들을 사용한다. 따라서 여러 RS 신호가 CRS의 기능들을 분산하여 담당하며, 빔포밍 등 5G에서 새롭게 사용되는 기능을 위한 RS가 추가된다([표 4-3] 참조). PSS/SSS/PBCH만 active 사용자가 없을 때에도 주기적으로 항상 전송되며, 그 외 다른 RS들은 사용자가 있을 때에만 전송된다.

기능		LTE RS	NR RS
동기화		PSS/SSS	PSS/SSS
복조 (demodulation)		CRS, DMRS	DMRS
RSRP 계산	핸드오버	CRS	SSS, DMRS for PBCH
	CQI		CSI-RS
빔 설정 · 관리		-	CSI-RS, SRS
Phase noise 제거		-	PT-RS

[표 4-3] Table 2. LTE/NR RS 비교

특히 주목해야 할 점은 RSRP 계산이 용도에 따라 둘로 나뉘는 것이다. LTE에서는 CRS가 실린 RE resource element의 수신 파워 평균으로 계산된 RSRP가 핸드오버 및 채널 추정을 위해 사용된다. 하지만 NR에서는 핸드오버와 채널 추정을 위한 RSRP가 분리된다. 핸드오버의 경우 옆 셀에 active 사용자가 없을 경우에도 항상 수행되어야 하므로, 주기적으로 전송되는 SSS 혹은 PBCH에 실린 RS 파워를 통해 계산된다. 하지만 채널 추정의 경우 각 사용자가 받을 트래픽 빔의 채널을 추정하는 것이 중요하므로, CSI-RS에 실린 파워를 통해 계산된다.

NRRS들은 모두 사용자 위치 기반 빔포밍 전송이 기본으로 고려된다. 다만 PSS/SSS/PBCH의 경우, 주기적으로 항상 브로드캐스팅되어야 하는 정보 특성상 Beam sweeping 기능을 사용한다. 또한, 빔포밍을 통해 좁은 영역에 에너지를 집중하여 전송함으로써 한 wide 빔 대비 커버리지 이득을 얻는다. PSS/SSS/PBCH은 항상 묶여서 전송되며, 이를 SSB Synchronization Signal Block라고 부른다.

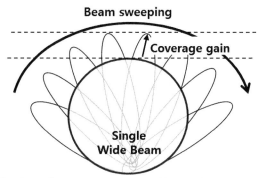

[그림 4-11] Beam sweeping을 통한 SSB 커버리지 이득

SSB는 규격상 3.5GHz에서 최대 8개, 28GHz에서 최대 64개가 전송될 수 있으나, 벤더별로 구현 개수가 상이하다. [그림 4-12]는 3.5GHz에서 7개의 SSB 를 전송하는 예시의 자원 배치를 보여준다.

[그림 4-12] SSB 빔 자원 배치

위 그림과 같이 한 slot당 2개의 SSB가 전송 가능하다. SSB 빔의 개수에 따라 장·단점이 존재하며, 셀 특성에 맞는 빔 개수 및 배치를 사용하는 것이 중요하다.

	SSB 개수 증가	SSB 개수 감소
장점	• 커버리지 증가 • SS-RSRP 간섭 감소	데이터 전송 자원 증가
단점	SSB 자원 점유 증가 → 데이터 전송 자원 감소	• 커버리지 감소 • SS-RSRP 간섭 증가

[표 4-4] SSB 빔 개수에 따른 장·단점

2) MIMO Multi Input Multi Output 기술

MIMO 기술에 따른 이득은 크게 세 가지로 나눌 수 있고, 이는 단말 속도 증대에 각각 다른 영향을 준다(아래 그림 참조).

$$C = \boxed{BW} \times \log_2 \left(1 + \frac{S}{N} \right)$$

Spatial Multiplexing (x Layer 수)

- Spatial Diversity
- Beamforming

[그림 4-13] MIMO 이득에 따른 Shannon Capacity 영향

3) Spatial Diversity

같은 data stream을 중복하여 전달하여 원하는 신호를 강화하기 위해 사용한다. 송신기에서는 다수의 안테나로 같은 정보를 중복 전송하고, 수신기는 다수의 안테나로 받은 각 신호를 결합하여 multipath fading 마진을 줄이고 오류를 최소화한다.

4) Spatial Multiplexing

여러 개의 data stream을 다수의 송신 안테나를 통해 각기 다른 경로로 전송하여 전송 속도를 향상시킨다. 수신기는 다수 안테나로 각각의 데이터를 수신한다. 한 사용자에게 적용될 경우(SU-MIMO) 전송 속도가 증가되며, 여러 사용자에게 적용될 경우(MU-MIMO) 셀 용량이 증대된다.

5) 빔포밍

2개 이상의 안테나를 사용하여 원하는 방향으로의 신호를 강화하고 원하지 않는 방향으로의 신호를 최소화(Zero Forcing)한다. 에너지를 집중해서 전송하기 때문에 수신 세 기가 증가되며, 다중 경로에 의한 반사파 영향을 줄일 수 있다. 당사 LTE 시스템에서는 빔포밍을 사용하지 않았으나, NR에서는 안테나 수가 매우 많은 Massive MIMO와 Active Antenna 시스템을 통해 빔포밍을 효율적으로 사용한다. 빔포밍에 대한 원리 및 이득은 다음 장에서 상세히 다룰 예정이다.

1.4 5G 빔포밍 기술

5G 핵심 기술 중 하나인 빔포밍은 많은 안테나를 사용하여 사용자에 적합한 빔을 동적으로 형성한다. 특히 빔포밍은 TDD 시스템과 궁합이 잘 맞는데, 주된 이유는 다음과 같다.

① 채널 가역성: DL/UL 사용 주파수가 동일하므로 채널 추정 및 빔 형성을 DL/UL 각각 할 필요가 없으며, ② 커버리지 증대: TDD 시스템 특성상 감소된 커버리지[2]를 빔포밍을 통해 증대 가능하다.

효율적인 빔포밍을 위해서는 다음 두 가지 기술이 필요하다.

Massive MIMO: 많은 수의 안테나를 배열하여 수평/수직 빔 형성

Active 안테나: 안테나 소자마다 active 모듈이 장착되어 소자 간 진폭/위상을 조정할 수 있는 안테나로, passive 안테나와는 달리 동적으로 사용자 특정 빔 형성

즉 massive MIMO 기술을 통해 빔 폭이 얇은(에너지가 집중된) 빔을, active 안테나를 사용하여 사용자 위치에 따라 동적/적응적으로 만들어 내는 것이 5G 빔포밍의 핵심이다. 빔포밍의 기본적인 원리는 송신 안테나마다 다른 위상의 신호를 발생시켜 원하는 방향으로의 신호는 증폭시키고, 원하지 않는 방향으로의 신호는 억제하는 것이다. 서로 다른 위상을 갖는 신호가 빔을 형성하는 원리는 다른 시점에 떨어지는 물방울들이 만드는 파장을 상상해 보면 이해하기 쉽다(아래 참조).

[그림 4-14] 서로 다른 위상을 갖는 신호가 빔을 만드는 원리

---

2   TDD 시스템에서는 자원을 DL/UL 방향 시간 축으로 분리하여 사용하므로 FDD 시스템보다 커버리지가 줄어듦.

1) 빔포밍 원리

빔포밍은 빔을 형성하는 위치에 따라 디지털, 아날로그, 하이브리드 빔포밍으로 분류할 수 있다. 디지털 빔포밍의 경우 IFFT 전의 디지털 (baseband) 신호의 진폭 및 위상을 변화시킨 후 아날로그 신호로 변환한다(아래 참조).

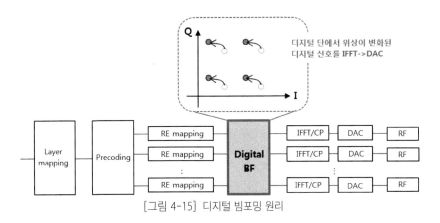

[그림 4-15] 디지털 빔포밍 원리

이 방식은 디지털 단에서 빔포밍을 수행하기 때문에 빔 형성의 자유도가 높고 이론적으로 주파수 자원별 안테나 개수만큼의 빔을 동시에 만들 수 있다는 장점이 있다. 하지만 개별 안테나마다 RF 체인이 요구되기 때문에 장비의 부피가 커지고 전력 소모가 크다는 단점이 있다. 따라서 광대역을 사용하는 28GHz 대역에서는 과도한 전력 소모 때문에 사용 가능성이 떨어지며, 동시에 많은 빔을 전송하여 셀 용량을 증대시키고자 하는 3.5GHz 대역에서 활용할 예정이다.

반면 아날로그 빔포밍 방식은 안테나마다 위상 천이기와 신호 감쇄기를 연결하여 아날로그 단에서 신호의 진폭 및 위상을 변화시킨다(그림 참조).

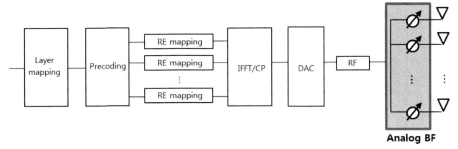

[그림 4-16] 아날로그 빔포밍 원리

이 방식은 소모 전력이 적다는 장점이 있으나 동시에 보낼 수 있는 빔이 한 개로 제한되어 시스템 성능 효과가 떨어진다.

마지막으로 하이브리드 빔포밍 방식은 baseband에서의 디지털 빔포머와 RF 대역에서의 아날로그 빔포머를 동시에 활용한다. 안테나 수보다 적은 RF 체인으로 구성되어 있어 부피 및 전력 소모를 낮출 수 있다(그림 참조).

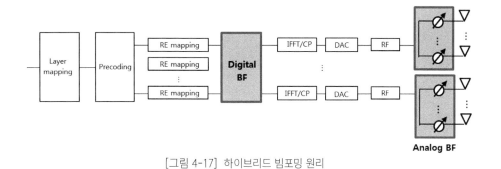

[그림 4-17] 하이브리드 빔포밍 원리

디지털 단에서 RF 체인 수만큼 디지털 신호의 위상과 진폭을 변화시킬 수 있으므로, RF 체인 수와 동일한 수의 빔을 동시에 형성할 수 있다. 하이브리드 빔포밍 방식은 셀 커버리지 증대를 목적으로 28GHz 대역에서 활용된다.

	디지털 빔포밍	아날로그 빔포밍	하이브리드 빔포밍
빔포밍 위치	Baseband (IFFT 전)	DAC 이후	디지털/아날로그 혼용
전송 최대 빔 수	주파수 자원 x RF 체인 수	1	RF 체인 수
MU-MIMO 지원	O	X	X
주용도	셀 용량 증대 (3.5GHz)	셀 커버리지 증대	혼합 (28GHz)
빔 전송 예시	주파수 RB1 MU-MIMO / RB2 MU-MIMO / RB3 SU-MIMO	주파수	주파수 RB1 / RB2 / RB3

[표 4-5] active 안테나 구조

2) 안테나 구조와 빔 특성 관계: TRX 수가 많으면 어떤 이득이 있을까?

[표 4-5]는 기본적인 active 안테나 구조의 예시이다. 빔의 특성은 크게 세 가지 요소로 결정된다. ① antenna element AE 수, ② AE 간 거리λ, ③ TRX 수 및 배치 이다. 옆 그림의 안테나는 96개의 AE로 구성된 32 TRX 장비이며, TRX를 수평 4개, 수직 4개로 구분하고 x/y 편파로 구성되어 있다.

한 TRX당 AE 수 옆 그림의 경우 (3x1)는 해당 안테나가 빔을 보낼 수 있는 전체 커버리지를 결정한다. 한 TRX에 AE를 세로로 더 많이 묶을수록 수직 커버리지가 작아진다. 가로로 많이 묶게 되면 수평 커버리지가 작아지지만, 수평 커버리지 확보가 중요한 셀룰러 환경에서는 거의 사용되지 않는다. AE 간 거리(λ) 또한 전체 커버리지에 영향을 준다. 대부분 λ는 0.5 에서 1 사이의 값을 사용하는데, λ가 커질수록 빔이 샤프해진다(아래 그림 참조). 하지만 λ가 1이 되면 side lobe 가 커지게 되어 빔 특성이 좋지 않을 수 있다.

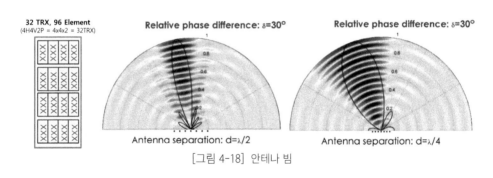

[그림 4-18] 안테나 빔

TRX 수 및 배치는 빔 정교화에 기여한다. TRX 수가 많을수록 빔이 얇아진다. 마찬가지로 가로 방향으로 TRX를 많이 배치하면 수평 빔 폭이 줄어들며 세로 방향으로 TRX를 많이 배치하면 수직 빔 폭이 줄어든다. 각 요소가 빔 형성에 미치는 영향을 다음 그림을 통해 정리한다.

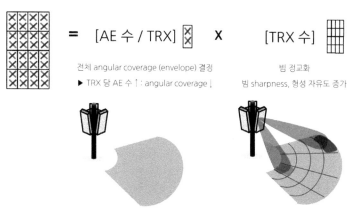

[그림 4-19] 안테나 구성이 빔포밍에 미치는 영향

정리하면, TRX당 AE 수의 증가는 전체 angular coverage 영역을 축소시키며, TRX 수 증가는 빔을 정교하게 한다(그림 참조). [그림 4-20]에서 TRX에 따라 영역이 나뉜 것은 빔의 폭을 표현하며, 빔은 angular coverage 내 모든 곳에 자유롭게 형성될 수 있다.

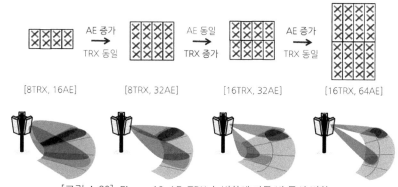

[그림 4-20] Figure 13. AE, TRX 수 변화에 따른 빔 특성 변화

벤더별 구현한 TRX당 AE 배치에 따라 장비 이득이 달라지나, 대부분 TRX 수가 많은 장비일수록 빔이 정교해지고 게인이 커진다. 반면에 TRX가 많은 장비의 경우 가격 및 소모 전력이 높고 크기가 크므로, 국소 특성을 고려하여 TRX 장비를 선택하여야 한다.

주의해야 할 점은, LTE에서와 다르게 TRX 수가 layer[3] 수와 같지 않다는 것이다.

---

3 Layer란 독립적으로 전송되는 한 data stream을 말함.

현재 LTE 4T4R 장비의 경우 최대 4 layer 지원이 가능하며, 하나의 TRX에 한 layer 가 전송된다. 하지만 빔포밍을 하는 NR active 안테나의 경우 모든 TRX가 각각의 빔 weight를 사용하여 하나의 빔을 형성하기 때문에 사용된 TRX의 수가 layer 수와 같지 않다. 예를 들어 3.5GHz NR에서 사용될 32TRX 장비의 경우, 32개의 모든 TRX 가 다수의 빔을 형성하기 위해 사용되지만 항상 32 layer가 전송되는 것은 아니다. 빔 간 간섭 이슈로, 32 TRX의 경우 12 layer 이하를 사용하는 것이 안정적일 것으로 예상된다.

■ 빔포밍 이득

안테나 gain 향상을 통한 커버리지 확대

빔포밍 기술은 에너지를 좁은 영역에 집중시켜서 보내기 때문에 안테나 gain이 향상되며, 이에 따라 커버리지 확대가 가능하다(UL 방향 기비리지 이득도 동일). 커버리지 이득은 TDD 특성상 줄어든 커버리지를 보완하는 역할뿐 아니라, 파장의 직진성이 강해 커버리지가 짧은 28GHz 대역에서도 큰 역할을 기여한다.

■ Multi user MIMO(MU-MIMO)

디지털 빔포밍 기술을 통해 NR에서는 같은 주파수 채널에서 다수의 사용자에게 동시에 다수의 빔을 보내는 것이 가능하다. MU-MIMO 기술은 N명의 사용자에게 동일한 주파수를 통해 신호를 전송하여 이론적으로 셀 용량을 N배 증가시킬 수 있다. MU-MIMO를 효율 적으로 사용하기 위해서는 빔 간 간섭 제어가 중요하므로, ① 적절히 공간적으로 분리된 사용자들을 선택하여 ② 원하는 사용자에게는 증폭된 빔을, 원하지 않는 사용자에게는 가장 억제된 빔을 전송할 수 있어야 한다. [그림 4-21]을 보면, UE 2를 향해 형성된 빔은 UE 2에겐 가장 증폭되어 있으나 UE 1 을 향해서는 null 방향이다. Null 방향이란 빔 형성 시 main lobe 및 side lobe 빔 간에 에너지가 가장 낮은 방향을 의미한다. 즉 효율적인 MU-MIMO 동작을 위해서는 main lobe 방향과 null signal 방향을 사용자들 위치에 따라 동적으로 정교하게 형성할 수 있어야 한다. 빔 간 간섭으로 인해 실제로 32 TRX 장비에서는 12 layer 이하, 64 TRX 장비에서는 16 layer 이하를 사용하는 것이 권고된다.

■ 셀 간 혼재 감소

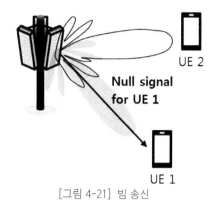

[그림 4-21] 빔 송신

NR에서는 사용자가 있는 방향으로 특정된 얇은 빔이 전송되므로, LTE에서보다 셀 간 간섭이 감소한다. 셀 간 간섭을 효율적으로 제어하기 위한 CoMP 등의 기술을 사용하면 인접 셀 간 다른 방향으로 빔을 전송할 수 있다.

3) 기지국-사용자 간 빔 형성 방식

Predefined Matrix 기반 빔포밍

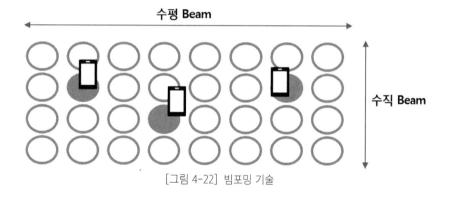

[그림 4-22] 빔포밍 기술

기지국이 미리 정의된 빔 포밍 매트릭스를 갖고 최적 빔을 형성하는 방식으로, 빔을 전송할 수 있는 위치가 정해져 있다. 기지국은 주기적으로 단말에게 각 위치에 해당하는 RSCSI-RS를 전송하며, 단말은 최적인 빔 ID를 report한다. 이 방식은 빔 형성이 쉬우나 단말 위치에 정확히 일치하는 빔을 만들 수 없다.

■ 사용자 위치 report 기반 빔포밍

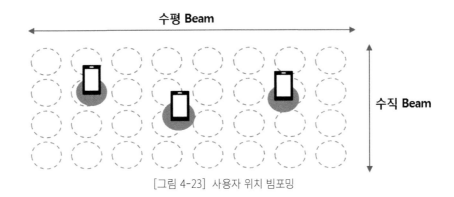

수평 Beam

수직 Beam

[그림 4-23] 사용자 위치 빔포밍

단말은 SRS를 주기적으로 전송하고, 이 신호를 받은 기지국이 단말의 위치에 최적인 빔을 형성한다. 이는 단말의 정확한 위치에 따른 빔 형성이 가능하나, SRS 신호에 오류가 있을 경우 혹은 단말이 이동할 경우 빔 포밍 이득이 감소할 수 있다.

벤더별 빔포밍 방식이 상이하며, 초도 장비 기준 PMI 기반 빔포밍을 사용하는 벤더와, 약전계 PMI 기반 + 강전계 SRS 기반 하이브리드 빔포밍을 사용하는 벤더가 있다.

■ 기지국-사용자 간 빔 형성 방식

5G 이동통신 중 eMBB 기술은 대용량 데이터 전송을 위하여 높은 주파수 대역을 필요로 한다. 이와 같은 요구 조건을 충족시키기 위한 기술로서 밀리미터파 전송 시스템이 고려되고 있다. 초기 밀리미터파 통신은 실내 및 핫 스팟 환경에서 초당 Gigabit의 전송이 가능하도록 연구가 진행되었고, 최근에는 실외 통신 환경에도 적용되어 대용량 데이터 전송을 목표로 연구가 활발히 진행되고 있다. 밀리미터파 시스템의 경우 파장이 짧아서 작은 공간 안에 많은 수의 안테나 소자를 집적시킬 수 있어 배열 안테나를 통한 massive MIMO 구현에 용이하다는 장점을 가지는 반면, 고주파 무선 신호의 전송 특성상 기존 셀룰러 대역의 신호에 비해 큰 경로 손실을 겪는다. 따라서 이와 같은 큰 경로 손실을 극복하면서 채널 정보를 얻기 위해 파일럿 신호를 보낼 때 높은 지향성 빔포밍이 필수적으로 요구된다. 기존 다중 안테나 시스템에서의 빔포밍 방식은 신호를 변화시키기 위해 기저대역(baseband)에서 송

신 프리코더와 수신 결합기로 설계되었다. 이와 같은 디지털 빔포밍 방식은 각 안테나당 RF(radio frequency) 송수신부가 하나씩 요구되는데, 안테나의 수가 많아질수록 RF 하드웨어 구현 측면에 있어서 어려움이 증가된다. 따라서 massive MIMO 시스템에 기존의 디지털 빔포밍 방식을 그대로 적용하기에는 한계가 존재하며, 이러한 문제를 해결하기 위해 빔포밍을 디지털 부분과 아날로그 부분으로 나누어서 수행하는 하이브리드 빔포밍 방식이 고려되고 있다.

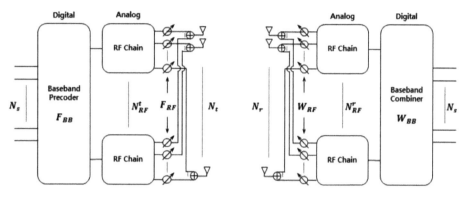

[그림 4-24] 하이브리드 빔포밍 시스템

■ TDD 심볼비 결정 및 커버리지 영향

심볼비 구성

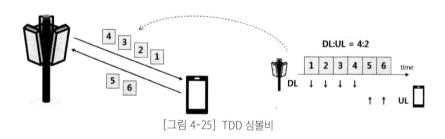

[그림 4-25] TDD 심볼비

NR은 DLdownlink과 ULuplink이 같은 주파수 자원을 시간 축에서 분리하여 사용하는 TDD 시스템 기반이다. 주파수 양이 고정적인 FDD 시스템과는 달리, TDD 시스템에서는 DL/UL 트래픽 요구에 따라 시간 자원을 다르게 할당할 수 있다. 한 radio frame 내 DL/UL을 할당할 수 있는 최소 시간 단위 자원이 심볼이며, 사업자는 규격상 정의된 62개의 slot 포맷을 자유롭게 배치하여 DL:UL 심볼비를 구성할 수 있다. TDD 시스템에서 기지국 간 심볼비가 서로 다를 경우, 기지국 간 DL-to-UL 간섭 혹은 단말 간 UL-to-DL 간섭이 발생할 수 있어 심볼비 일치가 권고[4] 된다. 심볼비 구성을 위해서는 ① DL:UL 트래픽 비율, ② UL 커버리지 영향, ③ latency 조건, ④ SSB, PRACH 등 고정 DL/UL 자원 배치 등을 종합 고려해야 한다.

DL:UL 트래픽 비율: 당사의 경우 트래픽 요구 비율은 7:1~8:1 정도이나, DL의 throughput이 높기 때문에 실제 PRB 사용 비율은 3:1~4:1 사이이다.

UL 커버리지: 1:1 사용 시 FDD 시스템 커버리지 대비 3.4dB, 4:1 사용 시 6.5dB 감소된다.

latency[5] 조건: eMBB enhanced mobile broadband 서비스 기준 4ms, URLLC ultra reliable low latency communications 서비스 기준 0.5ms 이다.

SSB, PRACH: 시간 축에서 고정적으로 배치되어야 하는 자원들이 있으며, DL/UL 슬랏 구성 시 해당 자원들을 고려해야 한다. 대표적인 것이 DL 시 주기적으로 전송되는 SSB와 UL 시 주기적으로 전송하는 PRACH 자원이다.

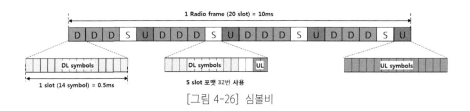

[그림 4-26] 심볼비

D-D-D-S-U 슬랏을 반복 배치한 구조로, D는 DL slot, S는 self-contained slot, U는 UL slot이다. Self-contained slot이란 한 slot 내 DL과 UL 심볼이 모두 포함된 슬랏을 의미한다. S slot 내 DL 심볼이 더 많으므로 D 슬랏으로 고려하여 4:1 구조라고 통칭되며, 실제 DL:UL 심볼 개수 비율은 3.25:1이다. 해당 심볼비로 이동 3사 협의가 완료(18년 7월, 28GHz도 심볼비 동일)되었으며, 외곽이나 해상 등 서비스 지원을 위한 추가 심볼비 협의를 지속적으로 진행할 예정이다.

---

4 기지국 간 혹은 사업자 간 다른 심볼비를 사용할 수 있는 기술은 Dynamic TDD라는 이름으로 규격 진행 중이며, 다른 심볼비 간 간섭 제어 기술이 완성되어야 실제 적용 가능성이 높아짐
5 기지국 PDCP – 단말 PDCP 사이의 평균 HARQ 재전송 시간을 포함한 air delay 위 사항들을 종합적으로 고려한 최종 심볼비 구성은 다음과 같다.

■ 가드 심볼 영향

가드 심볼이란 DL과 UL 간 비워 둔 시간을 의미한다. 가드 심볼 개수는 크게 두 가지에 영향을 주는데, 첫째는 셀 커버리지이고, 둘째는 장거리 간섭RI; Remote Interference이다.

가드 심볼 시간은 다음 시간들을 포함해야 한다. ① DL 신호 air delay + ② 단말 DL·UL 변경 시간 + ③ UL 신호 air delay + ④ 기지국 UL · DL 변경 시간. 기지국과 단말에서의 변경 시간은 일정 수준으로 고정되어 있으므로 총 가드 심볼 시간이 최대 air delay를 결정하고, 이에 따라 셀 커버리지가 결정된다. 현재 심볼비 기준 가드 심볼에 따른 커버리지는 3.5GHz 대역에서 7km 내외이며, 가드 심볼 수가 더 늘어나면 커버리지는 길어진다.

TDD에서 새롭게 발생하는 간섭 패턴 중 장거리 간섭이 있다(아래 그림 참조). 이는 원 거리에 있는 기지국의 DL 신호가 air delay를 겪고 다른 기지국의 UL slot에 간섭 영향을 주는 것이다. 가드 심볼 개수가 많을수록 장거리 간섭 영향이 줄어든다. 현재 심볼비 기준 장거리 간섭 보호 반경은 3.5GHz 대역에서 17km 내외이다.

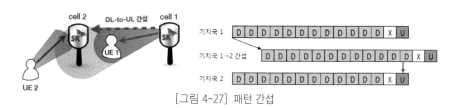

[그림 4-27] 패턴 간섭

4) NR PRACH 포맷 및 RACH 커버리지

셀 커버리지에 영향을 주는 또 다른 요소는 PRACH 포맷에 따른 커버리지이다. TDD 시스템에서는 UL slot이 시간 축에서 연속되어 배치되지 않으므로 사용 가능한 포맷이 제한적이다.

	Format	N_cp (Tc)	N_seq (Tc)	slot 수	coverage (km)
long seq.	0	3168κ	24576κ	2	14.5
	1	21024κ	2x24576κ	6	108
	2	4688κ	4x24576κ	9	22
	3	3168κ	4x6144κ	2	14.5
short seq.	A1	288κ	2x2048κ		0.9
	A2	576κ	4x2048κ		2.1
	A3	864κ	6x2048κ		3.5
	B1	216κ	2x2048κ		0.5
	B2	360κ	4x2048κ	1	1.1
	B3	504κ	6x2048κ		1.8
	B4	936κ	12x2048κ		3.9
	C0	1240κ	x2048κ		5.3
	C2	2048κ	4x2048κ		9.2

[그림 4-28] NR PRACH 포맷 및 커버리지 정리

위 그림은 NR PRACH 포맷과 그에 따른 커버리지를 나타낸다. Short sequence 포맷의 커버리지는 PRACH SCS가 15kHz일 때로, 다른 SCS를 사용한다면 커버리지가 감소된다. 협의된 4:1 구조 (DDDSU)에서는 UL slot이 한 개만 배치되므로 long sequence 포맷을 사용할 수 없으며 최대 RACH 커버리지는 9.2km이다(LTE RACH 커버리지는 14km 내외).

그렇다면 왜 PRACH 포맷이 커버리지에 영향을 주는 것일까? [그림 4-28]은 PRACH slot은 아래와 같이 CP Cyclic Prefix - SEQ Sequence - GT Guard Time으로 구성된다.

셀 커버리지에는 ① TCP-delay spread와 ② TGT 중 최솟값이 영향을 준다. ① cell edge 사용자가 전송한 SEQ의 delay spread된 신호가 다음 slot에 영향을 미친다. Delay spread가 심볼 CP 안에 들어와야 하므로, TCP - delay spread 로 커버리지가 결정된다. ② TGT는 Edge 사용자가 전송한 RACH 신호가 도달할 수 있는 시간을 의미하며, RTD(round trip delay)로 커버리지가 결정된다. 따라서 RACH에 따라 결정되는 셀 커버리지는 다음과 같다.

: $min(T_{cp}-delay\ spread, T_{GT})\times 3\cdot 10^8/2$.

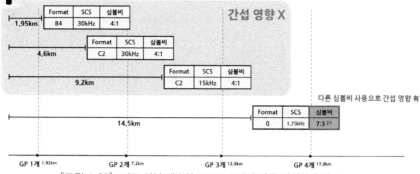

[그림 4-29] 가드 심볼 개수와 RACH 포맷에 따른 커버리지 비교

위 그림은 가드심볼(GP) 개수와 RACH 포맷에 따른 커버리지를 비교하여 보여준다. 현재 DDDSU 구조에서는 가드 심볼을 3개까지 늘렸을 경우 9.2km까지 간섭 영향 없이 사용 가능하다. 하지만 이 이상의 커버리지 지원을 위해서는 Long sequence PRACH 포맷을 사용해야 하며 UL 슬랏을 2개 이상 연속적으로 배치하여야 한다. 따라서 DDDSU 구조와 다른 심볼비 구조를 사용해야 하고, 심볼비 혼용으로 인한 간섭 영향이 있다.

1.5 NR Peak Throughput

LTE 최대 속도 기반 이론적으로 계산되는 peak throughput 수치는 다음과 같다. 주목해야 할 점은 LTE와는 달리 NR에서는 시스템 관점 peak throughput과 개별 단말 관점 peak 속도가 다르다는 것이며, 이를 가능하게 하는 것이 MU-MIMO 기술이다.

1) 시스템 관점

주파수	4G 최대속도	대역폭 가정	MIMO	심볼 비	5G 최대속도(T/P)
3.5GHz	200Mbps @256QAM 2T2R	100MHz	16-Layer	4:1	**6Gbps 이상** 200Mbps x 5배 대역폭 증가 x 8배 MIMO 증가 x 3/4 심볼 비
28GHz		800MHz	4-Layer	4:1	**12Gbps 이상** 200Mbps x 40배 대역폭 증가 x 2배 MIMO 증가 x 3/4 심볼 비

수치적으로 위와 같으며, Peak 속도의 가장 큰 관건은 실제로 MU-MIMO 16 Layer의 동작 가능 여부이다. 16 Layer 동작하기 위해서는 UE가 공간적으로 분리되어 UE 간 간섭이 적어야 한다.

2) 단말 관점

주파수	4G 최대속도	대역폭 가정	MIMO	심볼 비	5G 단말 최대속도(T/P)
3.5GHz	200Mbps @256QAM 2T2R	100MHz	4-Layer	1:1	**1.5Gbps 이상** 200Mbps x 5배 대역폭 증가 x 2배 MIMO 증가 x 3/4 심볼 비
28GHz		800MHz	2-Layer	1:1	**6Gbps 이상** 200Mbps x 40배 대역폭 증가 x 1배 MIMO 증가 x 3/4 심볼 비

3) NSA/SA 구조

NR은 높은 대역의 주파수를 사용하기 때문에 LTE보다 셀 커버리지가 좁고 더 많은 수의 셀 투자가 필요하다. 따라서 5G 조기 구축을 위해 기존 LTE 망을 활용한 Non- Standalone(NSA) 구조가 도입되었다.

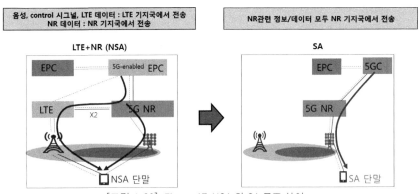

[그림 4-30] Figure 17. NSA 와 SA 구조 차이

NSA와 SA의 차이는 크게 다음 세 가지이다.

NSA에서는 5G core가 없다: 5G-enabled EPC를 활용한다.

NSA 단말은 paging, SIB system information block을 LTE eNB를 통해 받고, 핸드오버 등을 위한 NR measurement report를 eNB를 통해 전송[6]한다.

NR에서는 SDAP 계층이 새롭게 추가되어 데이터 bearer와 QoS flow 간 맵핑 관계를 설정하고 관리한다. NSA 표준 패키지에는 SDAP 표준은 포함되어 있지 않다.

단말 입장에서 가장 큰 차이는 control 시그널들을 eNB를 통해 받는다는 것이다. 즉 초기 호 접속까지 LTE와 NR이 수행하는 역할은 다음과 같다. ① LTE 통해 paging 수신 → ② NR SSB 수신 → ③ NR이 LTE 통해 단말에 SIB 전달 → ④ SIB 정보를 토대로 NR과 RACH 수행 (아래 그림 참조).

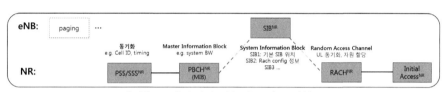

[그림 4-31] 초기 호 접속 시 LTE/NR 역할

NSA 도입 초기 LTE 모든 대역에 대해 Anchoring이 가능하도록 지원할 예정으로, LTE UL CA 불가 및 1.8GH MC-PUSCH 불가(UL 5M/10M 통합 RB 할당 불가)를 고려하여 UL 광대역 주파수인 2.6GHz 대역 20M을 우선 주파수로 권고한다. 현 LTE와 Load Balancing 정책을 고려하여, NSA 단말에도 LTE 단말과 동일한 주파수 정책을 적용한다.

프론트홀 용량: CPRI → eCPRI 변화

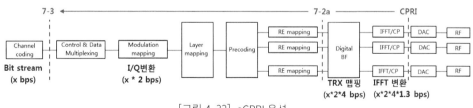

[그림 4-32] eCPRI 옵션

LTE 프론트홀은 PHY-RF 사이에 CPRI 인터페이스를 통해 구성되어 안테나 개수, sampling rate, sample당 bit 수 등으로 인해 고정된 용량이 항상 전송되었다. 하지

6　NSA는 bearer 기반 전송이고, SA는 flow 기반 전송이다.

만 NR에서는 늘어난 대역폭과 massive mimo 등으로 인해 보내야 하는 정보가 급격하게 증가하여, 동일한 PHY-RF 분리 프론트홀 구조에서는 막대한 NR 프론트홀 용량을 감당할 수가 없다. 이를 해결하기 위해 NR에서는 DUH-DUL 간 기능 분리 지점을 상위로 올려 용량을 줄인다.

NR에서는 분리 구간이 상위에 있기 때문에, 무선 구간 변수에 따라 프론트홀 용량이 가변적이다. 분리 구간에 따라 영향을 주는 요소가 상이하며, 7-3의 경우 modulation level, PRB 사용량, 전송 layer 수에 따라 가변적이고 7-2a의 경우 PRB 사용량, 전송 layer에 따라 가변적이다. 예를 들어 7-3 구간 분리 시, 256 QAM, PRB 100% 사용 및 8 layer 전송할 경우(즉 최대 용량) 대략 12Gbps의 프론트홀 용량이 필요하다. 하지만 PRB 사용률이 60%만 되어도 7Gbps로 용량이 감쇄되며, 상용 무선 환경 고려 시 대부분 국소는 10 Gbps 이하 설계로 서비스 가능할 것으로 예측된다.

4) NR 시험 결과 및 인사이트

NR 장비를 활용한 시험[7]을 수행한, 그에 따른 결과는 다음과 같다.

주파수 대역	요소	결과
3.5GHz	전파 특성	장애물 회절 특성 LTE 1.8GHz와 유사 지상 감쇄 7dB+인빌딩 투과 감쇄 3dB 추가되나, active 안테나의 빔포밍 gain 등으로 수신 RSRP는 1.8GHz와 거의 동일
	커버리지	인빌딩 포함 서비스 반경: 원룸 지역 경우 100~150m, 상권은 150m ~ 200m 로 판단 LTE 대비 active 안테나로 인한 수평/수직 커버리지가 넓음 → 1.8GHz 와 Co-Loc 설계 가능
	MU- MIMO 동작	수평 방향: 단말이 위치한 환경에 따라 동작 여부가 다르며, 2 Layer 동작 기준 약 2.5배까지 용량 증가 수직 방향: 아파트에서 시험 결과, UE가 1층과 3층에 위치한 경우 MU-MIMO 동작
	망 설계 고려 사항	기존 안테나와 Active 안테나의 방사 패턴 및 Gain은 큰 차이가 있으며, 벤더별 빔 운영 방식, 패턴, Gain이 다르므로 설계 전 안테나 특성에 대한 고려가 필요함

---

7 3.5GHz는 H社 Pre-NR, 표준NR 장비로 시험, 28GHz는 S社 Pre-NR 장비로 시험

주파수 대역	요소	결과
28GHz	전파 특성	장애물에 따른 급격한 감쇄 지상 감쇄 25dB + 인빌딩 투과 감쇄 13dB 추가
	커버리지	LOS 여부에 따라 커버리지 결정됨 LOS 환경에서 OOS 커버리지는 650m이나, 전파 특성상 장애물에 의한 감쇄가 급격하며 DL 100Mbps의 커버리지를 위해 RSRP -89dBm 이상 요구됨
	망 설계 고려사항	전파 감쇄 증가로 O2I 서비스는 불가로 판단되며, 안정적인 도로 서비스를 위해 LOS 확보가 중요함

5) DUH 엔지니어링

요소	엔지니어링 기준
DUH	셀 용량: 2U 기준 36 셀 수용 Layer Pooling 기능을 통한 최대 용량 확보 초기 NR 투자 시 단말 및 Traffic 사용이 적어, DUH당 Max 셀을 수용하여 투자비 최소화
gNBID	LTE 대비 NR에서의 장비 종류 증가를 고려하여 장비 Type 구분자 1bit 추가
PCI	NR PCI는 총 1,008로 LTE 504개 대비 2배 증가되었으며, CRS- Free 효과로 Mod 충돌에 의한 영향은 LTE 대비 감소 3GPP 규격상 DMRS는 PCI Mod 4로 구성
Clock	1588v2 8275.1로 구성하여 CapEx 절감
프론트홀	5G 프론트홀 eCPRI 전송 용량은 LTE CPRI와는 다르게 Layer, RB 사용 수, Modulation Level에 따라 가변적 트래픽 등 상용 환경 고려 시, '28 년까지 대부분 국소는 10G 이하 2.5~10G로 가능하고, 트래픽 상위 국소 일부만 10G 초과 투자 필요

6) DUL 엔지니어링

설치 장소	엔지니어링 기준
지상	도심 지역 Traffic이 많아 용량 확보가 필요하거나 인빌딩 내 장비가 없어 커버리지 확장 필요 시 Active 장비로 서비스 도심권 안테나 추가가 불가하고 친환경 안테나 설치가 필요한 곳이나 외곽 소규모 커버리지, Open Area에는 Passive 장비를 설치하여 서비스
인빌딩	Passive Type의 PRU로 구성하며 PIMD 영향이 최소화할 수 있는 방식으로 서비스 3사 공용화로 TRX가 분리된 국소는 RX 안테나에 3.5G를 결합하는 방식으로 구성하고 TRX가 분리되지 않은 국소는 신규 포설을 원칙으로 함 유동인구가 많고 경쟁 이슈가 있는 백화점과 대형마트 등은 소출력 Active 장비를 활용하여 최대 용량을 제공하여야 함
지하철	지하 본선 구간: ① Active 장비의 벽면 설치가 불가능하고 ② 객차 내 동일 방향에 User가 분포하여 MU-MIMO 효과를 기대하기 어려우므로 PRU 장비로 구성. H/O RSRP 확보를 위해 객차 10량 기준 200m 이내로 장비를 배치하며 타사 공용화를 고려하여 위치 선정 및 관련 device를 개발 제공해야 함 승강장: MU-MIMO 효과를 고려하여 Active Type의 AAU 장비로 구성하며 승강장 Type(섬형, 상대형)과 객차 길이에 따라 장비 위치와 장비 수량을 결정 대합실: 급전선 포설을 최소화하는 방향으로 구성하며, Haul 형태의 open된 대합실은 Active 장비로 구성하고 미로 형태는 Passive+대출력 Ant 장비로 구성 (출입구와 역사내 사무실까지 서비스가 가능하도록 설계함). 또한, 유동인구가 많은 환승역과 환승로는 소출력 Active 장비를 이용하여 최대 용량을 제공함
KTX	터널 구간: 설치 이슈 고려하여 PRU 장비로 구성하며, LTE 수준 RSRP 확보를 위해 LTE 2.6G 와 Co-site 설치를 우선 고려함 지상 구간: 용량과 RSRP 확보를 위해 Active Type의 AAU로 구성하며 LTE 2.6G와 Co-site 설치를 우선 고려함

제5장

5G 주파수 대역

1.1 5G 통신 주파수 대역, 운용 형태의 분류
1.2 주변국 NR 대역 간섭
1.3 3.5GHz 주파수 분석
1.4 28GHz 주파수 영향 분석

1.1 5G 통신 주파수 대역, 운용 형태의 분류

5G 통신의 본격적인 도입을 앞두고 각국에서 사용되는 주파수 대역이 결정된 주파수 대역은 크게 두 가지로 나눌 수 있다.

하나는 6GHz까지의 주파수 대역으로 3GPP에서는 410MHz~7125MHz로 정의된다. 일반적으로 서브 6GHz대(sub-6GHz)과 서브 7GHz대(sub-7GHz)라는 대역이다. 이 주파수 대역은 LTE/LTE-Advanced에서 사용되어 왔던 주파수 및 Wi-Fi 등으로 사용되는 주파수이다. RF 특성 등에 관련된 기술적 과제를 비교적 한정하기 쉽거나 선택하는 주파수에 따라 3G(W-CDMA) 및 4G(LTE/LTE-Advanced)에서 사용되어 온 검증된 RF 자산을 유용할 수 있다는 등의 장점이 있다. 단점으로는 이미 이용이 진행되고 있기 때문에 합쳐서 넓은 주파수 대역을 확보할 수 없다는 점 등이 있다.

또 하나의 대역은 30GHz 부근에서 100GHz 정도까지의 주파수로 3GPP에서는 24250MHz~52600MHz가 정의되어 있으며, 밀리미터파 대역이라고 한다. 이 주파수 대역은 이용이 그다지 진행되지 않았기 때문에 넓은 주파수 대역을 확보하고 고속 대용량화에 대응하기 쉬운 장점이 있다. 단점으로는 대기 중에서의 감쇠가 크고 이동통신에서의 사용 실적이 부족하기 때문에 기술적으로 해결해야 할 과제가 많은 것 등이 있다.

또한, 운용 형태도 2개로 나누어져 있는데 하나는 비독립형(non-standalone; NSA)이라는 5G의 새로운 무선 통신 방식(New Radio; NR)과 LTE/LTE-Advanced를 조합해서 사용하는 운용 방법이며, 다른 하나는 독립형(standalone; SA)이라고 하는

5G NR 단독으로 기지국과 단말기 사이의 제어에서 데이터 송수신까지 하는 운용 방법이다.

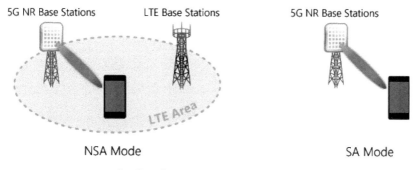

[그림 5-1] 5G NR의 NSA와 SA의 이미지

① 3GPP TS 388시리즈에 따름(2019년 11월 현재)

② 일반적으로 밀리미터파라고 하면 파장이 1mm~10mm, 주파수가 30GHz~300GHz 인 전파를 가리키지만, 현재의 5G 통신에서는 28GHz대 등 30GHz 이하의 주파수도 포함되며, 상한은 대략 100GHz까지의 대역폭을 대상으로 하고 있다.

1) 각국 주파수 대역, 운용 형태

각국의 사정에 따라 5G로 사용되는 주파수 대역, 운용 형태에 차이가 있다. 중국에서는 sub-6GHz 대역에서 독립형 운용 계획이 선행하고 있다. 이것은 세계 최초로 5G 통신의 상용화를 실시하여 5G 통신의 3대 특징 중 특히 기존의 4G에서는 어려웠던 초고신뢰 저지연을 실현하는 것으로 증강현실(AR) 등 다양한 산업에서 5G 통신 이용에 연결해 가고자 하는 의도가 있다.

다른 나라에서 다양한 대역, 운용 형태가 검토되고 있지만, 밀리미터파 대역을 활용한 비독립형 운용 계획이 선행하고 있다. 이것은 5G 통신의 3대 특징 중 주로 고속 대용량의 실현에 우선도가 높으며, 미국에서는 고정 브로드밴드 회선의 이용, 일본과 한국 등은 인구 밀집 지역의 Data throughput 개선 목적이 있는 것으로 추측할 수 있다.

	Sub-6 GHz 대역 600 (n71) / 700 (n28) MHz, 2.5 (n41) /3.5 (n78) /4.5 (n79) GHz 등	밀리미터파 대역 28 (n257) / 39 (n260) GHz 등
Standalone (SA)	미국, 중국	
Non-Standalone (NSA)	미국, 유럽, 일본, 한국	유럽, 일본, 한국

*:반절표순, 2018년 9월 현재

[그림 5-2] 운용 형태

기존의 3G/4G(LTE)와는 달리, 5G(5세대 이동통신 시스템)의 등장으로 무선뿐만 아니라 유선까지 끌어들이는 네트워크(사회 인프라)의 커다란 혁신이 일어날 수 있다.

5G 이노베이션은 다양한 산업 분야에 그 영향을 미쳐(5G 이용 · 활용), 자동차 업계에서는 자동 운전, 커넥티드 카의 개발을 가속시켰으며, 5G를 이용한 IoT(Internet of Things·사물인터넷)에서는 [그림 5-1]과 같이 자동차는 물론 의료, 보안 · 방범, 건설(원격 제어), 엔터테인먼트, 농업 등 다양한 분야로의 이용이 검토되어 이미 실증 실험도 시작되고 있다.

이 외에도 5G 이용·활용 분야로서 헬스 케어, 관광, 물류, 소매·서비스, 임업매·축산매·수산, 보험, 가전 등에 이용하는 것도 검토되고 있다.

또한, 5G를 이용한 다양한 서비스(IoT/5G 이용·활용의 서비스)의 등장으로 트래픽이 증가하여 그 영향은 무선 액세스 구간뿐만 아니라 기지국, 전송 장치 및 데이터 센터(Data Center) 등에도 미치고 있다.

안리쓰는 5G 혁신을 지원하는 무선(Wireless)에서 유선(Wired)까지 풍부하고 확실한 기술을 가지고 있다.

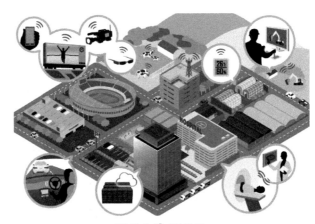

[그림 5-3] 5G SVC

2) 시그널링이란?

기존의 3G 그리고 4G(LTE)에서 스마트폰(Mobile Phone)으로 전화를 걸 때 전화 번호를 입력하고 상대를 호출하여 상대방이 전화를 받으면 통화 상태가 된다. 이 일 련의 상호작용에서 스마트폰, 기지국, 그리고 통신 상대의 스마트폰 사이에서 통신 하기 위한 절차 및 약속이 있다. 이것을 시그널링이라고 한다. 예를 들어 실제 스마 트폰(Mobile Phone)과 기지국 사이에서 시그널링에 의해 통신 상대의 정보(통신 대 역폭, 부호화 방식 등)를 취득하고 있다. 이 시그널링은 기존의 3G 그리고 4G (LTE) 에서 각각의 규격으로 규정되어 있다.

그리고 5G 시그널링도 3GPP에서 표준화되어 있다. 5G는 고속 대용량, 다중 연 결, 저지연(low-latency)뿐만 아니라, 4G와 병행하여 사용하는 것이 검토되고 있어 더욱 복잡한 시그널링이 필요로한다. 이 복잡화되는 시그널링에 대해 5G 칩셋, 무 선 통신 모듈, 스마트폰 등의 단말기를 개발하는 업체는 시그널링 중에 데이터 통신 등에서 송수신되는 메시지의 평가(메시지가 정상적으로 통지되어 있는지 등)와 시 그널링 중인 RF 평가(테스트, 측정, 계측)가 지금 이상으로 더 필요로 한다.

3G 그리고 4G에서 고객과 면대면으로 다양한 경험을 쌓아, 직면하는 어려움을 함께 극복해 왔다. 이 경험에서 체득하고 쌓아 올린 시그널링 및 RF/프로토콜 시험 을 포함한 다양한 기술 및 노하우는 5G 제품 개발과 5G 혁신에 기여하고 있다.

3) 5G 주파수 현황

5G 주파수 현황

5GHz 대역 주파수 현황

3.5GHZ 대역 현황

28GHz대역 주파수 현황

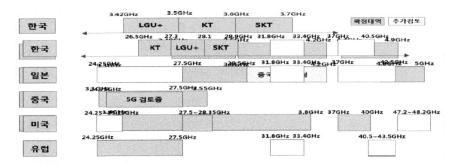

[그림 5-4] 5GHz 주파수

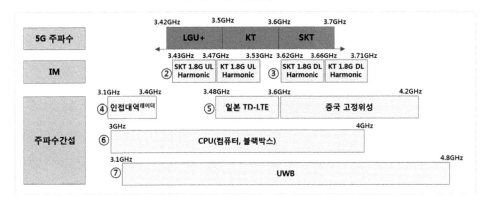

[그림 5-5] 5G 주파수 대역

3.5GHz 주파수 영향 요소는 IM Intermodulation과 각종 주파수 간섭 요인이 있다.

첫째, IM 간섭은 ① LTE 주파수 IM 영향 ② 단말 관점의 1.8GHz LTE UL 2nd Harmonic ③ 1.8GHz LTE DL 2nd Harmonic 등이 있다. 둘째, 주파수 간섭은 ④ 인접대역 레이더 ⑤ 주변국 일본 TD-LTE 동일 대역 ⑥ 주변국 일본 NR 동일 대역 ⑦ 생활기기(3~4GHz 대역 CPUPC, Black Box 등) ⑧ UWBUltra Wide Band ⑨ 위성대역 보호 등이 있다.

주파수 영향도를 파악한 결과, 당사 할당 대역은 ① LTE 주파수 IM과 ⑤ 주변국 NR 동일대역 간섭, ⑨ 위성대역 보호에만 영향을 받는다.[1]

---

1   이 외 영향 요소들은 Appendix A-1 참조

4) 기존 LTE 주파수 IM 영향

현재 사용 중인 LTE 주파수와 공중선을 공유하여 결합/활용 시 전 대역에서 IM이 발생하여 기존 주파수와 결합은 지양하는 것이 바람직하다. 금번 할당된 3.6GHz~3.7GHz에서는 2.6GHz를 제외하고 결합 시 IM 영향이 낮게 나타나 급전선 결합 가능성도 있으나, 운용 측면에서 VoC 발생 등 Side Effect가 예상되어 결합 최소화가 권고된다.

이론적 분석 결과 아래와 같이 3.5GHz 전 주파수 대역에서 IM 발생한다.

IM 대역	3.5GHz(3.4~3.5GHz) f0		3.6GHz(3.5~3.6GHz) f1		3.7GHz(3.6~3.7GHz) f2	
800M	3차 IM 5차 IM	2B1- f0 f0-2B7-B3+B5 등 다수	5차 IM	2f1-B7-2B3 등 다수	3차 IM	f2-B7-B3
1.8G	3차 IM 5차 IM	2f0-B5 2f0-2B1-B5 등 다수	2차 IM 3차 IM 5차 IM	f1-B3 f1-2B7등 다수 f1-B7-3*B5 등 다수	5차 IM	f2- 2B3+2B5
2.1G	5차 IM	f0-2B3-2B5 등 다수	5차 IM	f1-2B7+2B3등 다수	3차 IM 5차 IM	f2-2B5 f2-3B1+B5 등 다수
2.6G	3차 IM 5차 IM	f0-B3+B5 2f0-2B5-B7 등 다수	5차 IM	f1-B7-2B1+B5 등 다수	5차 IM	f2-B7- B1+2B3 등 다수

[표 5-1] LTE 주파수 + 3.5GHz 결합 시 → LTE 주파수 IM 영향

구 분	3.5GHz(3.4~3.5GHz)	3.6GHz(3.5~3.6GHz)	3.7GHz(3.6~3.7GHz)
2nd Harmonic	-	B7+B5	2B3
3rd IM	2B1-B5 2B7-B3	2B7-B3 B7-B3-B5	B7+B3-B5
5th IM	B7-B3+3B5 B7 10M-3B7 20M+B5 등 다수	B7-B7 20M+B3+2B5 3B7 10M-B720M-B3 등 다수	2B7 10M+B7 20M- 2B1 3B7-2B1 등 다수

[표 5-2] 기존 LTE 주파수, 3.5GHz 대역 IM 영향

LTE 주파수 LTE 전 대역 결합 → 3.5GHz 대역 영향

전체적으로 3.5GHz 전 대역의 IM이 상승하나 1.8GHz 2차 Harmonic 영향은 미미하게 나타나며, 3차, 5차 IM의 경우, 3.5GHz 당사 대역이 상대적으로 영향이 적게 나타남

▶시뮬레이션 결과:

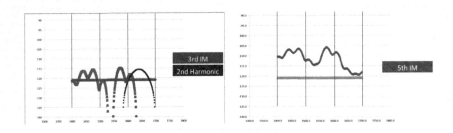

★ 3rd −150dBc, 5th −165dBc, RBW(200KHz) 기준, 단, 3.5GHz 영향은 Thermal Noise Level에 따라 다름

▶실측 결과:

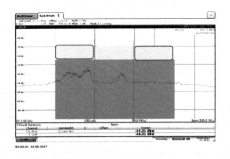

3rd/5th IM이 주 원인으로, 2.6G 또는 1.8G Off 시 Noise Rise 사라짐

또한, 2.6G, 1.8G 출력을 40dBm 이하 적용 시 영향은 미미, 2nd Harmonic 영향은 매우 적어 상대적으로 당사 할당 대역의 영향이 낮음

★ 3.5G는 2.6G와 결합 후 분배 3단에서 800M~2.1G과 결합

LTE 주파수 LTE 결합/2.6GHz 제외 → 3.5GHz 대역 영향

2.6GHz 제외 시 기존 대역에 의한 3.5GHz 대역의 영향은 미미하게 나타남

▶시뮬레이션 결과:

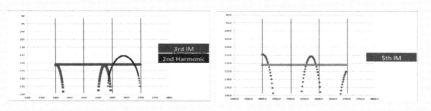

▶실측 결과:

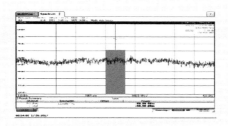

2.6GHz 제외 시 3.5GHz 대역의 영향은 미미함

*3.5G는 2.6G와 결합 후 분배 3단에서 800M~2.1G과 결합

※ LTE + 3.5GHz 결합 → LTE 대역 영향 2.6GHz 제외 결합

3.5GHz 대역과 결합 시 기존 전체 대역에서 IM 발생

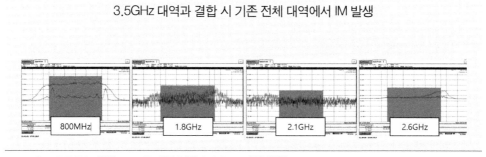

※ LTE + 3.5GHz 결합 → LTE 대역 영향 2.6GHz 제외 결합

2.6GHz 제외한 기존 대역과 3.5GHz 대역 결합 시 2.6GHz 포함하는 경우 보다 800MHz
와 1.8GHz의 영향은 5~10dB 수준 하락하며, 3.5GHz 중 당사 대역의 영향이 상대적으
로 낮음

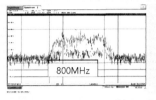 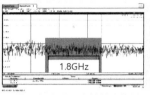 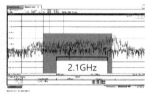

[그림 5-6] 주파수 1M 영향

5) Lab 시험 결과

구 분	PIM -120dBc	800M	1.8G	WCDMA	2.1G	2.6G(20M)	2.6G(10M)	3.5G
-140dBc 이상	3.5G Off	-102.5	-101.9	-108	-103.4	-102.5	-105.6	-92.38
-120dBc 수준	3.4~3.5 ON	-82.96	-89.73	-107.3	-102.5	-89.82	-94.48	-77.23
	3.5~3.6 ON	-76.76	-87.28	-107.3	-101.2	-98.94	-98.35	-80.38
	3.6~3.7 ON	-77.87	-89.14	-105	-94.96	-101.2	-93.53	-83.76
-100dBc 수준	3.4~3.5 ON	-69.47	-75.29	-100.1	-96.81	-81.10	-79.94	-62.75
	3.5~3.6 ON	-70.92	-73.43	-105	-99.92	-99.67	-84.12	-68.50
	3.6~3.7 ON	-69.57	-75.23	-95.74	-92.57	-96.25	-83.34	-78.68
추가 시험 Case	종단안테나 구성시 약 5dB 추가 하락, 3.5GHz 분배기 교체시 기존 구형 분배기와 측정결과 유사							

[표 5-3] 주파수 별 결과

1.2 주변국 NR 대역 간섭

일본이 3.6~4.2GHz 대역을 NR 대역으로 검토 중으로, 해당 대역 주파수 할당 시
당사 대역과 서로 간섭 영향이 있다. 특히 여름철 발생하는 덕팅 효과 등으로 간섭
영향이 커질 수 있으나, NR에서는 빔포밍 사용 등으로 셀 간 간섭 영향이 LTE 대비
낮다.

1) 위성 대역 보호

3.7~4.2 GHz가 위성 하향 링크 통신으로 할당되어 있으며, 위성 지구국 보호가 필수이므로 통신 사업자의 NR 불요파가 위성 지구국에 간섭 영향을 주지 않아야 한다. 당국의 경우 위성 지구국이 모두 읍/면에 위치하여 NR과의 공존 가능할 것으로 판단된다.

2) 28GHz 주파수 Clearance

28GHz 주파수 주 간섭 요인은 ① 차량 충돌 방지 레이더, ② ESIM[2] 주파수가 있으며, 각 요인별 분석 및 시험을 통해 영향도를 검토하였다. 검토 결과, 당사 할당 대역엔 ② ESIM 주파수만 영향을 준다.[3]

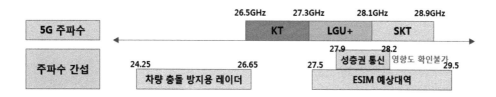

3) ESIM 간섭[4]

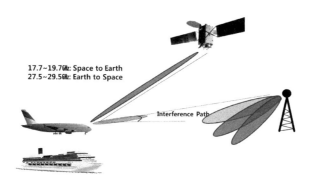

17.7~19.7㎓: Space to Earth
27.5~29.5㎓: Earth to Space

Interference Path

ESIM은 항공기/선박 parked 상태에서 NR 기지국/단말 영향이 발생하므로 항공기 주변 최대 79.5dB, 선박 주변 최대 36.1dB 수준 Thermal Noise 상승이 예상되며,

---

2   ESIM(Earth Station in Motion) : 선박/항공에서 Ka Band를 사용 10~50Mbps 속도 가능한 이동 위성 지구국

3   그외 영향 요소 Appendix A-2 참조

4   27.5~29.5GHz의 ESIM 활용 및 성층권 통신의 대역 변경은 WRC 1919년 12월에서 주요 Agenda로 논의될 예정
ETRI의 2017년 IEEE 기고 논문 및 GSA (Global mobile Supplier Association)의 미국 FCC Report

이를 고려한 사용 장소 및 이격 거리 조건 등 기술 기준이 요구된다. 선박 ESIM의 경우 이격 거리를 적용하면 공존이 가능할 것으로 판단되며, 항공 ESIM의 경우 항공기 이착륙 시 영향이 있을 수 있다. 항공 ESIM의 경우 NR 기지국과의 공존을 위해 사용 가능 고도를 제한하려는 시도가 있다.

1.3 3.5GHz 주파수 분석

1) 3.5GHz 주파수 영향

LTE 1.8G UL에 의한 단말 영향

분석 결과
단말에서 LTE/5G 동시 사용 시 1.8G 단말 송신에 의한 3.4 ~ 3.6GHz TDD 수신 대역에 2nd Harmonic으로 인한 영향이 발생할 것으로 예상된다. (단 LGU+ 1.8GHz 대역은 2G Fadeout 이 후 LTE 광대역 전환 가정)

구분	1.8GHz 상향 대역	3.5GHz 영향: 2nd Harmonic
SKT	1,715~1,735MHz	3,430~3,470MHz (ⓓ대역)
KT	1,735~1,765MHz	3,470~3,530MHz (ⓓ~ⓑ대역)
LGU+	1,765~1,785MHz*	3,530~3,570MHz (ⓑ대역)

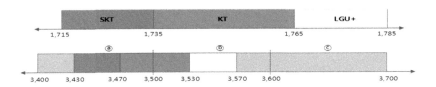

2). LTE 1.8GHz DL 2nd Harmonic

Air Coupling에 의한 간섭으로 품질에 대한 영향은 미미한 수준이다. 공공 대역 사용 레이더 간섭주 영향 대역: 3.42 ~ 3.46 GHz(약 40MHz 예상)

방탐 내역: 강원도 동해항 ETRI 시험 시(18. 2. 22) 레이더 신호를 방탐하여 분석

한 결과이며, 10Km에서 1 ~ 4FA on 시 Throughput 이슈는 없다. 레디어 운용 규범 10Km에서 5~7FA까지 사용할 수 있을 것으로 예상되나, 간섭 영향을 줄이기 위해 7FA OFF 검토 중으로 6FA On을 가정하여 Spurious 간섭 영향을 예측하였다.

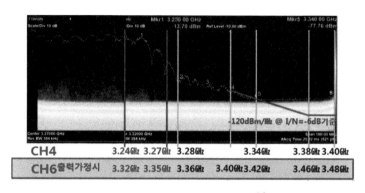

[그림 5-7] 레이더 간섭 파형

■ 레이더 제원

주파수 대역: 3.1 ~ 3.5GHz, FA당 40MHz

| 3.1GHz | 3.4GHz | 3.42GHz | 3.5GHz | 3.6GHz | 3.7GHz |

| 레이더 | LGU+ | KT | SKT |
| 1FA 2FA 3FA 4FA 5FA 6FA 7FA | | | |

출력: Peak 4~6MW, 평균 57Kw

운용 Manual: 내륙 기준 60Km 이상 구간은 7FA 모두 활용 Full Power, 60Km 이내는 4개 또는 3개 FA Low Power 활용(특수 상황 시 조건 변동)

동일 레이더 활용 장비 동선: 속초 ~ 울릉도~진해/부산~제주 등 동남 해안 예상

■ 레이더 시스템 Duty Cycle 예상

탐지거리	PRI Pulse Repetition Interval	Pulse width (6.4~51 μs)	Duty Cycle 예상
최소	67μs	6.4μs	9.6%
최대	6.7ms	51μs	0.8%

※Pulse width 는 Target 거리에 따라 가변

■ 영향 정도

Normal Case 과기정통부 제시 기준(10km ~ 90km)

10km지점에서 7번 채널 off, 저출력 800KW 방사하며 3.4㎓의 Spurious 는 열잡음 I/N=- 6dB 대비 30dB 높은 수준 Duty Cycle 2%, 당사 시험결과 반영이고, 50km 지점에서 7번 채널 off 시, 3.4 ㎓의 Spurious는 열잡음 I/N=-6dB 대비 24.5dB 낮은 수준 Duty Cycle 2%, 당사 시험 결과 반영으로 간섭 영향 없음 예상(90 km이상) 원거리에 따른 간섭은 없을 것으로 예상되나, 해상 항로 및 도서 지역은 간섭 영향이 예상되어 정부 관련 부처에 간섭 영향 영역 구체화 필요

Worst Case:운용 규(10km 이내 출력 Off와 별개로 10km 이내 최대 출력 방사 6MW 가정[간섭 영향 지역 (T-EOS 활용 Cell Plan 기반 예상도]

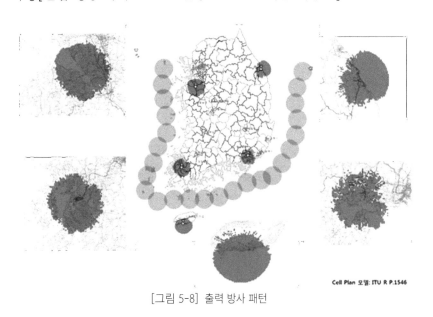

[그림 5-8] 출력 방사 패턴

■ 간섭 영향 예상 범위 반경

구분	Normal Case	Worst Case
평택항	약 ~10km	약 ~24km
목포항	약 ~5km	약 ~21km

구분	Normal Case	Worst Case
진해항	약 ~8km	약 ~14km
제주항	약 ~9km	약 ~16km
동해항	약 ~9km	약 ~16km

간섭 영향도 3.5GHz 전국망 고려하여 기존 1.8GHz 국소 기준/면적 기준 비율 산출

▶ 공공 주파수 사용 레이더에 의한 영향은 3.4GHz 대역 내 약 40MHz(3.42~3.46GHz) 대역폭에서 예상되며, 3.5GHz 이상 대역에서는 영향이 없을 것으로 예상된다.

구분	1.8 GHz 전체 국소 전국면적(㎢)	영향 예상 국소면적(㎢) (Normal~Worst)	영향 비율면적(㎢) (Normal~Worst)
평택항		212322~18771835	0.17%0.3% ~1.52%1.8%
목포항		7686~9181380	0.06%0.1% ~0.74%1.4%
진해항	123,331100,210	413205~1568847	0.33%0.2% ~1.3%0.8%
제주항		473227~1425607	0.38%0.2% ~1.2%0.6%
동해항		436269~1010784	0.35%0.3% ~0.82%0.8%
해상/도서지역 제주		~820884	~0.67%0.9%
제외			
계		16101109~76186336	1.29%1.1% ~6.25%6.3%

3) 군 공항 레이더 간섭

주 영향 대역: 3.4GHz~ 3.7GHz 이상

방탐 내역: 공항에서 항공기 이착륙을 위한 감시 레이더 용도로 3.4GHz 이상 대역을 사용 중인 것으로 추정되며, 전국 17개 군 공항 중 서울공항, 청주공항에서 간섭 신호를 확인하였다.

공항명(지역)	민항/군용	간섭발생여부	비고
서울공항(경기)	군용	O	3.35~3.5GHz 발생
수원공항(경기)	군용	X	
오산공항(경기)	군용	X	
평택공항(경기)	군용	X	
군산공항(전북)	민항 + 군용	X	
원주공항(강원)	민항 + 군용	X	
강릉공항(강원)	군용	X	
광주공항(광주)	민항 + 군용	X	
김해공항(부산)	민항 + 군용	X	
사천공항(경남)	민항 + 군용	X	
대구공항(대구)	민항 + 군용	X	
예천공항(경북)	군용	X	
서산공항(충남)	군용	X	
중원공항(충남)	군용	X	
청주공항(충남)	민항 + 군용	O	3.35~3.5GHz 발생
성무공항(충북)	군용	X	공군사관학교 비행장
포항공항(경북)	민항 + 군용	X	해군보유

[그림 5-9] 전국 군 군공항 현황 및 방탐 결과

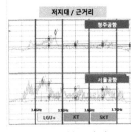

저지대/근거리

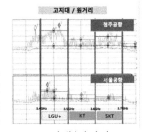

고지대/원거리

▶ 레이더 ANT는 UP– Tilt 5 ~ 30도 가량 되어 있어 고지대 영향이 클 것으로 예상되며, 간섭 범위는 반경 약 1.5Km 이내에서 영향을 받을 것으로 예상된다.

구분	Peak 측정값 MHz 당	열잡음 I/N=-6dB 대비	비고
서울공항	76.6dBm	9.3dB (▲)	근거리(100m
청주공항	72.7dBm	13.4dB (▲)	원거리(1.4Km)

4) 생활 간섭(노트북/Desktop/블랙박스/UWB)

컴퓨터 노트북, Desktop 및 블랙박스는 CPU에서 발생되는 Noise로 인한 불요파가 발생되며, 측정 기기의 CPU는 노트북 6대 2.3~2.6GHz, Desktop2대 3.3~3.6GHz, 블랙박스 3대0.8~1.6GHz Clock를 사용하고 있으며, 3.1~3.7GHz 대역에서 간섭 신호가 발생하였다.

주 영향 대역: 3.1 ~ 3.4 GHz(3.4~3.7GHz 대역에서의 영향 정도는 미미함)

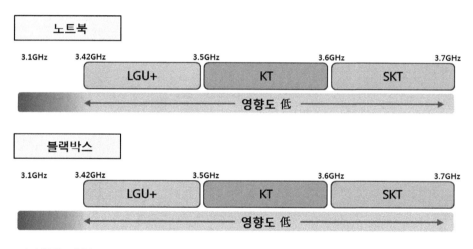

5) 방탐 내역

컴퓨터: Thermal Noise-94dBm/100MHz. 대비 Desktop에서 최대 19.5dBm 이상의 간섭 신호가 발생하나, 실사용 환경 노트북 상단, 테더링 조건에서도 1.3~16dB 발생

구분	Ther.Noise-94dBm/100MHz 대비 신호세기(dB/100MHz)			
	최근접	0.5m	1m	2m
노트북	1.5~14.7	1.3~9.4	1.5~8.4	-
Desktop	2.0~19.5	4.1~9.8	3.4~10.0	1.7~6.1

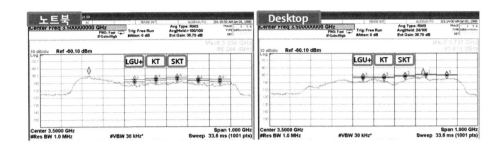

블랙박스: 최근 접시 최대 16dB 이상 간섭 신호가 발생하며, 아이나비 기종의 경우 약 0.5m 이상 이격 시 영향 없음.

제조사	Ther.Noise-94dBm/100MHz 대비 신호세기(dB/100MHz)			
	최근접	거치대	조수석	뒷좌석
뷰게라	2.7~4.0	12~1.5	미발생	미발생
하이웨이브	4.6~5.4	미발생	미발생	미발생
아이나비	12~16	3.1~3.5	3.1~3.8	미발생

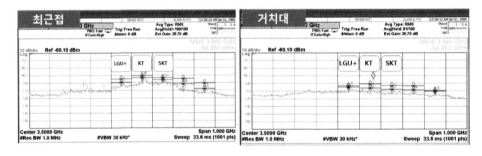

▶ 사용 CPU Clock과 무관하게 3.5GHz 전대역에서 간섭 신호가 발생하며, 제품별 차이는 있으나 최대 2m 이상 이격 시에도 간섭 신호가 발생하였음.

6) 일본 대마도 공군 레이더 간섭

주 영향 대역 : 3.35 ~ 3.45 GHz

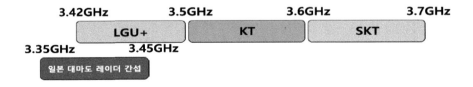

고객 영향: 발생 예상 Thp 10 % Loss 예상(시험 결과)

측정 결과: 부산 권역 방탐 결과(18.2~3월) 측정 3.5G 대역 불요파가 발생하고, 발생원 분석 결과 일본 방향에서 덕팅 효과에 의한 영향으로 추정된다.

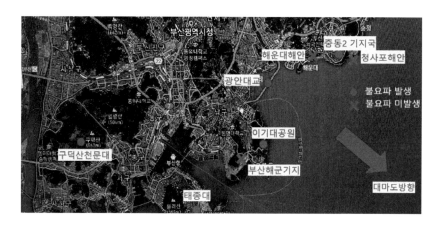

1.8G 일본 공군부대 불요파가 인입되는 지역 중심으로 방탐 결과 3.5G 대역에서도 간섭 신호가 확인되었으며, 특히 고지대/대마도 방향 LOS 환경에서 불요파가 강하게 인입 청사포 해안/해운대 등 저지대는 미발생되므로 일본 방향에서 덕팅에 의한 영향으로 판단하였다.

※ 1.8G 대역 일본 불요파도 덕팅 효과가 가장 활발한 4~8월에는 해안가까지 불요파가 인입되나 일반적으로 고지대에 주로 발생

추가로 레이더에 의한 간섭 신호를 확인하기 위해 부산 해군기지/구덕산 천문대 기상레이더 지역 방탐 시 간섭이 발생하지 않아 3.5G 간섭 신호는 부산 내 내륙에 지역에서 발생한 신호가 아니며 일본 대마도 방향에서 신호가 강하게 유입되는 것으로 추정하였다.

대마도 지역 간섭 신호 확인 결과 한국 및 일본 본토 방향에서 인입되는 간섭 신호는 없고, 대마도 내 공군부대 방향에서 한국에서 확인된 동일한 파형의 간섭 신호가 확인되어 공군 레이더에서 발생하는 간섭 신호로 최종 판단하였다.

▶ 1) 1.8G 일본 불요파 인입 지역에 3.5G 불요파 발생 2) 부산 내 발생원 없음 3) 대마도 지향 시 불요파 세기 증가에 따라 대마도를 발생원으로 추정

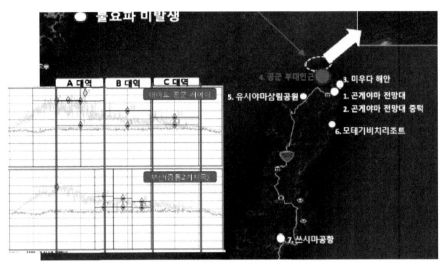

[그림 5-10] 대마도 방탐 지역 MAP

순번	지역	측정 위치	확인 사항(발생원)	3.5G 신호 확인	고도	해발(m)
1	대마도	곤게야마 전망대	일본본토 → 대마도	X	고	115
2	대마도	곤게야마 산 중턱		X	고	82
3	대마도	미우다 해안		X	저	32
4	대마도	공군 비행장 인근	대마도 내(공군 레이더)	O (레이더)	저	16
5	대마도	유시야마삼림공원	한국 → 대마도	X	고	173
6	대마도	모테기비치리조트		X	저	30
7	대마도	쓰시마공항	대마도 내 (공항 레이더)	X	고	65

[표 5-4] 대마도 방탐 결과

3가지 Case ① 한국 ② 대마도 내 ③ 일본 본토 확인 결과 대마도 내 공군 레이더에서만 불요파 확인

▶ 부산권에서 확인되는 3.5G 대역 불요파 발생원을 대마도 공군 레이더로 확인
▶ 고객 영향도 확인을 위해 중동 2기지국 3.5G 불요파 인입국소에 5G Test 장비로 시험 진행

3번 지역은 side lobe 지역이며
실질적인 Edge 지역으로 측정오차가 크게 발생함

- 이론적 최대 속도: 507.1Mbps(46:2기준)
- ELG 장비 제공 SPEC.
  - 3276 sub Carrier / 64QAM / 2Layer
  - Symbol비 : 46:2 / 24:24
- Lab Test 결과 DL 최대 506Mbps 수준
  UL 최대 11.8Mbps 수준임(46:2 기준)

[그림 5-11] 5G 전송 속도 시험 환경

< Thp 시험 결과 >

부산 해안가 간섭 대마도 Radar 신호 영향 시험결과 간섭영향이 큰 A대역 대비 B대역 결과가 양호하며, Lab 검증(분당) 결과 A대역과 B대역은 유사 수준으로 측정되었으므로, A대역은 B대역 대비 Interference에 의한 영향이 약 10% 수준 발생하는 것으로 측정됨

전송속도	DL(Mbps)				UL(Mbps)			
	전송속도 Max		전송속도 평균		전송속도 Max		전송속도 평균	
심볼비	A대역	B대역	A대역	B대역	A대역	B대역	A대역	B대역
46:2	454	500(▲46Mbp)	422	462(▲40Mbp)	11.8	11.8(-)	9.5	9.7(▲0.2Mbp)
24:24	224	234(▲10Mbp)	207	223(▲16Mbp)	91	108(▲17Mbp)	77.7	83.6(▲5.9Mbp)
46:2(Lab검증)	504	506(▲2Mbp)	500	505(▲5Mbp)	5.8	5.8	5.8	5.8
24:24(Lab검증)	267	271(▲4Mbp)	261	269(▲8Mbp)	54.1	53.6	54.1	53.6

BLER & HARQ	BLER 평균 (%)				HARQ 평균 (호당 회수)		SINR 평균 (dB)				단말 Tx Power(dBm)			
	DL		UL		공통		DL		UL		PUCCH		PUSCH	
심볼비	A대역	B대역	A대역	B대역	A대역	B대역	A대역	B대역	A대역	B대역	A대역	B대역	A대역	B대역
46:2	7.9	5	5.1	4.3	3.4	1.9	38	36.5	30	29	-75.3	-76.8	-72.2	-72.4
24:24	10	9.2	9.8	7	6.3	1.1	38.4	36.7	26.2	25	-75.0	-76.1	-72.6	-72.8

ELG Lab Test Max 값과 유사한 전송속도가 측정된 B 대역은 Reference 값으로 활용 가능

이론적 Max 속도	A대역 최고속도 Mbps	B대역 최고속도 Mbps	BW	TDD	Modulation	Layer	비 고
MCS 28, 46:2 기준 DL 507.1, UL 11.8	MCS 28 DL 454, UL 11.8	MCS 28 DL 500, UL 11.8	100M	46:2, 24:24	64QAM (DL/UL)	DL 2, UL 1	B대역을 Ref. Data로 고려

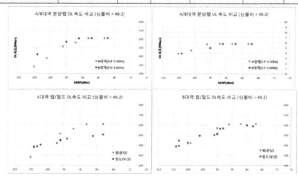

[그림 5-12] Thp 시험 결과

7) 일본 TD-LTE 간섭

주 영향 대역: 3.48 ~ 3.6 GHz

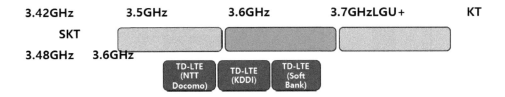

당사 대역 영향 정도: 없음

측정 결과

부산/경남 권역 방탐 시 일본 TD-LTE 신호는 인입되지 않음.

일본 대마도에서 방탐 시 일본 본토 직선거리 100Km 이상 방향에서 덕팅에 의한 TD-LTE

신호 확인, 추후 5G 서비스의 대마도 확대 시 국내로 불요파 유입 예상

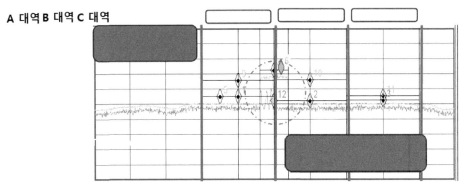

※ 대마도 내 TD-LTE는 서비스하지 않음, 확인 결과 일본 본토 내 용량 및 경쟁 관점

[그림 5-13] 대마도 방탐 결과

- Spot 단위로 투자

▶ 대마도 내 TD-LTE 서비스를 하지 않고, 일본 본토에서도 Spot 단위 투자가 이루어져
부산 쪽 인입 불요파는 없으나, 일본 5G 상용화 시 덕팅에 의한 불요파 영향은 향후
추가 검토 필요(5G 의 대마도 확장 시 영향 예상)

1.4 28GHz 주파수 영향 분석

1) 차량 충돌 레이더 간섭

주 영향 대역: 26.5 ~ 26.65GHz

차량 충돌 레이더 간섭 영향도 분석결과: 차량 충돌 방지 레이더에 의한 영향도는 1m 이격 시 11.8dB 간섭이 증가하고, 5m 이격 시 Thermal Noise 이하로 영향도가 미미하다.

국내 기술 기준	영향 분석
평균 전력 -41.3dBm/MHz(EIRP 기준) 불요발사 기준(26.65GHz~50GHz) - 61.3dBm/MHz 이하 인접대역 Mask 특성: -20dB(불요발사 기준) - 21.3dBm/100MHz 차량충돌 -41.3dBm/100MHz 방지 레이더 - 94dBm/100MHz(열잡음) 26.5GHz 27.3GHz 차량 충돌 방지 레이더 장착 차 5G 단말량 Max 23dBm/100MHz 1m일 때 약 65dB, 5m일 때 약 80dB 28GHz 대역 Path Loss(FLS 기준 적용 시) 	① 차량 충돌 방지 레이더 → 5G 단말 [26.5GHz ~ 26.65GHz 대역] ㅇ간섭 레벨(Thermal 대비) - 1m 이격: -82.2dBm/100MHz, 11.8dB 높음 - 5m 이격: -96.2dBm/100MHz, -2dB 낮음 * 열잡음: -94dBm/100MHz(-174dBm/Hz) [26.65GHz 이상 대역] ㅇ간섭 레벨(Thermal 대비) -1m 이격: -102.2dBm/100MHz, -8.2dB 낮음 ② 5G 단말 → 차량 충돌 방지 레이더 ㅇ간섭 레벨(Thermal 대비) - 1m 이격: -37.9dBm/100MHz, 57dB 상승 * 열잡음: -94dBm/100MHz(-174dBm/Hz)

2) ESIM 영향

■ 분석 Parameter(GSA 분석 기준)

Parameter	Land	Sea	Air	
			Airborne	Parked
ESIM Earth Station				
Height	3 m	10, 40 m	10, 5, 1 km	8 m
Minimum elevation angle	10 deg	10 deg	10 deg	10 deg
Transmitter				
Frequency	28.5 GHz	28.5 GHz	28.5 GHz	28.5 GHz
Off-axis EIRP	Table 3	Table 3	Table 3	Table 3
Signal bandwidth	100 MHz	100 MHz	100 MHz	100 MHz
Feed loss	0 dB	0 dB	0 dB	0 dB
ACLR				
50 - 100 % of bandwidth	25 dB	25 dB	25 dB	25 dB
100 - 250 % of bandwidth	35 dB	35 dB	35 dB	35 dB
> 250 % of bandwidth	46.5 dB	46.5 dB	46.5 dB	46.5 dB

[표 5-5] ESIM 단말 Parameter

Parameter	Base Station	User Equipment
Receiver		
Height	20 m	1.5 m
Pointing type	Fixed	Fixed
Azimuth angle	Varies	Varies
Elevation angle	-10 deg	0 deg
Gain pattern	Array	Array
Element gain	5 dBi	5 dBi
Element horizontal 3 dB beamwidth	80 deg	80 deg
Element front-to-back ratio	30 dB	30 dB
Element vertical sidelobe attenuation	30 dB	30 dB
Element vertical 3 dB beamwidth	65 deg	65 deg
Array elements (row x column)	16 x 16	4 x 4
Array horizontal element spacing	0.5	0.5
Array vertical element spacing	0.5	0.5
Channel bandwidth	100 MHz	100 MHz
Noise figure	6.5 dB	8.5 dB
Feed loss	2.5 dB	2.5 dB
I/N requirement	-6.0 dB	-6.0 dB
ACS		
1st adjacent	24 dB	23 dB
2nd adjacent	34 dB	33 dB
> 2nd adjacent	44 dB	43 dB

[표 5-6] 5G 기지국 Parameter

ESIM 위치	Airplane		Ship	
	기지국 영향	단말영향	기지국 영향	단말영향
10km	-18.3	-15.5	19.8	18.7
5km	-12.2	-9.4	26.1	24.9
1km	1.9	4.6	38.8	37.3
100m	79.5	49.96	36.1	41.9

[표 5-7] ESIM에 의한 5G 영향도(dB)

■ 분석 Parameter(ETRI 분석 기준, 선박용 ESIM 이격 거리 분석)

ESIM				5G base station		
parameter	**value**			**parameter**	**value**	
Transmitting power	36.99	dBm		Carrier frequency	28.9	GHz
Bandwidth	TX:29.5~30.0 RX: 19.7~20.2	GHz		Channel bandwidth	200	MHz
Spectrum mask	(spectrum mask table)	[9]		Antenna Height	15(Outdoor Suburban open space)	m, AGL
				Antenna Pattern	ITU-R M.2101	
Antenna gain	Tx 47.7/Rx 43.7	dBi		Element gain	5	dBi
Antenna height	40-50	m, ASL		Antenna array configuration	8×8	
Oriented angle	Azimuth: unlimited, Elevation: -20° to +115°	degree		Array Ohmic loss	3	dB
Antenna pattern	angle / Maximum e.i.r.p. per 40kHz	[10]		ACLR	27.5	dB
	$2° \le \theta \le 7°$ / $(19-25\log\theta)$ dBW			ACS	23.5	dB
	$7° < \theta \le 9.2°$ / -2 dBW			Noise figure	10	dB
	$9.2° < \theta \le 48°$ / $(22-25\log\theta)$ dBW			I/N	-6	dB
	$48° < \theta \le 180°$ / -10 dBW			Noise level	-114	dBm/MHz

[표 5-8] ESIM 단말 및 5G Parameter

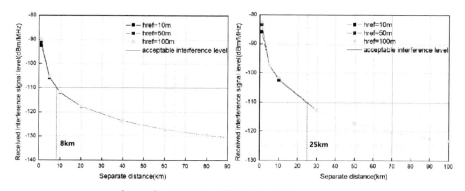

[표 5-9] 선박과 5G 기지국 이격 거리 Simulation

제6장

전파 특성 및 시험

1.1 NR 전파 특성 시험

1.2 NR 3.5GHz 성능 시험

1.3 성능 시험 방법

1.4 28GHz NR 성능 시험(Verizon Pre-5G 규격)

1.5 중국 China Mobile Massive MIMO 기술

06

차세대 이동통신 시스템

전파 특성 및 시험

PART

1.1 NR 전파 특성 시험

▶ NR 주파수 대역의 전파 감쇄는 기존 1.8GHz 대역 대비 3.5GHz 대역에서 약 6~7dB 수준의 추가 손실 고려가 필요하며, 28GHz 대역에 대해서는 약 25dB 수준의 추가 손실 발생

▶ 장애물들에 의한 회절 특성은 3.5GHz 대역의 경우 1.8GHz와 유사하며, 28GHz의 경우 약간의 장애물에도 급격한 감쇄가 나타나, LOS 확보가 망설계의 핵심 요소임.

▶ 인빌딩 투과 손실은 3.5GHz가 1.8GHz보다, 3dB 추가 손실 고려가 필요하며, 28GHz 의 경우 13dB 추가 손실 고려 필요

1) 전파 특성 측정 시험 환경 및 이론적 전파 모델

NR 대역 전파 특성 파악을 위해 밀집 도심 환경 강남구 선릉역에서 측정 진행하였으며, 기지국 높이는 15m로 주변 건물보다 낮다. 이론적으로 자유 공간 전파 손실을 보면, 1.8GHz 대비 NR 대역은 3.5GHz가 5.8dB, 28GHz가 23.8dB 추가 손실이 발생한다. 3GPP 제시 전파 모델에서는 1.8GHz 대역 대비 3.5GHz는 6.2dB, 28GHz는 25.4dB의 손실이 발생하며, O2I 시 추가로 손실이 발생한다.

2) 3.5GHz/28GHz 전파 특성 시험 결과

전파 실측 결과를 3GPP 전파 모델과 비교 분석 시 대체적으로 경향이 일치하며, 28GHz의 경우 150m 이상에서는 NLOS 모델보다 실측의 감쇄 폭이 낮게 나타난다 (아래 그림 참조).

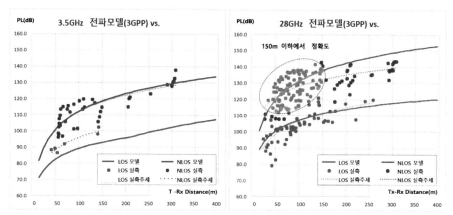

※ 시험 상세 내용은 Appendix B 참조

[그림 6-1] 전파 모델과 실측 결과 비교

특히 도심 장애물 전파 Blocking 시험 시 3.5GHz는 기존 대역 특성과 다르지 않
으나, 28GHz는 작은 장애물에도 매질에 따라 10~20dB의 급격한 전파 손실이 발생
한다.

[그림 6-2] 28GHz 대역 장애물 blocking 손실 (dB)

1.8GHz 대비 비교 항목	3.5GHz	28GHz
지상 추가 손실	-6~7dB	-25dB
장애물 회절 특성	기존 상용 주파수와 유사	급격한 감쇄
추가 인빌딩 투과손실	-3dB	-13dB

1.8GHz 대비 비교 항목	3.5GHz	28GHz
망 설계 고려 사항	회절 등 기본적인 전파 특성은 기존 운용 주파수(1.8GHz)와 유사 인빌딩 고려 시, 기존망(1.8GHz) 대비 약 -10dB 수준의 감쇄가 있으나, 5G에 적용된 빔포밍 이득 등 고려 시, ① 지상: 기존망 Co-Site 설계 시 서비스 확보 가능 예상 ② 인빌딩: 소폭 커버리지 감소	약간의 지형지물 장애물에 의해 NLOS 환경 발생 시, 급격한 전파 감쇄로 LOS 확보가 망설계의 핵심 고려 사항 인빌딩은 -38dB의 추가 감쇄 발생으로 O2I 서비스 불가능하며, 별도 설계 필요

[표 6-1] 기존 대역(1.8GHz) 대비 5G 전파 특성

1.2 NR 3.5GHz 성능 시험

1) 비표준 장비 사용

▶ 1.8G LTE vs 3.5G NR 커버리지 비교: NR 주파수 감쇄 특성 열위에도, 빔포밍 이득 등으로 NR RSRP가 LTE 보다 높게 측정됨.

▶ 인빌딩 커버리지: LTE보다 NR의 수평·수직 커버리지가 넓어 LTE와 Co-site 설계 시 중첩이 발생하며, 이를 고려한 적정 수준의 망 설계가 필요함.

▶ MU-MIMO 동작 시험: 두 단말 간 거리가 짧으면 오히려 빔 간 간섭으로 셀 용량이 감소하며, 이격 거리가 증가할수록 용량 효과가 커짐(최대 179% 성능 이득).

2) 3.5GHz Test망 시험 환경

Huawei 자체적으로 정의한 규격으로 개발된 3.5GHz 장비를 도입 활용하여 시험을 진행하였으며, 단말은 Outdoor 시험에 TUE를 활용하고, 인빌딩에 소형 CPE를 활용하였다. 3GPP NR 표준과는 Frame 구조 등에서 차이가 존재하므로 해당 시험 결과는 향후 망 설계 시 참고로만 활용 가능하며, 시험 장비의 이론적 최대 속도는 DL 속도 1.6Gbps, UL 속도 200Mbps 지원한다.

gNB DU_L (3.5GHz)	
주파수	3.4~3.6GHz
BW	100MHz
Output Power	80W(49dBm)
Ant Gain	24dBi
Total EIRP	73dBm
TRX 수	64개
최대지원 Layer	32Layer
DL/UL Modulation	256Q / 64QAM
무게	45kg
부피	860*390*170 = 57L

장점: 이동점 성능 안정적
단점: 부피 크고, 소모전력이 높음
※ 인빌딩 측정 불가

TUE(Test UE)	
Tx Power	23dBm
Ant Gain	3dBi
TRX	2T4R
DL/UL Layer	4/2 Layer
DL/UL Modulation	256Q / 64QAM
무게	36kg
부피	42L

장점: 작고 가벼워 인빌딩 측정 용이
단점: 이동성 미지원
※ 이동점 커버리지 성능측정 불가

CPE	
Tx Power	23dBm
Ant Gain	4dBi
TRX	2T4R
DL/UL Layer	4/2 Layer
DL/UL Modulation	256Q / 64QAM
무게	2.1kg
부피	4L

3) 3.5GHz 커버리지 성능 시험 결과

Service Outage 시험 결과 지상 도로 NLOS 위치의 약 1.1km 지점에서 RSRP −106dBm까지 감소하며, Outage가 발생한다. DL은 RSRP −60dBm 이상에서 1Gbps, −105dBm에서 50Mbps 서비스 가능하며, UL은 RSRP −80dBm 이상에서 200Mbps, −103dBm에서 10Mbps 서비스 가능하다.

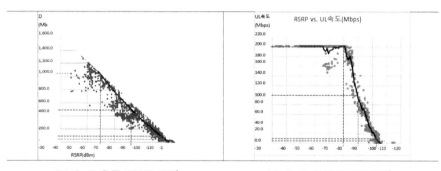

DL QoS 요구 RSRP 조건   UL QoS 요구 RSRP 조건

DL QoS	≥1Gbps	≥500M	≥100M	≥50M
RSRP	-60dBm	-82dBm	-102dBm	-105dBm

UL QoS	≥200M	≥100M	≥10M	SVC Out
RSRP	-80dBm	-90dBm	-103dBm	-106dBm

LTE와 NR 커버리지 비교를 위해 안테나 위치 및 방향을 동일하게 시설 후 인빌딩 Edge 시험을 수행하였다. 주파수 감쇄 특성 열위에도, 빔포밍 이득 등으로 인해 NR RSRP가 6dB 높게 측정되었다.

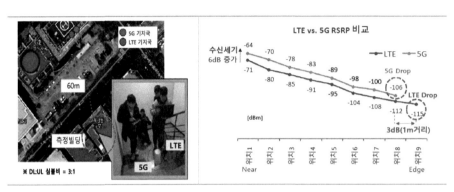

[그림 6-3] LTE 1.8GHz vs. 5G 3.5G 커버리지 비교 시험

4) 3.5GHz 인빌딩 커버리지 측정

① 상가 밀집 지역 분당 수내역: 커버리지 측정 결과 약 150m 거리까지 서비스 가능하며, LTE망의 용량 투자에 따른 결과로 기존 LTE Co-Site 커버리지 중 일부 커버리지 중첩이 존재한다. 커버리지가 넓은 안테나(NR 120º 벤더별 상이 vs. LTE 60º) 특성에 따라 Side 영역에서는 5G 14 RSRP가 더 높음에도 불구하고 NR이 먼저 Drop되는데, 이는 비표준 장비의 특성 때문으로 판단되며, 향후 표준 장비 시험 시 NR의 커버리지가 LTE보다 더 넓게 측정되었음.

커버리지가 더 넓게 나타나며, 초기 망 설계 시 이를 고려하여야 한다.

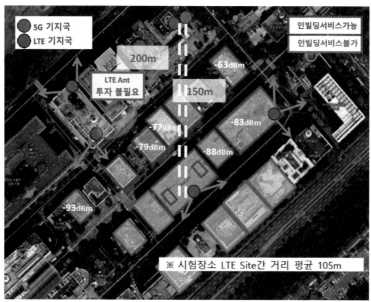

[그림 6-4] Figure 22. 분당 수내역 인빌딩 커버리지 시험

② 원룸 밀집 지역 신촌 대학가: 인빌딩 측정 결과, 6층 높이 국소에서 180m 반경, 3층 높이 국소에서 주변 NLOS 환경에 따라 100m 반경 서비스가 가능하다. 3.5GHz 도심 망 설계 시, Site는 LTE와 유사 수준으로 설계하되, LTE 안테나 섹터 중 반경 150m 내 Site 간 중첩되거나, 동일 Site 섹터 간 60도 이내 중첩 시 5G 셀 투자 대상 제외 검토가 필요하다.

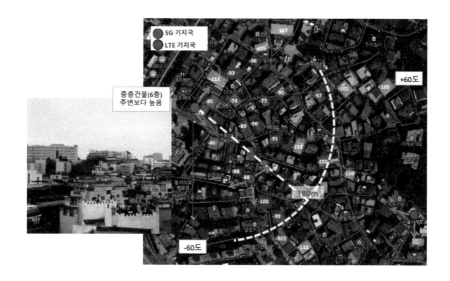

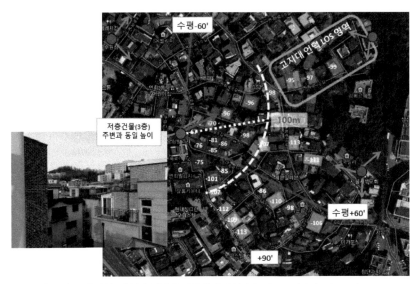

[그림 6-5] 신촌 대학가 인빌딩 커버리지 시험 (위: 6층 국소/아래: 3층 국소)

2Layer x 4UE를 활용한 8 Layer 성능 측정 결과 2 → 4 Layer 동작 시 용량 증가는 165%로 위 측정과 유사한 결과로 나타났다. 그러나 4 → 6 → 8 Layer 동작 시 용량 증가 비율은 미미하며, RB 할당은 증가하나 빔 간 간섭 증가 및 MCS 하락으로 용량 증가는 최대 1.8배 수준[1]이다.

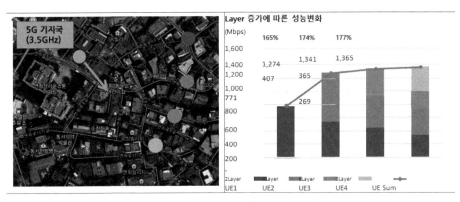

[그림 6-6] 2 Layer x 4 UE 활용한 MU-MIMO 시험 결과

38m 높이의 고층 건물에서 3UE 이상 강제 Pairing을 통한 MU-MIMO 동작 시험 결과, 시험 장비의 수직 빔 특성의 한계로 용량 증가 효과는 오히려 감소하는 것으

---

1 단, 해당 시험결과는 Test 장비를 활용한 결과로 향후 상용장비의 성능개선 추진

로 나타나나, 향후 고층 인빌딩에 최적화된 Vertical Beam Configuration을 활용한
추가 검증이 필요하다.

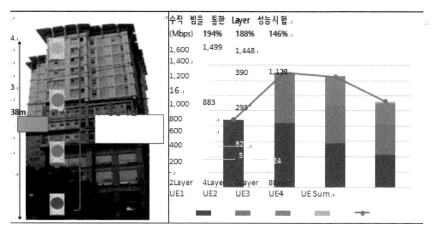

[그림 6-7] 2 Layer x 4 UE 활용한 수직 인빌딩 MU-MIMO 시험 결과

1.3 성능 시험 방법

1) 표준 64TRX 장비 사용

2.6GHzLTE vs 3.5GHzNR 커버리지 비교: 빔포밍 이득 등으로 NR RSRP가 LTE
보다 5dB 수준 높게 측정되며, NR 안테나의 수평 커버리지 이득으로 LTE보다 커버
리지 hole이 적게 발생함.

NR 커버리지 제약은 UL에서 발생하며, MKT 요구 조건 UL 5Mbps 만족을 위해
−109dBm이 커버리지 설계 기준으로 적정함.

속도 측정: DL 최대 속도는 1.4Gbps 수준이고, LTE Drop 지점까지 100Mbps를
유지하며, UL 최대 속도는 140Mbps 수준임.

LTE의 경우 인접 셀에 트래픽이 없어도 RSRP가 감소하여 이에 따른 속도 저하
가 발생하나, NR에서는 속도 저하가 발생하지 않음. 인접 셀에 트래픽이 있는 경우,
LTE는 사용자 위치 관계없이 SINR 항상 하락하나, NR은 빔포밍으로 인해 위치에
따라 SINR 하락 값이 다름

분산체가 적은 외곽에서는 Rank 2 초과 동작은 매우 적음.

해상 커버리지 측정 결과, LTE 대비 NR의 RACH 커버리지가 짧고 원거리 UL 속도가 NR에서 저하됨(현재 TDD 심볼비 구조 DDDSU의 경우 RACH 커버리지 9km 수준). NSA망 핸드오버 소요 시간은 intra-DU LTE HO의 경우 23ms, NR HO의 경우 24ms 수준 SSB 빔 패턴에 따라 셀 커버리지가 결정되며 국소별 셀 특성에 따른 최적 빔 패턴 존재

2) 시험 개요

시험 장비 및 단말 개요

5G NR 표준으로 구현된 H사 64TRX 장비를 활용하여 성능 시험하였으며, 차량에 탑재된 TUE로 도로 성능을 측정하고, 인빌딩 및 지하철은 CPE를 활용하여 측정하였다.[2]

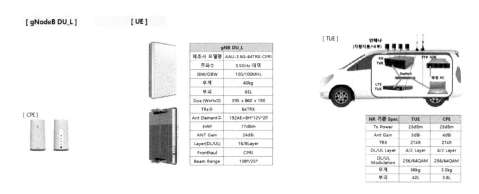

[gNodeB DU_L]   [UE]

gNB DU_L	
제조사 모델명	AAU-3.5G-64TRX-CPRI
주파수	3.5GHz 대역
IBW/OBW	100/100MHz
무게	40kg
부피	65L
Size (WxHxD)	395 x 860 x 190
TRx수	64TRX
Ant Element수	192AE=8H*12V*2P
EIRP	77dBm
ANT Gain	24dBi
Layer(DL/UL)	16/8Layer
Fronthaul	CPRI
Beam Range	108°/25°

[CPE]

[TUE]

NR 기준 Spec	TUE	CPE
Tx Power	23dBm	23dBm
Ant Gain	3dBi	4dBi
TRX	2T4R	2T4R
DL/UL Layer	4/2 Layer	4/2 Layer
DL/UL Modulation	256/64QAM	256/64QAM
무게	36kg	3.5kg
부피	42L	3.8L

3) NR 측정 개요: SS-RSRP&CSI-RSRP

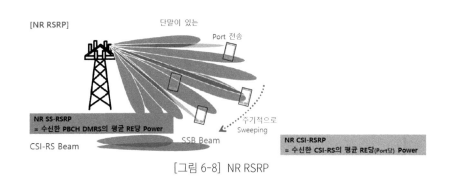

[그림 6-8] NR RSRP

---

2   LTE: 주파수 2.6GHz, 대역폭 10MHz, 출력 20W/Path, 안테나 1.8/2.1/2.6-15/16-65/65-9/8-TA-10-2P

SS-RSRP는 SSB17에서 받은 수신 파워의 평균으로 계산되며, 핸드오버를 위해 사용된다.

CSI-RSRP는 CSI-RS 수신 파워의 평균으로 계산되며, 채널의 상태 추정을 위해 사용된다. SSB Beam은 Wide Beam이고, CSI Beam은 Refined Beam이기 때문에, 단말의 위치에 따라 SSB Beam은 Null Point가 발생하므로 필드에서 수신 파워 측정 시 Near에서는 유사한 레벨로 측정되나 원거리에서는 CSI-RSRP가 약 5dB 정도 높게 측정된다.

CSI-RS는 SSB 대비 Fine Tuning 된 Beam을 사용하는데, 금번 시험망 장비는 32개 빔으로 구현되어 있다. H사 장비의 경우 CSI-RS는 SSB와 달리 Traffic이 실린 UE 있을 경우에만 단말로 방사된다(빔패턴 아래 그림 참조).

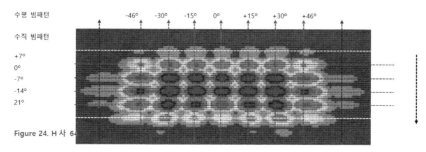

[그림 6-9] H사 6

17 H사 시험 장비의 경우 SSB는 0~7번까지의 8개 빔을 가지며, PCI 운용 모드에 따라 방사되는 빔의 위치가 달라짐.

4) 커버리지 시험

LTE/NR Coverage 비교 시험: 도심 상권 (분당 수내역)

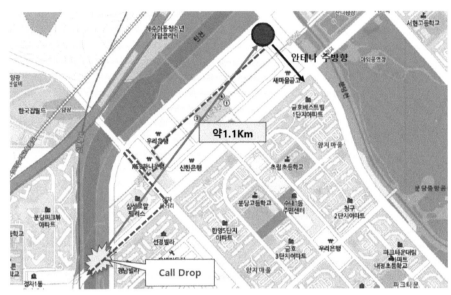

[그림 6-10] 도심 상권 커버리지 측정 시나리오

CSI-RSRP는 LTE보다 Near~Middle에서 5~10dB, Edge에서도 약 3dB 높게 나타나며, SS-RSRP는 Middle 지역에서는 LTE보다 양호하나, Edge에서는 약 1dB 낮게 측정된 다(아래 참조).

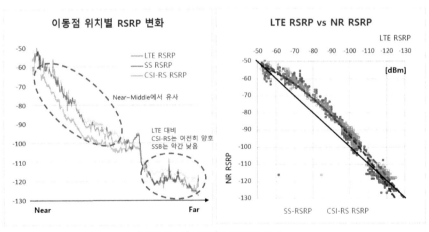

[그림 6-11] LTE/NR RSRP 비교

이론적으로 RSRP 수신 신호 세기 비교 분석 시, NR이 LTE 2.6GHz보다 약 5dB 높은 것으로 분석되며, 안테나 패턴 차이에 따라 측정 Point마다 Gap이 다르다.

구분	구분	LTE 2.6GHz	NR 3.5GHz	관계식
RS EIRP	Output Power	43dBm	49dBm	ⓓ
	대역폭	10MHz	100MHz	
	RB수	50개	273개	ⓑ
	RB당 Subcarrier 수	12개	12개	ⓒ
	Total Subcarrier 수	600개	3,276개	ⓓ=ⓑ*ⓒ
	RS Power	15.2dBm	13.8dBm	ⓔ=ⓓ-10*log(ⓓ)
	Ant Gain(빔포밍 포함)	16dBi	24dBi	ⓕ
	Cable Loss	-1dB	-	ⓖ
	RS당 EIRP	30.2dBm	37.8dBm	ⓗ=ⓔ+ⓕ-ⓖ
	LTE 대비 Gap		+7.6dB	
전파 특성	전파 감쇄 특성		-2.6dB	ⓘ=20*log(2.6/3.5)
	전파 특성 고려한 LTE 대비 Gap		+5.1dB	ⓗ+ⓘ

LTE/NR 간 안테나 gain은 아래 그림과 같이 다르며, 그 이유는 크게 다음 두 가지이다(앞의 출력 비교 분석은 Main 방향의 단편적 분석임).

수평 커버리지 각도 상이: 반치각 기준 LTE 65도, NR 108도 NR의 경우 빔포밍으로 인해 빔과 빔 사이 안테나 gain이 감소

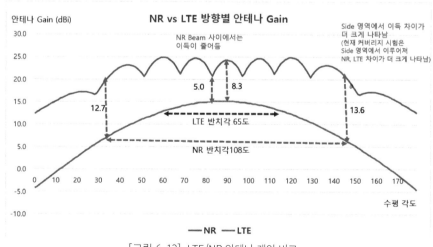

[그림 6-12] LTE/NR 안테나 게인 비교

18 LTE 2.6GHz와 비교한 결과로 1.8GHz 대역과도 추가 분석 필요하며, 이론적으로 3dB Gap 축소 예상

LTE/NR Coverage 비교 시험: 원룸 밀집 단지(광주 쌍촌동)

원룸 밀집 단지에 LTE와 동일 Site에 동일 안테나 방향 시설 후 Voc 대응을 위한 1개의 장비를 On → Off 시 이동 경로 및 원룸 복도에서 LTE와 5G NR 비교 측정하였다. Voc 대응 투자국소 Service Off 시험 결과 LTE보다 NR의 커버리지 Hole이 적게 발생하였고, LTE 투자 연도 확인을 통한 5G 초기 투자 우선 대상 선정이 필요함을 알 수 있다.

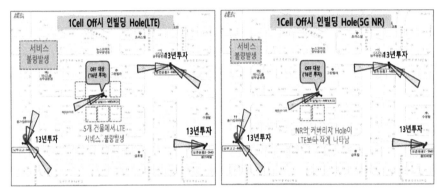

[그림 6-13] Figure 28. 커버리지 비교 결과

■ QoS 기준 DL: 25Mbps/UL: 5Mbps 커버리지 비교

커버리지 제약은 UL에서 발생하며, UL 5Mbps 제공을 위해서는 RSRP −112dBm이 요구되는데, 멀티셀 간섭 마진 3dB 고려 시 −109dBm이 커버리지 설계 기준으로 적정하다.

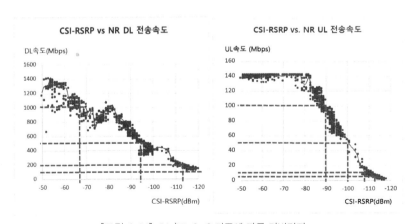

[그림 6-14] DL/UL QoS 기준에 따른 커버리지

5) NR single cell 환경 속도 측정

■ NR DL 속도 측정

NR의 순간 DL Peak 전송 속도는 1.4Gbps 수준이며, LTE Signaling Drop 지점까지 DL 100Mbps 수준이 유지[3]된다.

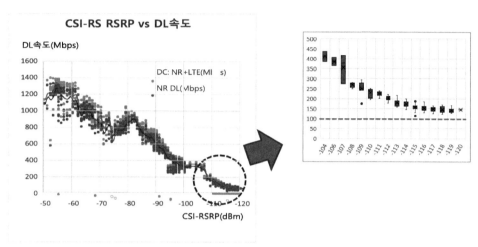

※ 비표준 장비(H사 Polestar 2.0)보다 개선된 결과이며, Edge에서의 Adaptive PMI Mode 적용에 따라 성능 향상된 결과로 분석됨.

[그림 6-15] NR RSRP vs DL 속도 비교

LTE 신호 레벨과 비교하여 보면, LTE 주파수가 2.6GHz이고 대역폭이 10MHz인 점을 감안하더라도 LTE 대비 넓은 커버리지를 가진다. 단 LTE 1.8GHz과 비교 시, 대역 차에 의한 자유 공간 손실 3dB + 인빌딩 추가 손실이 존재한다.

---

3   TUE 단말 UDP 측정 결과로, 실제 결과와 차이 있을 수 있음

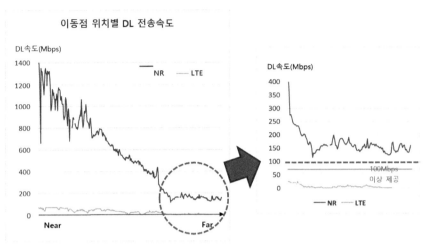

[그림 6-16] LTE vs NR 속도 비교

아래는 속도에 영향을 주는 요소에 대한 상세 결과이다.

신호 대 잡음 비(SNR): Single Cell의 경우 셀 간 간섭이 없으므로, SNR 수치는 RSRP 와 강한 상관관계를 가지며, Near에서 일정한 값으로 Ceiling 된다(NR 40dB, LTE 30dB). 시험 결과 NR SNR이 LTE보다 약 5~10dB 가량 높게 측정되었다.

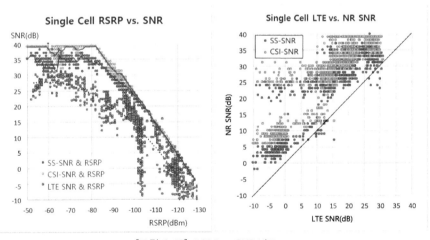

[그림 6-17] RSRP vs SNR 비교

CQI: RSRP −88dBm까지 14 이상으로 유지되며, CSI-SNR과 강한 상관관계를 나타낸다.

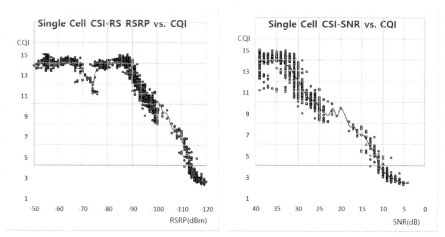

[그림 6-18] CQI 측정 결과

Modulation: Near 일부 영역에서만 256QAM이 동작하며, 그 외 64QAM로 동작한다. 단 Multi −Cell 환경에서의 SINR, CQI 간 상관관계 결과와는 다를 수 있다.

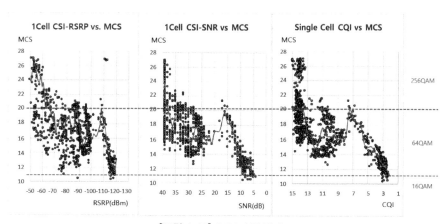

[그림 6-19] MCS 측정 결과

Rank: Rank4는 RSRP −85dBm, SNR 35dB, CQI 14 이상의 Near 구간에서만 동작하며, Rank2는 RSRP −105dBm, SNR 18dB, CQI 8 이상에서 동작한다.

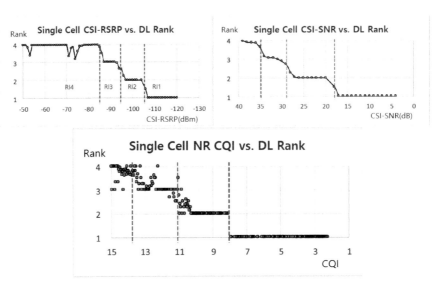

[그림 6-20] Rank 측정 결과

■ NR UL 속도 측정[4]

NR UL 순간 최대 속도는 140Mbps 수준으로 측정되었다. QoS 기준 MKT 요구: 5Mbps

고려 시, LTE보다 NR의 커버리지가 약간 넓다(LTE UL 기준 1Mbps).

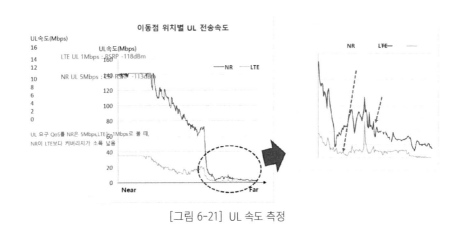

[그림 6-21] UL 속도 측정

---

4 시험 TUE 단말의 경우, UL 최대 속도 제공을 위해 MCS 28 미만에서는 Full Power 방사되는 것으로 설계되어 있어 향후 Power Control 개선된 단말기로 추가 시험 필요

아래는 UL 속도에 영향을 주는 요소에 대한 상세 결과이다.

BLER: Residual BLER 재전송까지 최종 실패 기준 −108dBm에서 상승한다.

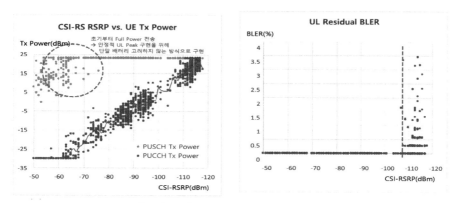

[그림 6-22] Figure 37. UL BLER 결과

odulation: RSRP −95dBm 이상에서 64QAM 동작하며, −105dBm 이하에서 QPSK
로 동작한다. RB 할당의 경우 RSRP −106dBm 지점까지 할당 RB를 줄이기 시작한다.

6) Multi Cell 신호 혼재 시험

신호 혼재에 따른 품질 영향도를 측정하기 위해 UE가 셀 경계로 이동하면서 시
험하였다. (아래와 같은 환경에서 인접 셀 트래픽 유무에 따른 영향도 시험)

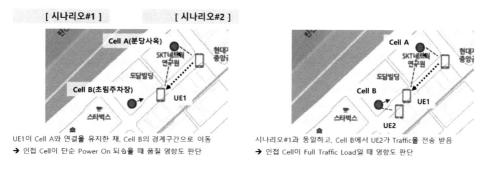

[그림 6-23] 멀티 셀 시험 시나리오

시나리오 #1 (셀 B에 active 사용자 없음)

Single Cell 측정 대비, SS−SINR은 LTE와 함께 하락하며 NR이 LTE보다 하락 정도
가 더 크다. 반면 CSI−SINR은 인접 셀에 따른 하락이 없으며, 이는 셀 B에 트래픽이
없기 때문이다.

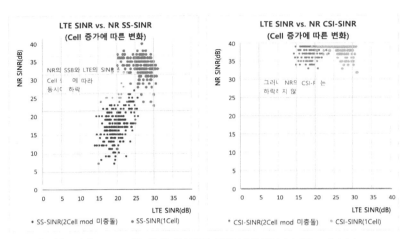

[그림 6-24] Figure 39. 셀 혼재에 따른 SINR 변화 비교 (인접셀 트래픽 無)

시나리오 #2 (셀 B에 active 사용자 있음)

인접 셀에 트래픽이 있는 경우 NR과 LTE 모두 SINR이 하락하나, LTE는 UE의 위치에 상관없이 SINR이 항상 떨어지는 반면 NR은 빔포밍 효과에 의해 이동 UE 의 위치에 따라 SINR 하락 값이 달라진다.

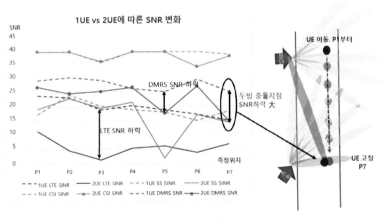

[그림 6-25] 셀 혼재에 따른 SINR 변화 비교 (인접 셀 트래픽 有)

7). Cell 수 증가에 따른 고정/이동점 LTE와 NR 품질 비교

■ 시험 환경

원룸 밀집 지역 광주 쌍촌동에서의 Cell의 증가에 따른 LTE 대비 NR의 무선 환경 변화를 확인하기 위하여 ① → ② → ③ → ④ → ⑤ 차례로 장비를 On Air 하면서 측정[5]하였다.

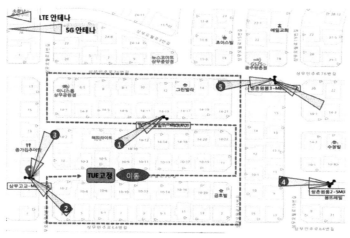

[그림 6-26] Figure 41. 원룸단지 시험환경

■ RSRP 값 변화

Cell 수 증가에 따른 고정/이동점의 LTE와 NR 품질 비교 시험 결과, 커버리지 내 평균값은 LTE/NR 모두 크게 변화하지 않았다.[6]

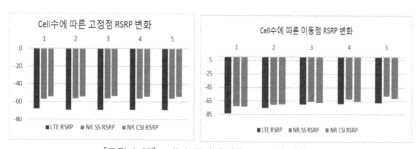

[그림 6-27] cell 수 증가에 따른 RSRP 값 변화

---

5 LTE의 경우 ②번, ③번 1개의 장비에 안테나 분기가 되어 있음
6 LTE Cell 1개일 때의 값은 시험 오류로 다소 낮게 나타났으나 Cell이 2개 이상일 경우 변화가 없음

■ SINR 값 변화

Cell 수 증가 시 셀 간 간섭으로 인해 LTE SINR과 NR SS-SINR이 저하[7]되며, NR의 CSI- SINR은 인접 셀 트래픽이 없는 환경에서는 저하되지 않는다. SS-SINR 증가를 위해서는 PCI 별 SSB빔 순서를 바꿀 수 있고 벤더 구현 사항, 최적화된 PCI 설계가 필요하다.

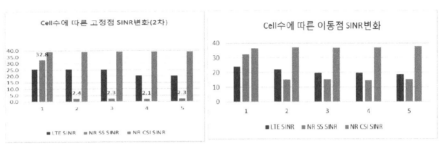

[그림 6-28] cell 수 증가에 따른 SINR 변화

[그림 6-29] PCI에 따른 SSB 빔 방사 순서 (SSB ID 번호는 시간적 빔 배치 순서를 의미함)

■ DL 속도 변화

Cell 수 증가에 따라 LTE의 경우 DL 속도 저하가 발생하지만 NR의 경우 속도가 저하되지 않는다. 이는 LTE에서는 인접 셀에 active 사용자가 없더라도 CRS 간섭이 발생하여 MCS를 낮추기 때문이다. 반면 NR에서는 인접 셀에 사용자가 없다면 CSI 간섭이 증가하지 않고, MCS를 낮추지 않는다.

---

7 NR의 경우 LTE 대비 넓은 커버리지로 인해 셀 중첩이 많아 SS SINR이 급락하나, 실제 통신 품질에의 영향은 적었음.

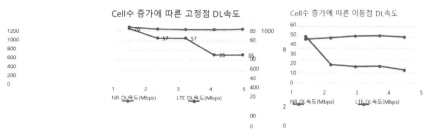

[그림 6-30] cell 수 증가에 따른 DL 속도 변화

8) 외곽 읍/면 Rank Index 동작 시험

외곽 지역 Layer 동작을 분석 시 반사파가 있는 읍/면 소재지에서만 3~4 Layer가 동작하며, 인근의 도로와 개활지에서는 2 Layer로 동작한다. Drive Test 결과 3 Layer 이상 동작이 17%이며, 2 Layer 이하로 83% 동작하였다.

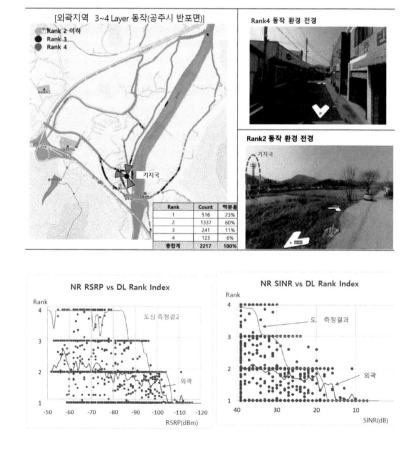

9) 해상 NR 3.5GHz 커버리지 시험

인천 여객터미널 3층 건물 옥탑국소에 2.6GHzLTE와 3.5GHz NR, 64TRX 시험용 장비를 시설하고, TUE가 탑재된 차량을 차도선에 싣고 측정하였다(아래 그림 참조).

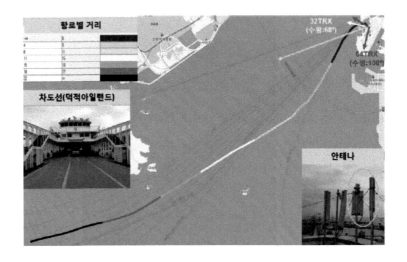

- RACH 커버리지 비교 시험 결과

RACH 커버리지는 LTE 14km 수준, NR 9km 수준이다 현 심볼비 구조 RACH 포맷 제약

- 해상 속도 비교 시험 결과

DL의 경우 원거리에도 LTE 대비 높은 속도가 측정되며, 3~4km 지점에서 빔포밍 효과 열하 등으로 인한 속도 급락이 발생되었다. UL의 경우 원거리에서 단말 파워 한계 및 스케줄링 자원 부족 등의 이유로 LTE보다 낮은 속도가 측정되었다.

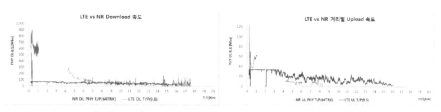

[그림 6-31] LTE intra DU HO 시 data interrupt time

10) 추가 시험: NSA망 HO 소요 시간 검토

NSA망에서 HO에 따른 수신 중단 시간은 얼마일까? Intra-DU HO 시험으로 Data Interrupt Time을 측정한 결과, LTE HO의 경우 23ms, NR HO의 경우 24ms 가 중단되었다.

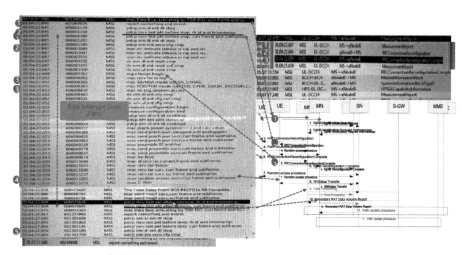

[그림 6-32] NR intra DU HO 시 data interrupt time

11) 추가 시험: SSB Beam 패턴별 품질 비교

H사 64TRX 시험 장비는 7가지 SSB Beam 패턴을 제공하며, 이에 따라 셀 커버리 지가 결정된다.

Beam Config	Horizontal Scanning Range	Number of Horizontal Beams	Vertical Scanning Range	Number of Vertical Beams	Digital Tilt	Number of SSB Beams	Max Gain (dBi)
1	105°	7+1	6°	2	-6° to 12°	8	24
2	65°	1	6°	1	-6° to 12°	1	17

Beam Config	Horizontal Scanning Range	Number of Horizontal Beams	Vertical Scanning Range	Number of Vertical Beams	Digital Tilt	Number of SSB Beams	Max Gain (dBi)
3	110°	8	25°	1	-	8	19
4	110°	8	6°	1	-6° to 12°	8	24
5	90°	6	12°	1	-3° to 9°	6	20
6	65°	6	25°	1	-	6	19
7	25°	2	25°	4	-	8	24

SSB Beam 패턴 변경 시험 결과, 원룸 밀집 지역에서는 수평 빔 커버리지가 넓고 안테나 Tilt가 10º일 때 성능 가장 양호하였다. 다만 국소별 서비스 환경에 따라 SSB Beam 패턴 최적화 및 안테나 Tilt가 필요하다.

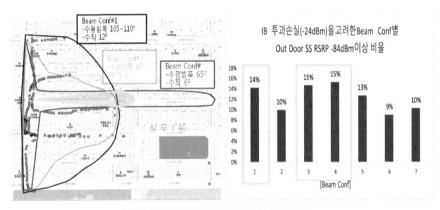

[그림 6-33] SSB 빔 패턴에 따른 성능 비교

1.4 28GHz NR 성능 시험(Verizon Pre-5G 규격)

▶ 커버리지 시험: DL 속도 1Gbps 위해서는 RSRP −89dBm 이상, 100Mbps 위해서는 −106dBm 이상 요구됨.

▶ Single cell 이동점 시험: 저층 국소 4층(14m) 시험 시, 220m 지점까지 DL 1Gbps 측정되었고 NLOS 발생하는 320m 지점에서 RSRP가 급격히 저하됨. 고층 국소 25층 (79m) 시험 시 국소 인근 null point 발생으로 250m 지점까지 낮은 RSRP가 측정되어, 고층 국소 28GHz 활용을 위해서는 수직 빔폭 성능을 고려해야 함.

▶ LOS 보장된 multi cell 이동점 시험: LOS 확보 시 평균 962Mbps 속도 서비스 가능

▶ 인빌딩 시험: 투과 손실 과다로 안정적 품질 서비스 불가

▶ Human Blocking 손실 시험: 최대 20dB 전파 손실 발생

1) 28GHz Test망 시험 환경

Verizon용으로 개발한 삼성 28GHz 장비를 활용하여 을지로 인근에서 시험을 진행하였으며, 3GPP 규격과는 달라 참고로 활용한다. 대역폭은 800MHz를 지원하나 2 layer 이상 동작 시 다른 데이터 stream을 받을 수 없는 등 제약이 많아, Peak 속도는 DL 1.98Gbps, UL 342Mbps 수준이다.

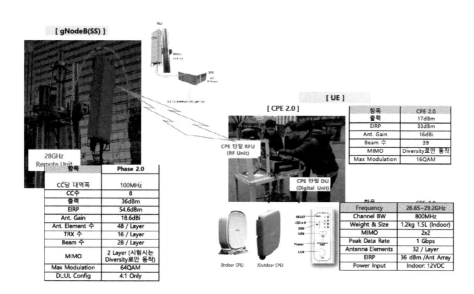

2) 28GHz 커버리지 성능 시험 결과

DL 속도 1Gbps 위해서는 RSRP −89dBm 이상 요구되며, 100Mbps 위해서는 −106dBm 요구된다.

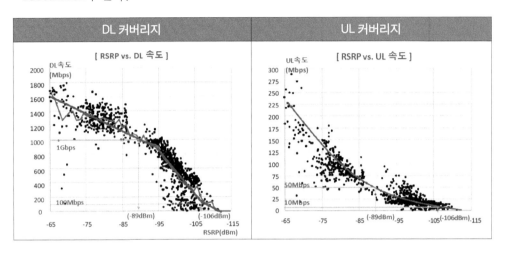

3) Single Cell 이동점 시험 결과

■ 저층 국소(4 층, 14m)

220m 지점까지 LOS 환경으로 RSRP −89dBm 이상을 유지하였으며, DL 1Gbps 서비스 가능하였다. 약 320m 지점에서 NLOS가 발생하여 RSRP −106dBm으로 저하되었고, DL 속도는 약 100Mbps 수준까지 감소하였다. 이후 LOS 와 NLOS 반복 후 약 650m 지점에서 Out of Service 발생하였다.

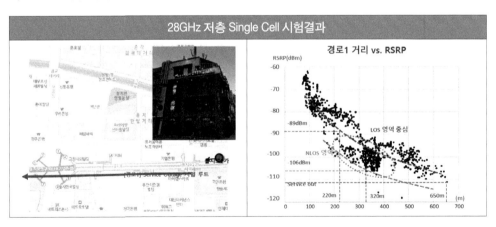

■ 고층 국소(25 층, 79m)

안테나 수직 빔 패턴 영향으로 수직 ±15도 기지국 인근 250m까지 RSRP 약 −90dBm으로 낮게 나타나며, 이는 기지국 높이가 79m인 고층 국소 인근의 Null Point 발생에 의한 현상이다. 이후 300~600m에서 NLOS와 LOS 영역이 반복되어, 순간 RSRP가 −106dBm으로 감소하고, DL 100Mbps로 저하 발생하며, 이 후 750m 지점에서 Out of Service 발생한다. 고층 국소에 28GHz 활용을 위해서는 수직 빔 커버리지 개선이 필요하다.

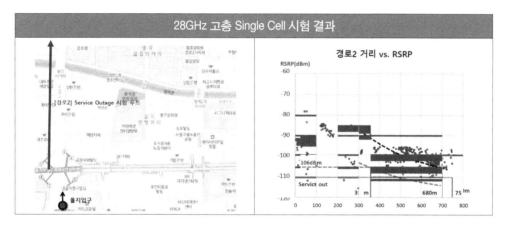

LOS 영역임에도 불구하고 도심의 각종 소형 장애물 신호등, 표지판 등에 의해 급격한 전파 감쇄 및 속도저하가 발생하며, 망 설계 시 장애물에 의한 감쇄 특성을 기본적으로 고려해야 한다.

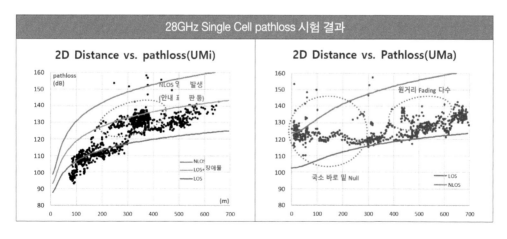

4) Multi Cell (4Site) 이동점 시험 결과

Cell 반경은 평균 250m이며, LOS가 모두 확보된 구간이다. 평균 RSRP가 −74dBm, DL

평균 속도는 962Mbps이며, 1Gbps 이상 65%, 200Mbps 이상 99%, 최저 100Mbps 측정되었다.

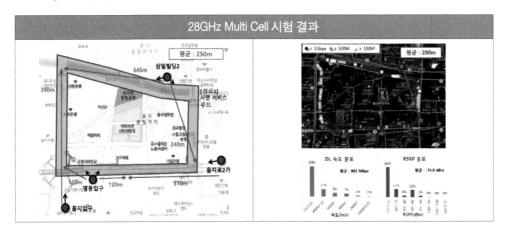

5) 인빌딩 시험

옥외 지상 장비를 통한 인빌딩 서비스 O2I; Outdoor to Indoor는 투과 손실 과다로 안정적 품질을 보장할 수 없다. 지상 장비에서 건물을 정면으로 서비스하는 인빌딩 건물들은 건물 5m 안쪽 지점까지 100Mbps의 서비스가 가능하나, 건물 안쪽으로 진입 시 서비스가 불안정하다. 지상 장비가 건물을 지향하지 않고, 도로를 주서비스 방향으로 할 경우에는 건물 내 5m 이상 진입 시 No Service 발생하며, 28GHz O2I 서비스는 고려하지 않는 것이 바람직하다.

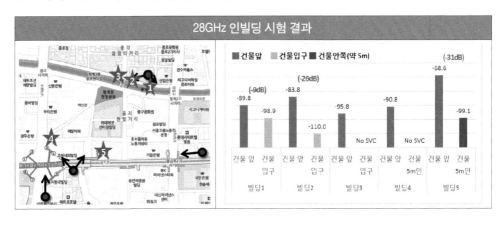

을지로 T–Tower를 정면으로 바라보는 국소에서 시험 결과, 유리창가 인근 지점 (Point 3)까지는 서비스 가능하나 1층 로비 내부로 진입 시 서비스 불가 확인되었다.

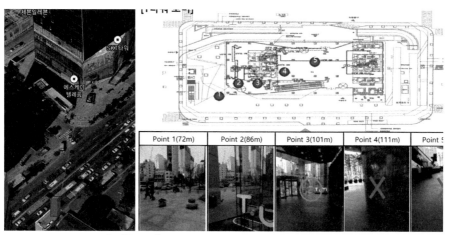

[그림 6-34] 28GHz T 타워 인빌딩 서비스 시험결과

청계천 일대에 위치한 인빌딩 시험 결과, 기지국에 인접한 건물의 일부 창가에서 서비스되는 경우가 있으나 안쪽으로 진입 시 서비스 불가하며, 전체적으로 지상 장비를 활용한 인빌딩 서비스는 불안정하다.

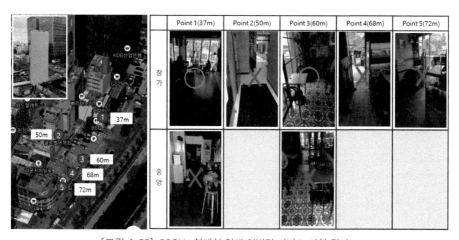

[그림 6-35] 28GHz 청계천 일대 인빌딩 서비스 시험 결과

6) Human Blocking에 의한 손실 시험

Smartphone 구현 시 빈번히 나타날 수 있는 Human Blocking 시험 시, 최대 20dB 전파 손실이 발생하므로 실제 28GHz 성능은 더 떨어질 수 있다.

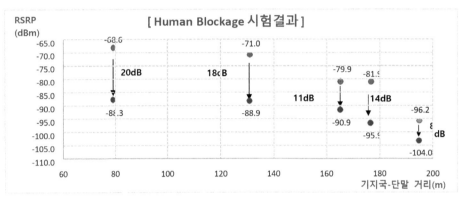

[그림 6-36] 28GHz human blocking 손실 시험

1.5 중국 China Mobile Massive MIMO 기술

TDD 및 Massive Antenna 기술이 성숙한 중국 China Mobile 방문을 통해, TD-LTE 상용망에 적용된 Massive MIMO 기술의 커버리지 및 용량 측면의 성능을 확인하였다. China Mobile TD-LTE 시스템은 1.9GHz 30MHz를 활용하여 커버리지를 확장하고 2.6GHz 60MHz로 용량 대응하며, 트래픽 최상위 지역에 부분적으로 Massive MIMO 적용된 64TRx 장비를 활용하고 있다.

> ▶ 중국 TD-LTE망에 적용된 Massive MIMO 장비는 기존 Passive 장비 대비 용량 3배 및 커버리지 10dB 수준의 확실한 성능 차이가 확인됨.
> ▶ Massive Ant 기술에 따른 이득은 용량 관점에서는 MU-MIMO 동작에 따른 Layer 동작의 결과이며, 커버리지 성능은 빔포밍 기술에 의한 이득임.
> ▶ 따라서 용량/커버리지 관점의 품질 확보를 위해서는 Active 장비의 활용이 적극 필요하며, 비용 관점에서 64TRx 미만의 비용효율적 Active 장비 개발 Drive 및 이를 활용한 망설계 필요

1) Massive MIMO 기술의 커버리지 증대 효과

동일 방향을 서비스하는 1.9GHz과 2.6GHz 대역 Site 중, 2.6GHz 장비 타입인 Site1은 64TRx, Site2는 8TRx인 국소를 선정하여 성능 비교를 진행하였다. TDD 성능 제약이 발생하는 UL 속도 분석 시, Outdoor Near~Middle에서는 큰 차이를 보이지 않으나 인빌딩 진입 시 품질 차이가 나타나며, Edge에서는 10dB 커버리지 차이를 확인하였다.

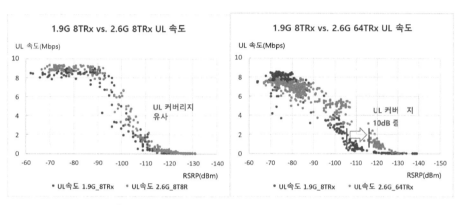

[그림 6-37] 8TRX/64TRX 장비 UL 커버리지 비교

2) Massive MIMO 기술의 용량 증대 효과

TD-LTE 단말 8대를 8TRx 및 64TRx 장비 동일 커버리지 내 아래와 같이 4가지 시나리오로 분포 후, MU-MIMO 동작에 따른 셀 용량 개선도 및 동작 Layer 분석을 시행하였다.

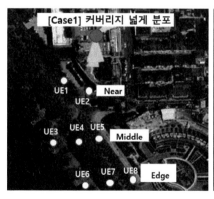

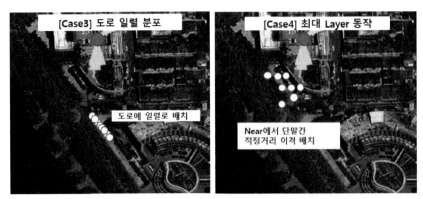

[그림 6-38] TD-LTE MU-MIMO 시험 환경

시험 결과 8TRx 장비의 SU-MIMO 최대 2Layer 대비, 64TRx에서 MU-MIMO 동작으로 평균 3.4~3.7 Layer 증가가 확인되하였으며, 이에 따라 셀 용량이 평균 2.5~3배 증가되었다.

	DL Cell Throughput (Mbps)			64TRx Layer 동작		
	8TRx	64TRx	증가	평균	상위 10%	최대
Case1	39.8	86.4	2.2 배	3.7	5.6	7
Case2	50.9	120.7	2.4 배	3.6	5.7	7
Case3	43.3	116.2	2.7 배	3.4	5.8	7
Case4	45.3	259.1	5.7 배	5.8	7.8	8

※ CMCC에 도입된 64TRx 장비의 MU-MIMO 동작은 단말당 1 Layer씩 할당하는 TM7 모드로 동작

[그림 6-39] TD-LTE MU-MIMO DL Cell Throughput 측정 결과

3) 상용망 트래픽 부하에 따른 실제 Layer 동작 비율 분석

China Mobile 항저우 지사의 상용망 통계 분석 결과, 평균 Layer는 최대 3~4 Layer 동작하며, 12 Layer 이상 동작은 순간적으로 발생하나 1% 미만으로 간헐적 동작하였다. 높은 트래픽 상황에서도 8 Layer 이상은 5% 미만의 확률로 동작하여 이를 고려한 NR 망 설계가 필요하다.

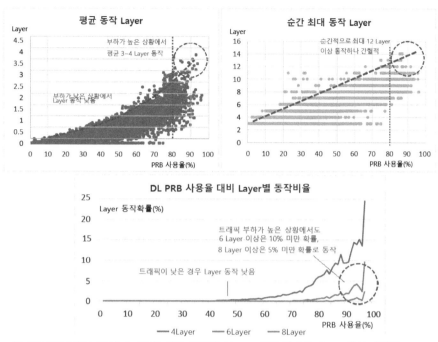

※ 단, TD-LTE MU-MIMO 는 TM7 기반 단말당 1Layer 동작 결과이며, 5G에서 단말당 2Layer 동작 시 개선 기대

[그림 6-40] 동작 Layer 분석

4) 용량 부족 국소의 8TRx→64TRx 대개체에 따른 용량 개선 사례 Zhejiang Sci-Tech 대학교 기숙사

64TRx 대개체 후 일부 불량 커버리지 개선 및 용량 증가에 따라 접속 고객 수 및 사용량이 증가하였으며, 기존 용량 부족으로 Block 되었던 서비스 제공이 가능하였다.

[대개체 전 후 접속자 수 및 트래픽량 변화]

	Cell 당 평균 동접자	DL 트래픽량 (GB/hour)	UL 트래픽량 (GB/hour)
교체 전 8TRx	260	19.4	1.8
교체 후 64TRx	313	25.4	2.0
전후 비교	+20%	+31%	+9%

동시 접속자 수 300명 이상에서 DL/UL 모두 2~2.5배 수준 용량이 증가하였다.

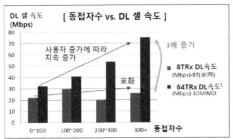
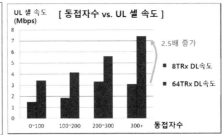

특히 High Load 발생 상황인 PRB 사용율 90~100%의 주파수 자원 부족 상황에서 약 3~3.5배 용량 증대로 더 많은 트래픽을 수용하는 것이 확인되었다.

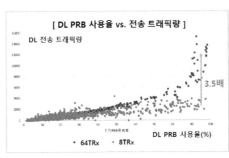
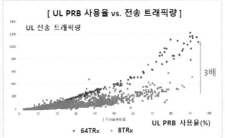

5) 수직 빔포밍 효과에 따른 고층 빌딩 개선 사례

28층 높이 아파트 인빌딩의 고층 불량 지역 개선을 위해 64TRX로 대개체 시행한 결과, 전층에서 RSRP 개선되었으며 품질 개선에 따라 수용 트래픽이 증가하였다.

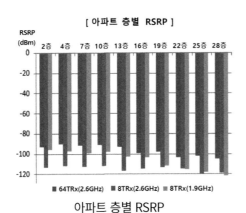

아파트 층별 RSRP

[대개체 전후 트래픽 변화]

	Cell당 동접자	DL 트래픽량	UL 트래픽량
교체전 (8TRx)	7.6	3.4	0.4
교체후 (64TRx)	28.8	10.6	1.1
전후 비교	+279%	+112%	+175%

대개체 전후 트래픽 변화

[그림 6-41] 개선 사례

제7장

엔지니어링 설계 및 서비스

1.1 시스템 설계
1.2 서비스
1.3 지하철 서비스

엔지니어링 설계 및 서비스

DU+RRU 구조의 LTE와 달리 NR은 CU(CP/UP) + DUH + DUL의 구조로 구성된다. 본 장에서는 CU, DUH, DUL 설계 가이드를 소개한다.

1.1 시스템 설계

1) CU 설계

5G CU는 Access RAN 기능 중 기존 LTE DU의 메인보드에서 처리하던 RRC/PDCP를 각각 CP/UP로 분리하였다. 이를 통해 CU CP내 다수의 DUH 및 셀이 수용되며 DUH-CU 구간은 Latency에 덜 민감한 non-Realtime 처리가 가능하여 가상화로 추진한다.

당사 CU 기본 추진 방향은 다음과 같다.

① eMBB/URLLC 모두 CU/DUH 일체형으로 추진

② 다만 URLLC는 0.5ms 3GPP Latency 기준 만족을 위해 MEC 및 Core 전진 배치

③ 향후 CA/DC, Latency, NW Slice ID 관점 품질/경쟁력을 고려하여 CU 분리 여부 검토

5G Roll-out Step1'18. 12월, Step2'19. 3월 투자 시에는 삼성은 CU-DUH 분리형 25, ELG 및 Nokia는 CU-DUH 일체형으로 도입 예정이다. 삼성 CU는 CU-CP/CU-UP로 분리하고 18년에는 성수에 구성하며, 24년에는 CU 일체형 도입 시기에 따라 일분 둔산에 설치를 고려한다.

CU 용량 기준: CU는 Control/Signal을 처리하는 Control Plane과 Data를 처리하

는 User Plane으로 구분하며, CP는 Connected UE, Active UE, 수용 가능한 DUH/셀수를 관리하며, UP는 Data Traffic 처리 용량을 가지고 있다.

삼성: CU-CP는 서버당 2,048셀, 약 85,000명의 동접자를 지원하며, CU-UP는 서버당 16Gbps 를 지원한다.

LTE DU는 하나의 5G CU-CP, 다수의 CU-UP와는 연동된다. 따라서 CU-CP는 Roll out에 따라 설치되는 셀 수에 맞게 증설될 예정이며, UP는 초기 단말 수/Traffic 양에 따라 단계적을 증설 예정이다.

삼성은 CU/DUH 일체형 구조가 개발되는 시점부터 통합형으로 구성 예정이다.

2) DUH 설계

DUH 핵심 요구 조건은 다음과 같다.

① 셀 용량: 2U 기준 (3.5GHz) 100MHz, 16 Layer 36셀 수용-, (28GHz) 1GHz 36셀 수용

② 소모 전력: LTE DU 소모 전력 참고하여 400W 이하 권고한다

③ 발열: 랙 간 발열 감소를 위해 상하 방식이 아닌 전후 방식의 발열 구조 사용

A. 셀 용량 증대는 어떻게 가능한가? NR에서는 LTE 와는 달리 Layer Pooling을 제공하여 채널 카드(CC)당 수용 가능한 전체 Layer 수를 셀 간 유동적으로 나누어 사용할 수 있고, 이는 DUH 셀 용량 증대의 핵심이다.

B. 발열 조건은 어떻게 만족하는가? 흡기/배기 동일 방향 장비 배열 및 간이 컨테인먼트 방식으로 구축하여, 냉기와 열기가 섞이지 않게 한다.

3) DUH10 포트 엔지니어링

■ 공통부

1) 네이밍: DU+RRU 구조의 LTE와 달리 CU(CP/UP) + DUH + DUL 구조를 갖는 NR에서는 장비 종류가 증가하여 naming 체계를 조기에 확립하였다.

2) gNBID 구성 방식

- eNBIDLTE/gNBIDNR 비교: NR에서는 장비 종류가 증가할 것을 고려하여 장비 Type 구분자를 1bit 추가 2bit → 3bit 한다. LTE/WCDMA망 구분을 위해 LTE에서

망 구분 2bit는 NR에서는 제외하되, gNB Type 구분자 중 '000'을 사용하지 않는다. NR에서는 중심 주파수 대역이 상이하므로 주파수 구분을 위한 2bit 추가한다.

– gNBID 구성

CU – DUH 분리형	gNBID			Cell ID		
망	gNB Type	본부구분	CU ID	DUH	Cell	주파수
NR	3	3	10	10	8	2

CU – DUH 일체형	gNBID			Cell ID		
망	gNB Type	본부구분	CU ID	DUH	Cell	주파수
NR	3	3	20	0	8	2

[표 7-1] gNBID 구성방식

gNBID는 CU의 고유 ID로 종국 투자 수량을 고려하여 사업자별 10bit를 할당하여 최고 1,024개의 ID 할당이 가능하고, 사업자별 구분 3bit 중 Reserved bit를 통해 2배 확장이 가능하다. gNBID는 운용 용이성을 위해 사업자당 CU를 H/W적으로 구분하여 시설하여 CU ID를 사업자별 구분하여 할당 가능하다. gNBID는 'CU+DUH 일체형', 'CU+DUH 분리형' 구조를 우선 정립하고, 추후 CU+DUH+DUL 등 장비 개발 시 gNB Type 구분자를 통해 gNBID 구분한다. DUH 구분을 위해 기존 Cell ID 부분에 DUH 구분자를 추가 CU의 CP/UP 분리형의 경우 Signal을 처리하는 CP에만 gNBID를 할당하고, UP 통계 분석을 위해서는 UP에 할당된 IP를 통해 구분한다.

3) PCI 구성

– LTE vs NR 비교: NR PCI는 총 1,008로 LTE 504개 대비 2배 증가되었고, PSS 3개/SSS 336개로 LTE 대비 SSS만 2배 증가되었다. NR에서는 CRS–Free 효과로 Mod 충돌에 의한 영향은 LTE 대비 감소한다.

– 할당 기준: PCI는 Mod 3으로 구성하고, PCI는 12개의 Group으로 구성하여 인근 운용 자간 분리하여 할당한다. 이를 통해 운용 자간 경계 구간 PCI 중복으로 인한 품질 불량을 방지한다. 마지막 144개 PCI는 추후 Femto형 장비/URLLC 등 특수 목적 장비에 할당을 위해 Reserve 한다.

4) Clock 구성 방식

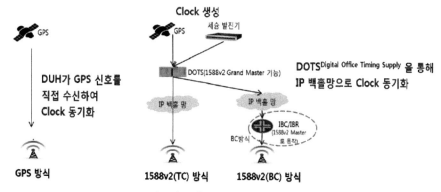

[그림 7-1] Clock 구성방식

CapEx 절감을 위해 1588v2 8275.1로 구성한다.

NR Clock 정확도 요구 조건은 다음과 같다.

구분	시간 정확도	주파수 정확도	Hold Over 시간
필요 Spec	50ns G.8271.1 definition Class A	± 50ppb 3GPP	24 시간 RFP

1588 8275.1은 규격상 위 시간/주파수 정확도가 요구되고 TDD 특성상 시간 정확도를 만족시켜야 한다. 현재 전 벤더에서 요구 조건을 만족하는 수준이나 Hold Over Time은 RFP에 제시한 24시간을 만족하지 못한다. 필요 시 GPS/1588v2 2중 구성(Active / Standby) 구성이 가능하고, 정확도를 고려하여 GPS 1순위, 1588v2 2순위로 설정한다.

■ DUH 포트 구성 방식

DUH의 최대 수용 셀 수는 DUH 내 형상 설정 가능한 최대 Layer 수에 의해 제한된다.

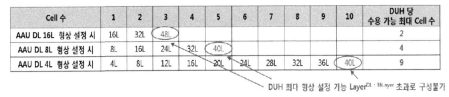

Cell 수	1	2	3	4	5	6	7	8	9	10	DUH 당 수용 가능 최대 Cell 수
AAU DL 16L 형상 설정 시	16L	32L	48L								2
AAU DL 8L 형상 설정 시	8L	16L	24L	32L	40L						4
AAU DL 4L 형상 설정 시	4L	8L	12L	16L	20L	24L	28L	32L	36L	40L	9

DUH 최대 형상 설정 가능 Layer$^{DL : 36Layer}$ 초과로 구성불가

[그림 7-2] DUH 최대 형상 설정 가능한 DL Layer: 36 고려 시

초기 Traffic 저조로, 셀 형상을 DL 4Layer 설정하여 DUH 당 수용 가능한 셀 수를 증대한다. 셀 수 증가를 통해 DUH 투자비를 절약하고, 4Layer 보장을 통해 1 UE 최대 속도를 확보한다(Traffic 증가로 인한 MU-MIMO 필요 시 Cell 형상을 2Layer 단위로 상향4Layer → 6Layer → ….

1.2 서비스

1) 지상 서비스

지상 서비스를 위한 장비는 AAUActive Ant Unit와 PRUPassive ant RF Unit로 구성을 한다. AAU란 RF부와 안테나부의 일체형 장비이며, PRU란 RF부와 안테나부가 분리된 구조의 장비이다.

AAU 장비는 인빌딩 품질을 고려한 도심 지역 설치를 권고한다.

① 32TRX AAU 가 8T8R PRU 대비 UL MAPL 기준 9dB Gain 있으며, 도심권 4개 지역 CellPlan 결과 커버리지 만족율 AAU 설계 시 98% 대비 PRU 설계 시 77% 수준임.

② 수평 빔폭의 경우 PRU 65º 대비 AAU가 90º 내외로 넓어, 이를 고려한 엔지니어링으로 장비 수를 줄여 혼재를 줄여야 함.

③ 장비와 건물 간 70m 아파트 국소 평균 거리 고려 시 수직빔 폭 6º를 갖는 3.5G PRU 장비로 3개 층 서비스가 가능하므로, AAU는 4층 이상의 건물에 적용함.

④ 신규 택지는 NR+LTE RRU 구성 시 W망 서비스를 고려하여 LTE 2.1G RRU를 기본으로 적용함. PRU 장비는 외곽 지역 분기국소 및 AAU 설치 불가 국소에 설치를 권고한다.

⑤ 외곽 읍면리의 마을 단위, 소형 공장 단지, 야영장이나 계곡과 같은 Open Area 지역으로 반사체가 없어 주로 Rank2 이하로 동작하는 지역 외곽 시험 결과 Rank 3 이상 동작 확률 17%을 대상으로 함. 단 KTX, 고속도로, 읍면 소재지, 아파트 단지, 주택 밀집 지역 100가구 이상에는 AAU 시설

⑥ 소유주 거부, 전자파 민원 국소에는 통합형 안테나를 적용함.

세부 서비스 Target별 장비군은 아래와 같으며[1], 제조사별 장비 성능 출력, 안테나 이득, 빔 형태 등과 개발 시기를 고려하여 변경될 수 있다.

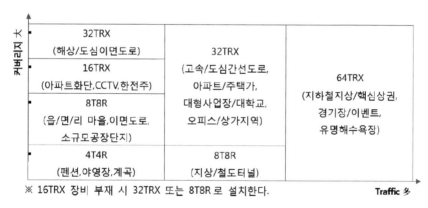

[표 7-2] 안테나 구성

2) Passive 안테나 공중선

▶ 4T4R 단독형 안테나 추가를 기본 적용

① 5G용 Passive Ant 추가가 가능한 국소

② Rank 3 이상 동작 비율이 낮을 것으로 예상되는 개활지, 외곽읍/면 단위 지역 등 전파의 Scattering이 적은 지역

③ 환경 친화 안테나 설치 필요 국소

---

1 Active 장비 설치 시 안테나 제약 사항과 부대장비 설치 관련 상세 내용은 부록 참조

▶ 5G+LTE 신규 통합형 안테나

① 5G AAU 또는 4T4R 단독형 안테나 설치 불가 국소

② 환경 친화 구성이 필요한 국소

▶ 급전선 구성

① 장비 Output~안테나 Input Port까지 2.5dB 이하 Loss 기준

② 1/2인치 급전선 기준 15m 이하

③ 분기되는 Ant. 간 급전선 길이와 급전선 종류는 동일

3) 기존 안테나 설치 상황을 고려한 Passive 안테나 Eng. 방향

구분	구성 형상	현재 형상	5G Ant. 추가 방식(기존대역 통합)
1기 (32%)	6P/4P Dip	6P 또는 4P Dip / 통합형광중계기 or RRU	신규5G 통합형 Ant.
2기 (28%)	6P LTE+W or 6P+1x/W	6P W / RRU+WMC or 6P 1X W / RRU+WIBRO	① W와 6P LTE 통합 ② W/1X와 6P LTE 통합
3기 (20%)	6P+W+1X	6P W 1X / RRU+W+1X	① W와 6P LTE 통합 ② 1X와 6P LTE 통합
4기 (10%)	2P LTE 2기+W/1x+Wi	800 1.8 2.1 2.6 W 1X WI / RRU개별안테나+W+1X+WI	① Wi와 2P LTE 통합 ② Wi 철거 후 5G Ant 추가
5기 (5%)	2P LTE 2기 +W+1x+Wi		
6기 (2%)	2P LTE 3기 +W+1x+Wi+		
7기 (1%)	2P LTE 3기 +W+1x(Tx)+ 1x(Rx)+Wi	800 1.8 2.1 2.6 W 1X (Tx) 1X (Rx) WI / RRU개별안테나+W+1X+WI	① Wi와 2P LTE ② Wi 철거 후 5G Ant 추가 ③ 1X Rx Div. 철거 후 5G Ant 추가

[그림 7-3] 안테나 방향

	5G	LTE
Port 구성	4Port, MINI DIN	6Port(기존과 동일), DIN Type
주파수	3400~3800 4Port	800 2Port, 1.8~2.6 4Port
이득	15.5dBi 이상	800: 12dBi 이상, 1.8~2.1: 14dBi 이상, 2.6: 14.5dBi 이상
수직 빔폭	6도 이상	800: 12도 이상, 1.8~2.1: 9도 이상, 2.6: 8도 이상
사이즈	350 x 160 x 1800 (TBD), 25kg 이하(TBD),	

[표 7-3] 통합형 안테나 구성

4) 해상 지원

해상과 같이 넓은 커버리지 확보가 필요한 지역에서는 NR TDD 시스템의 단점이 드러난다. ① 가드 심볼 개수, ② RACH 포맷 변경 시 심볼비 구조 변경 예를 들어 100km 지원이 필요한 국소라면, 가드 심볼은 이론상 20개 필요하며 PRACH는 포맷 1번을 사용하여야 한다. PRACH 포맷 1번은 UL 슬롯이 6개 연속하여 배치되어야 하므로 현재 심볼비DDDSU로는 구성이 불가능하다.

해상 지원 국소와 주변 국소가 서로 다른 심볼비 구조를 사용하는 경우 인접 셀 간 DL 슬랏과 UL 슬랏 배치가 어긋나게 되어 간섭 영향이 커지며, 이를 Cross-Link Interference(CLI)라고 부른다. TD-LTE를 사용하는 중국에서는 해상 커버리지 지원과 주변 국소의 주파수를 분리하여 각각 용도를 위해 다른 심볼비 구조로 사용하고 있다.

해상 지원 국소와 주변 국소의 CLI는 주로 해상 지원 국소의 UL 신호가 주변 국소의 DL 신호에 간섭을 받는 형태로 일어난다(해상 지원 국소는 계속 바닷가를 향해

DL 전송하므로 반대 경우의 CLI는 거의 발생하지 않음). NR에서는 빔포밍 등의 영향으로 CLI로 인한 품질 하락의 개선 가능성이 있으며, 안테나 쉴드, 안테나 간 수평/수직 거리 이격 등을 사용하여 간섭을 개선할 수 있다. 하지만 실측을 통해 검증된 결과가 없으므로, 해상 지원을 위한 간섭 및 심볼비 검토가 필요하다.

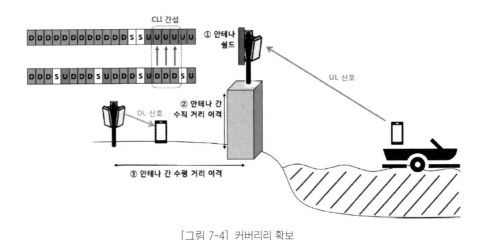

[그림 7-4] 커버리리 확보

5) 인빌딩 서비스

Layer Splitter를 사용하여 Passive+DAS/소출력 Active 혼용 방식으로 구성

※ DAS(Distributed Antenna System): 기존 인빌딩에 사용하는 안테나 분산 방식

Passive+DAS 구성 시 3 사 공용화로 TRX가 분리된 국소는 RX 안테나에 3.5GHz 신호를 결합하여 구성하고, TRX 가 분리되지 않은 국소는 3단 결합 또는 1본 추가 포설 방식으로 구성

※ 단 LTE RX Path 결합 및 3단 결합 시 PIM 영향은 추가 시험을 통한 검토 추진

유동인구가 많고 경쟁 이슈가 있는 국소 백화점, 대형 마트 등은 소출력 Active 장비 활용

6) Layer Splitter

– 5G는 중계기 정합 보드를 사용하지 않고 Layer Splitter를 활용하여 종단 장비 연동

– 1셀 최대 16Layer 신호를 4 Layer 단위로 분산 가능한 'Layer 분산 방식' 구성으로 효율적 용량 증설 및 Cell 경계 발생 최소화

구분	기존	5G
인빌딩 구성 방식	 중계기 정합보드 + Passive 분산 방식	 Layer Splitter + Active/Passive 분산 혼용
연동 방식	- 중계기 정합보드를 활용하여 "주장비 ~MiBOS간 연동 용이 - 중계기 도너 등 구성 노드 증가로 경제 성 저하 및 고장 Point 증가	- 주장비사 Interface Open 형태로 "주 장비~중 소벤더" 간 연동 복잡도 증가 - 중계기 도너가 불필요하여 경제적 망 구성 및 고장 Point 감소
용량 확보 방식	- 주파수 Banfl 추가 또는 MIMO 적용 - 도너당 최대 수용 용량 : 5band x 2Layer - 최대 5Banfl 단위로 셀 증설 - Cell 경계지역 품질 열위 (셀간 간섭 > Layer간 간섭)	- 4Layer 단위 증설 (최대 16Layer) - Layer Splitter당 최대 수용용량 : 1셀 x 16L - 종단 장비당 최대 수용 용량 : 1셀 x 4L - 최대 16Layer까지는 동일 셀 내에서 증설

[표 7-4] 망 구성도

■ Layer Splitter망 구성도

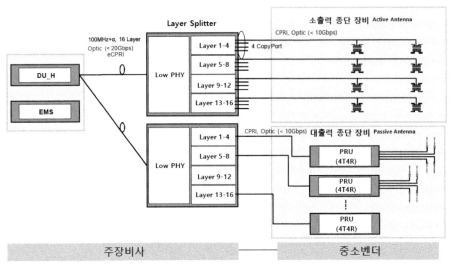

[그림 7-5] Layer별 구성도

7) Passive + DAS 구성

구분	세부 구분	NR 3.5G 구성 방식
공용화	TRX 미분리 - 2014년 이전 - 2사 공용화	① 1본 추가 포설 ② 1본 추가 불가 시 3단 결합 ③ 3단 결합하여 IM 발생 시 출력 조정 → 결합기 점검 → Assembly cable 교체
	TRX 분리	① RX 결합 (3단 Divider→Hybrid 교체) ② IM 발생 시 출력 조정 → 결합기 점검 → Assembly cable 교체 ※ 향후 신설 국소는 종단까지 TRX 분리 구성 및 IM 이슈를 최소화 하기 위해 Assembly cable 구성을 기준안으로 검토 중
단독	SISO(2.6G X)	① 3단 결합 구성 ② IM 발생 시 1본 추가
	SISO (2.6G 3단 결합)	① 3단 결합 point에 2.6G와 결합 ② IM 발생 시 1본 추가
	MIMO	① 소출력 Active 장비로 구성 ※ 공항, 대형 쇼핑몰 등 MIMO 공용화 국소는 2본 공동 신설 후 소출력 장비 추가(공용화 ENG 기준 검토 중)

8) Path Loss 및 장비 수량 검토

– NR 3.5G 주파수 특성상 LTE 1.8G 대비 6dB 차이가 발생하나 NR 3.5G 4T4L 장비로 3단 구성 시 2개의 Divider를 사용하지 않기 때문에 LTE와 유사한 Coverage 구성 가능

출력/Path	출력	결합/분배기	주파수특성
QRO	46dBm	- 3.5dB x 2	-
NR 3.5G	46dBm	-	- 6dB

– 장비 수량은 LTE QRO당 4T4L 1식으로 구성하며 MIMO는 소출력 Active 장비 6식으로 구성

LTE QRO		4T4L	소출력 Active
SISO 구성	QRO 1 식	1 식	-
	QRO 2~4 식	2~4 식	-
	QRO 5~8 식	5~8 식	-
MIMO 구성			QRO 당 6 식

[표 7-5] Path Loss 및 장비

1.3 지하철 서비스

지하철은 용도에 따라 ① 지하 본선 구간과 ② 지하 승강장, ③ 대합실로 서비스 대상을 구분할 수 있으며, Infra 공용화를 기본 원칙으로 장비 설치 환경을 고려하여 최대 용량을 제공하는 방식으로 구성한다.

지하 본선 구간: Active 장비 벽면 설치 불가능 및 사용자 간 거리 이격 불충분으로 Passive 장비로 구성

승강장: MU-MIMO 효과 고려하여 Active 장비 구성

대합실: Haul 형태의 대합실은 Active 장비로 구성하고 구조물이 많은 미로 형태는 Passive + 친환경 ANT + DAS 형태로 구성

DUH~DUL 간 Front Haul 은 1:1 구성을 원칙으로 하며 DUH에서 Copy

지하철은 용도에 따라 ① 지하 본선 구간과 ② 지하 승강장, ③ 대합실로 서비스 대상을 구분할 수 있으며, Infra 공용화를 기본 원칙으로 장비 설치 환경을 고려하여 최대 용량을 제공하는 방식으로 구성한다.

1) 지하 본선 구간

지하 본선 구간은 Active 장비의 벽면 설치가 불가능하고 객차 내 동일 방향에 User가 분포하여 MU-MIMO 효과를 기대하기 어렵다. 따라서 기존 LTE와 유사한 방식인 Passive 장비로 구성한다. 장비 간 거리는 Path Loss 계산 결과 RSRP -100 이상 확보 가능한 거리는 248m이나, H/O 지역 RSRP 확보를 위해 객차 10량 기준 200m 이내로 장비를 구성한다. 단 4T4L 장비로 구성되는 지역은 Site당 2 식으로 구성한다.

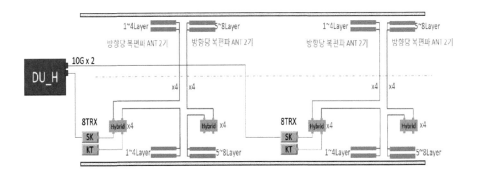

고객 인지 부하율 70% 이상 국소는(수도권 기준 약 20%) Site당 2식으로 구성하며 공중선 결합이 불가하므로 별도 시설한다.

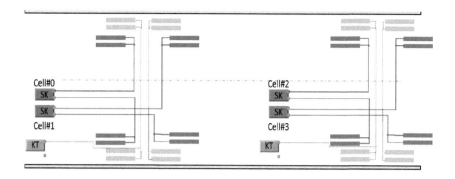

Path Loss 계산 시 동일 간격일 경우 LTE 2.6G와 유사한 Coverage 확보 가능하며 RSRP −100 이상 확보를 위한 Coverage는 286m이지만 H/O구간에서 충분한 무선 환경 확보를 위해서는 200m 이내 구성을 원칙으로 한다.

			0.6	3.3	0.2	30	14				0.175	1.8G 38	4.884	RSRP -100이상 Coverage
시스템	주파수	RS Power	결합기(1EA)	분배기(EA)	커넥터(EA)	전선(장비~A)	안테나이득	EIRP/Layer	Layer	Total EIRP	자유공간 Loss	객차Loss	단말수신Level	장비간 거리
LTE	1800	15.2	0.6	6.6	1.6	3.0	14	17.4	2.0	20.4	82.4	38.0	-100.0	352
LTE	2600	15.2	0.6	6.6	1.6	3.7	14	16.7	2.0	19.7	85.6	39.0	-104.9	200
5G_Passive(2식)	3500	10.8	0	0	0.4	4.3	16	22.1	8.0	31.1	88.2	40.0	-97.1	492
5G_Passive(1식)	3500	10.8	0.6	3.3	1.2	4.3	16	17.4	8.0	26.4	88.2	40.0	-101.8	286

※ 자유 공간 손실: 32.4 + 20 log10 d[km] + 20 log10 f [MHz],　객차 Loss : EIRP - 자유 공간
　손실 - 단말 수신(Edge 지역 측정값)

※ 급전선 Loss: 결합기 + 분배기 + 커넥터 + 급전선 손실

2) 승강장

승강장은 MU−MIMO 효과를 고려하여 최대 용량을 제공하기 위해 Active 장비로 구성하며, 승강장 Type 섬형, 상대형과 객차 길이에 따라 장비 위치와 수량을 결정한다.

■ 섬형 승강장

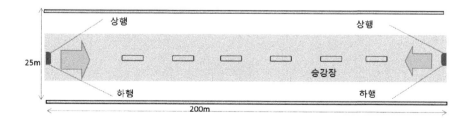

■ 상대형 승강장

① 승강장 끝단에서 30m 이격 배치: 용량 및 SINR 확보 유리

② 승강장 양 끝단 장비 배치: 용량 및 교통공사와 협의 시 유리

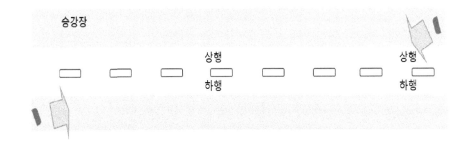

③ Passive Type으로 구성: Copy 운용 및 coverage확보 유리

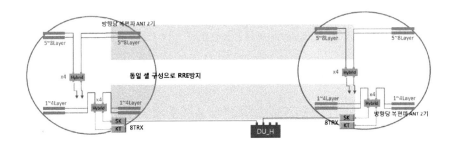

승강장 장비 수량 검토: 객차 8량 이상 운행 승강장은 2식으로 구성

구분	AAU 구성시	PRU 구성시	비고
8량 이상	2	2	
6량 이하	1	1	

3) 대합실

대합실은 설치 이슈를 고려하여 공간이 open된 Haul형 대합실은 Active 1식으로 구성하고, 상가/환승로/지상 출입구 등 장애물과 구조가 복잡한 역사는 Passive 장비를 이용하여 구성하되 대출력+DAS 방식을 혼용하여 구성한다.

급전선은 LTE와 IM을 고려하여 별도 포설을 원칙으로 하며 환경친화형 ANT를 이용하여 최소 비용으로 구성해야 하고, 환승로와 지상 출입구까지 Full Coverage를 확보를 위하여 안테나 분산 방식으로 구성한다. 향후 환승역 등 유동인구가 많은 역사는 소출력 Active 장비로 최대 용량을 제공해야 한다.

- Active 대출력 방식(32TRX)

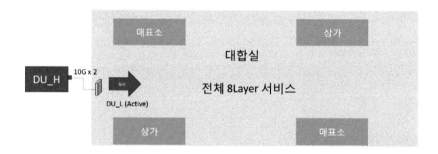

- Passive 대출력+DAS 방식: Coverage 대부분은 대출력 친환경 ANT로 서비스하고 지상 출입구와 환승로는 DAS(distributed antenna system) 방식으로 급전선 포설하며 Layer 구성은 최소 2 Layer 이상으로 구성한다.

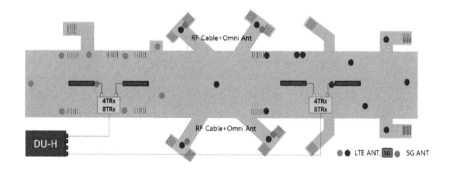

- Layer Splitter + 소출력 Active 방식: 환승역 등 용량 이슈 발생 국소는 소출력 Active 장비를 이용하여 용량 및 Coverage를 확보할 수 있다.

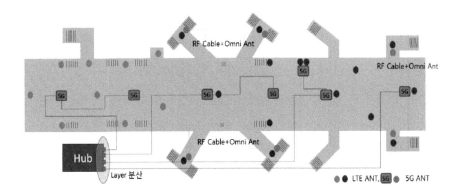

4) Cell 구성 및 Front Haul 구성 방식

DU_H~DU_L 간 Front Haul은 5G-PON을 이용하며 향후 Cell 분리를 고려하여 1:1로 구성하는 것을 원칙으로 하고 승강장 내 Active 장비는 Passive type과 Copy 구성이 불가능(별도 채널카드 구성)하므로 승강장을 1cell로 구성, 터널은 최대 4식을 1개 Cell 로 Copy 형식으로 구성한다.

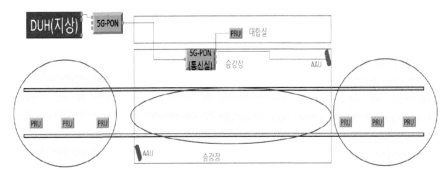

[그림 7-6] Front Haul 구성방식

제8장

5G 기술적 요구 사항

1.1 5G 트래픽
1.2 5G 서비스의 기술적 요구 사항
1.3 5G Key Technologies
1.4 Multi-Radio Access Technology

08 PART

차세대 이동통신 시스템

5G 기술적 요구 사항

본 장에서는 5G 시대에 일상적으로 사용될 것으로 예상하는 서비스의 기술적 특징과 일반 사용자들의 생활양식을 고려하여 5G 인프라스트럭처가 처리해야 할 트래픽량을 추정하고 5G의 기술적 요구 사항을 설명한다.

1.1 5G 트래픽

전 세계 주요 이동통신사, 비제조사, 연구기관으로 구성된 단체인 'Next Generation Mobile Networks(NGMN)'은 5G 서비스를 홀로그램을 활용한 서비스, 500 km/h의 초고속 이동체에서의 끊김 없는 서비스, 센서를 이용한 온도·습도·오염 모니터링 및 가스·수도 검침 서비스, 택타일 인터넷(Tactile Internet) 서비스, 재난·공공안전 지역방송 서비스, 혈압·심전도 체온 등 건강 모니터링 서비스 등 8가지 군으로 제시하고 있다.

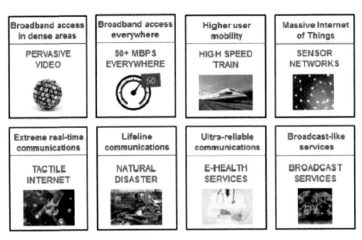

[그림 8-1] NGMN 5G 주요 서비스

NGMN이 제시한 서비스들을 포함한 Home, Industry, Public, Personal 4개의 영역에서 현재 제공하고 있거나 향후 상용화 가능성이 높은 약 100여 개의 서비스의 조사, IEEE 논문, 유사 서비스를 통한 유추 분석으로 서비스별 가입자당 호 시도 수, 호당 데이터 속도, 호 유지 시간과 같은 트래픽 모델을 구체화하였다.

이 트래픽 모델과 서비스별 요구 대역폭, 예측 서비스 가입자 수, 동시 접속률을 반영하면 다음과 같은 데이터양 산출 로직을 도출할 수 있다.

데이터양 = 서비스 대역폭 R × 서비스 가입 디바이스 수 Q × 동시 접속률 QT × 트래픽 모델 T

[그림 8-2] 데이터양 산출 로직

예를 들어 Home 양영역의 홈헬스케어용 심전도 모니터링 서비스에 적용되는 센서는 일반 적으로 3분에 한 번씩 주기적으로 가입자의 심전도를 체크하게 되며 간단한 제어 신호를 0.4Kbps의 낮은 전송 속도로 3초 간 전송하게 된다. 그리고 인구 중 가율을 고려한 2020년도 우리나라 전체 인구 5,100만 명 중 약 20%인 1,020만 명이 홈 헬스케어 서비스를 이용한다고 가정하여 위 데이터양 산출 로직을 적용하면 심전도 서비스로 인한 데이터양은 시간당 30기가바이트로 추정할 수 있다.

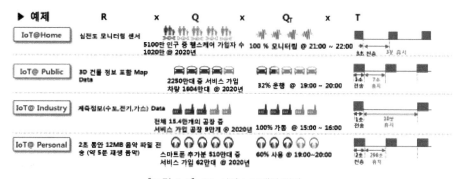

[그림 8-3] 5G 서비스 트래픽 패턴

5G 서비스의 사용 시나리오와 트래픽 패턴은 다양하나 가입자당 호 시도 수, 호당 속도, 호 유지 시간을 기준으로 보면 5G 서비스는 모니터링형, 검침형, 실감·몰입형 서비스로 분류할 수 있다.

구분	음성 서비스	웹포털 서비스	동영상 서비스	모니터링형 서비스	검침형 서비스	실감·몰입형 서비스
가입자당 호 시도 수	0.8	24	3	20	0.08	6
호당 속도	50 kbps	1.5 Mbps	5 Mbps	0.4 kbps	0.06 kbps	100 Mbps
호 유지시간	120s	20s	20s	5s	5s	20s

[표 8-1] 5G 서비스 분류

모니터링형 서비스는 주기적인 접속의 빈도가 높고, 요구되는 속도는 대부분 1Kbps 미만으로 매우 낮다는 특징을 띤다. 대표적인 서비스로는 홈 헬스케어 시스템의 심전도 모니터링 서비스, 주택 안전 시스템의 가스 검출 서비스, 농업 자동화 관리 서비스인 온·습도계 모니터링 서비스 등이 있다.

검침형 서비스는 모니터링 서비스보다도 접속 빈도가 현격히 낮거나 산발적이며 필요한 데이터 속도 또한 매우 낮다. 가정에서 한 달에 한 번 측정되는 수도, 가스, 전기 사용량 검침 서비스와 산업 현장에서 주기적으로 상하수도, 폐기물, 전기 등의 사용량을 측정하는 서비스가 이에 포함된다고 할 수 있다.

실감·몰입형 서비스는 100Mbps ~ 수 Gbps 정도의 고속과 수십 초 이상의 호 유지 시간을 특징으로 하며 홀로그램, 8K UHD를 활용한 커뮤니케이션이나 엔터테인먼트 서비스, 가상·증강 현실을 활용한 건축 설계 프로그램이나 운동선수용 트레이닝 프로그램 등이 이에 속한다고 할 수 있다.

2020년도의 트래픽양은 2015년 현재 LG유플러스 기준 셀당 평균 트래픽량, [표 8-1]의 각 서비스 유형별 트래픽 모델, 가입자당 호 시도 수 등을 통하여 산출한 결과 2,230페타바이트로 현재 대비 17.8배가 증가할 것으로 예상되었고, 트래픽 발생 비중 측면에서는 LTE(VoLTE, 웹포털, 동영상 서비스), Home, Public, Industry, Personal 영역 중 Personal(실감 · 몰입형 서비스) 분야의 트래픽 발생량이 65%로 가장 높았다.

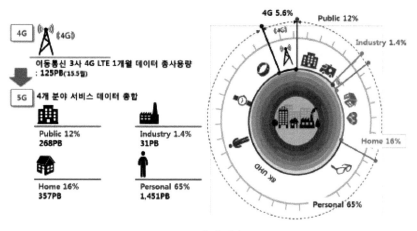

5G 트래픽 예측

LTE 기지국의 20Mhz 기준 셀 하나의 이론상 최고 속도는 150Mbps이며 이는 2X2 MIMO, 64QAM 모듈레이션을 이용하여 모든 Resource Block을 사용하였을 때 제공 가능하다. 즉 하나의 사용자가 셀의 무선 환경이 가장 좋은 장소에서 모든 가용 자원을 사용했을 경우 가능하다는 것이다. 2014년 미래창조과학부가 주관한 측정 결과에 따르면, 20Mhz를 사용하는 이동통신 3사 광대역 LTE의 평균 속도는 77.8Mbps로 이론값 최고 속도의 52% 수준으로 나타났다. ① 이는 5Mbps 속도의 동영상을 15명이 동시에 시청할 수 있는 용량이며, 이동통신 3사가 실제 사용하고 있는 40Mhz의 대역폭을 모두 활용한다면 30명이 동시에 5Mbps급 동영상을 즐길 수 있다. ② 5G에서도 고객들이 주로 이용하는 서비스의 종류, 양태에 변화가 적고 이론값 대비 상용망이 보여 주는 최고 속도도 비슷한 양상을 나타낸다고 추정하고, 120~720Mbps(평균 400Mbps)의 전송 대역폭을 요구하는 홀로그램이나 8K UHD를 30명의 고객이 동시에 시청한다고 가정하면 평균 12Gbps, 최고 20Gbps 이상의 무선 속도가 필요하다. ③ Massive MIMO, 신규 무선 기술 등의 적용으로 5G의 주파수 효율이 4G 대비 최대 3배, 평균 2배 향상된다고 가정하면 12Gbps를 지원하기 위해 필요한 5G의 주파수 대역폭은 최소 1~1.6 GHz 정도로 추정할 수 있다.

산출 기준	4G		5G		
	이론값	측정값 1)	추정값		
속도	150Mbps	78Mbps	(필요 속도) 12Gbps ②		
서비스		5Mbps 동영상	400Mbps 동영상 ①		
주파수 효율	7.5bps/Hz	3.9bps/Hz	4G 동일 (3.9bps/Hz)	4G 의 2 배 가정 (7.8bps/Hz)	4G 의 3 배 가정 (11.7bps/Hz)
사용(필요) 대역폭	20MHz	20MHz	3.2GHz	1.6GHz	1GHz ③

1) 미래부 측정 이통 3사 평균

[표 8-2] 5G 주파수 필요량

1.2 5G 서비스의 기술적 요구 사항

ITU-R은 2015년 6월 10일~6월 18일까지 미국 샌디에고에서 열린 WP5D 회의에서 스마트폰, 태블릿, IoT 기기 등과 같은 모바일 디바이스의 확산 및 가입자의 급격한 증가로 인해 폭증할 것으로 예상되는 트래픽을 안정적으로 수용하기 위한 5세대 이동통신의 핵심 성능에 대한 논의에서 다음 8가지 기술적 요구 사항에 대하여 합의를 하였고, 5세대 이동통신 정식 명칭을 'IMT-2020'으로 확정하였다.

5G망은 속도 측면에서 홀로그램, 8K UHD와 같은 진화된 비디오 서비스를 안정적으로 사용하기 위하여 기존 대비 20배 증가된 20Gbps의 최고 전송 속도, 기존 대비 10배 향상된 100Mbps 이상의 이용자 체감 전송 속도를 보장하여야 한다. 그리고 단위 주파수당 평균 데이터 처리량은 4G 대비 3배 이상 향상시켜야 하며 500km/h로 주행하는 고속 이동체 안에서도 끊김 없는 서비스를 제공하여야 한다.

무선 구간 단방향 전송 지연을 4G 대비 1/10인 1ms까지 줄임으로써 무인 자동차, 원격진료와 같이 인명과 직결된 서비스를 안전하게 지원할 수 있어야 하며, 최대 250억 개까지 늘어날 것으로 예상되는 사물 통신용 기기를 수용하기 위해서는 km²당 최대 100만 개의 기기를 연결할 수 있는 무선 용량을 갖추어야 한다.

사용자 고 밀집 환경에서도 이용자 체감 전송 속도를 유지하기 위해서는 단위 면적당 데이터 처리 용량은 10Mbps/m2로 4G 대비 100배 증가되어야 하며, 사물 통신 성공의 핵심 요소인 소모 전력 최소화를 위해 에너지 효율은 기존 대비 100배 이상 향상되어야 한다.

세부 항목	5G(IMT-2020)	4G(IMT-Advanced)
최대 전송 속도	20Gbps	1Gbps
이용자 체감 전송 속도	100~1000Mbps	10Mbps
주파수 효율성	4G 대비 3배	-
고속 이동성(km/h)	500km/h	350km/h
전송 지연	1ms	10ms
최대 기기 연결 수	106 /km2	105 /km2
단위 면적당 데이터 처리 용량	10Mbps/m2	0.1Mbps/m2
에너지 효율(Bit/Joule)	4G 대비 100배	-

[표 8-3] 5G 기술적 요구 사항

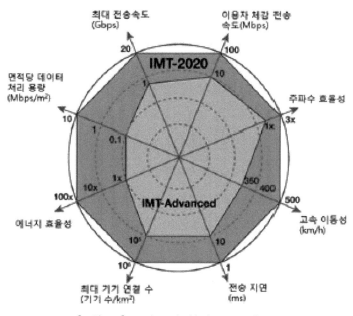

[그림 8-4] 4G와 5G의 기술적 Gap 분석

1) 5G 인프라스트럭처

Safety Improvement, Information Share, Cost Saving, Time Management, Emotional Care — 이 다섯 가지 생활 가치를 제공하기 위해 5G 인프라스트럭처에 구현해야 할 공통 요소는 고객 단위 분석 제어 구조, 유연한 자원 할당 및 관리, 서비스 중단 없는 안전한 인프라, 그리고 경제적인 초고속화와 초대용량화로 요약할 수 있다.

고객 단위 분석 제어 구조를 갖추기 위해 애플리케이션별 세부 분석, 장비 간 로그 동시·연관 비교, 네트워크 부하까지 고려한 단위 회선별 실시간 제어를 기본 기능화해야 할 것으로 본다. 유연한 자원 할당·관리는 가상화를 활용한 자원 공유와 필요 시점 즉시 증설, 모듈화와 플래그 설정 범위 최대화를 통한 시스템 패키지 개발 기간 단축, 서비스 및 고객별 자원 사용률을 감안한 인프라 공유로 가능할 것으로 생각한다.

서비스 중단 없는 안전한 인프라를 유지하기 위해서는 보안 공격의 사전 감지와 근원지 격리, 진단형 로그를 이용한 자가 진단과 자동 조치, 이상 상황 발생 시 운영 파라미터의 자동 설정 기능이 필요하며, 5G 요금제 나아가 5G 서비스 활성화와 직결된 경제적인 고속화와 초대용량화는 스펙트럼 및 광채널 효율의 향상, 불필요한 시그널링 부하의 최소화, 단말 용도·등급별 효율적 수용 및 제어 역량 확보와 상관성이 크다고 할 수 있다.

그리고 빠른 고객 요구 대응, 경쟁사와의 차별화, 효율적 구축과 운영 목표 달성을 위해서는 5G 인프라스트럭처는 모듈화 구조, 가치 증진 피드백, 오버레이 구조라는 세 가지 특징을 가져야 한다고 생각한다.

2) 모듈화 구조

현재 4G 네트워크는 고객별 맞춤 요금제나 맞춤 서비스를 제공하기에는 소프트웨어 개발 비용, 운영 면에서 제약 사항이 적지 않고, 망 요소별 부하율의 편차도 매우 클 뿐만 아니라 타망 요소에 유휴 자원이 있음에도 이를 활용할 수 없는 Silo 구조여서 운영 효율 면에서도 개선의 필요성이 있다.

모듈화란 인프라스트럭처의 각 계층에서 제공하는 기능을 컴포넌트화해 고객의 요구를 접수하거나 특정 서비스를 위한 망 구성이 필요할 때 Orchestration 기능을 활용, 관련 모듈들을 원 클릭으로 조합하여 맞춤 서비스를 제공하거나 망 구성을 할 수 있는 인프라스트 럭처의 구조와 역량을 의미한다. 모듈화 구조의 또 다른 목표는 가상화된 개별 컴포넌트의 재활용으로 자원 사용 효율을 올리고 고장 시 자가 조치를 통해 경제성과 안정성을 동시에 확보하는 것이다.

현재 이동통신 시장은 고객의 사용 행태를 예측하여 만든 몇 가지 요금제 중에서 고객이 하나를 선택하는 사업자 중심의 구조인데, 이는 고객별로 서로 다른 서비스를 실시간으로 제공하기에 충분치 않은 현재의 망 구조에도 적지 않은 관련이 있다. 서비스 제공 단위가 요금제로 제한되어 있고 연동 시스템이 서로 복잡하게 얽혀 있어 새로운 기능을 추가하기 위해서는 다수 시스템의 패키지 개발, 긴 패키지 적용 시간이 필요하다.

현재 시스템은 트래픽 패턴이 서로 다른 디바이스를 구분하지 않고 동일한 자원을 할당하기 때문에 일부 디바이스 종류에 대해서는 시스템 유휴 자원이 상대적으로 많아 서비스 원가 측면에서도 손실을 초래할 수 있다. 특히 다른 서비스용 장비에는 충분한 유휴 자원이 존재함에도 불구하고 시스템 고장이나 기능 저하 발생 시 대체 자원으로 활용할 수 없어 운영 효율을 낮추는 요인이 된다.

모듈화 구조를 구현한다면 상호 의존성 없는 컴포넌트, 고객 단위 서비스 제공이 가능한 연동 구조, 이를 자유롭게 실시간으로 조합할 수 있는 Orchestration으로 연관 장비 개발과 설정을 최소화하여 새로운 고객 맞춤형 서비스를 최단 시간 내에 제공할 수 있을 것이다. IoT 디바이스에 대해서는 적용 분야에 필요한 모듈만을 조합한 전용망을 구성하고 유휴 자원을 최소화할 수 있도록 자원을 할당하여 서비스 제공 원가를 낮출 수 있을 것으로 기대한다. 그뿐만 아니라 가상화 기반 모듈 구성으로 특정 컴포넌트나 요소에 문제 발생 시 대체 자원을 활용한 자동 복구가 가능하여 고객 서비스에 대한 영향을 사전에 차단 내지 방지할 수 있어 망 운영의 안정성이 향상될 것이다.

[그림 8-5]는 모듈화 구조를 기반으로 구성한 네트워크와 활용 예를 도식화한

것이다. 그림의 왼쪽에는 계층별 모듈을 구분하여 나타내었고 Connected Car와 IoT 서비스에 필요한 모듈들을 각각 ⓒ, ①로 표기하였다. Connected Car 서비스는 지연 시간을 최소화할 수 있도록 Edge Cloud에 위치한 vEPC가 수용하고, 다수의 IoT 디바이스들은 Core Cloud에서 제공하는 IoT Group 컨트롤 모듈을 통해 하나의 시그널로 제어할 수 있다.

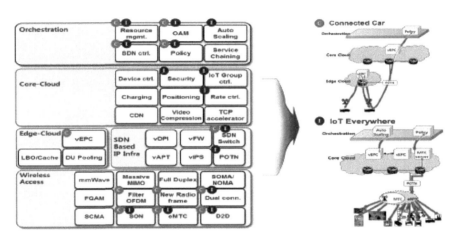

[그림 8-5] 모듈화 구조 네트워크의 활용 예

모듈화 구조를 위한 핵심 기술 후보로 NFV와 SDN을 꼽을 수 있는데 NFV는 범용하드 웨어 기반의 공통 플랫폼에 소프트웨어를 가상 머신으로 구성하는 것으로 필요에 따라 자유롭게 모듈을 생성·제거할 수 있도록 하며, SDN으로 이 모듈 간의 네트워크 연결 설정을 자동화할 수 있다.

3) 가치 증진 피드백

4G에서도 특정 위치에 있는 고객에게 날씨와 교통 정보, 할인 광고 등을 제공하고 있으나 고객의 취미, 현재의 주요 관심사에 상관 없이 같은 지역 내의 모든 사용자에게는 동일한 내용의 정보를 공유하는 수준이다. 망 운영 관점에서는 시스템의 성능·용량은 비약적으로 증진된 데 비해 고객 체감 품질, 고장 관리 방법은 사후 조치 중심의 기존 방식에서 크게 벗어나지 못했다. 고객이 경험하는 통화 단절, 스트리밍 동영상 끊김 등은 VoC나 시스템 통계를 통해 파악되므로 이를 해소하기 위해

장시간이 소요될 수밖에 없다. 또한, 특정 임곗값을 기준으로 한 단순한 고장 관리로는 서비스 품질 저하 발생 후에야 상황을 인지할 수 있어 예방적 대응이 어려우며, 임곗값을 초과하지 않는 조용한 성능 저하가 발생한 경우 신고 없이는 고객의 불편을 인지하기 쉽지 않다. 4G에서도 DPI(Deep Packet Inspection)를 이용하여 고객별 트래픽 분석과 속도 제어는 가능하지만 네트워크 부하까지 고려한 고객·회선 단위 실시간 제어까지 가능하지는 않다.

가치 증진 피드백 루프는 망에서 발생하는 모든 로그를 수집·분석하여 고객의 요구 사항, 위치, 요금제, 망의 가용 자원 등을 종합적으로 판단, 망의 자원과 동작을 제어함으로써 고객에게 최고의 서비스를 제공하고 품질 저하 요인을 조기에 검출, 자동 해소함으로써 인프라스트럭처의 안정성을 제고하는 것을 목표로 한다.

인프라스트럭처, Analyzer, Activator가 연동하여 고객별 미세 품질 저하까지 감지·분석하여 피드백 루프를 통해 자원을 추가 할당, 사전 예약, 유지함으로써 균일한 품질을 제공하 게 된다. 즉 VoC가 아닌 망이 배출하는 모든 정보가 서비스 항상성을 제공하는 기본이 되는 autonomous infrastructure를 지향하는 것이다.

또한, 단위 모듈이 전달한 자원 사용률, 통계, 알람, 로그를 연관 분석하여 부하에 의한 성능 저하나 고장 징후를 사전에 파악, 예비 자원 투입의 필요성을 판단하거나 운영 파라미터의 변경으로 망의 고장 상황 발생을 예방할 수 있다.

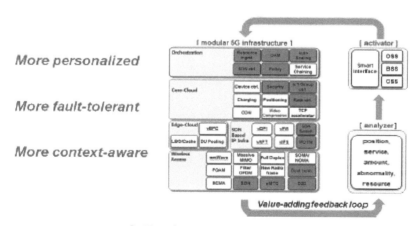

[그림 8-6] 가치 증진 피드백 루프

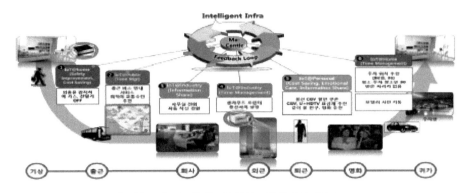

[그림 8-7] 피드백 루프를 통한 고객 맞춤형 서비스

4) 최적 오버레이 구조

국내 4G 액세스 네트워크는 800MHz~2.6GHz 대역의 3개의 주파수를 활용하는데 주요 주파수에 대해서는 도심, 외곽 구분 없이 기지국을 모두 구축하여 전국 서비스를 제공하고 나머지 주파수에 대해서는 지역별 발생 트래픽과 고객 체감 품질을 감안하여 필요할 경우 기지국을 추가적으로 구축하고 있다.

모니터링형, 검침형, 실감·몰입형 서비스로 분류한 5G 서비스 중 실감·몰입형 서비스외 나머지 서비스를 제공하는 디바이스가 유발하는 트래픽은 매우 낮은 수준으로 대부분의 경우 4G 네트워크로도 수용 가능할 것으로 예상한다.

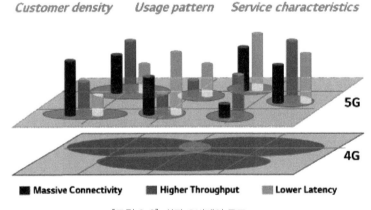

[그림 8-8] 최적 오버레이 구조

고객의 밀집도가 높고 빠른 속도를 요하는 실감·몰입형 서비스 사용자의 비중이 높은 지역은 고속 데이터 전송을 지원하는 밀리미터 웨이브, massive MIMO 등 5G

기술을 모두 적용할 필요가 있지만, 고화질 비디오 사용 비율은 높으나 고객 밀집도가 낮은 지역 또는 고객 밀집도는 높으나 고화질 비디오 사용 비율이 낮은 지역의 경우 기존 4G 네트워크의 최적화로도 충분한 품질 수준의 서비스가 가능할 것으로 예상한다.

따라서 LG유플러스는 고객의 밀집도가 높고 빠른 속도를 요하는 실감·몰입형 서비스 사용자의 비중이 높은 지역에 5G망을 집중적으로 구축하고 그 외 지역은 셀 분할, 파라미터 변경과 같은 4G 네트워크 최적화와 4G 네트워크 업그레이드로 5G 의 세 가지 유형의 서비스를 효과적으로 제공하고자 한다.

그리고 지역별 발생 트래픽을 토대로 한 최적 오버레이 구조로 5G 기지국을 구축할 경우 5G에서 4G망으로 핸드오버가 빈번하게 발생할 수밖에 없는데, 이때 호 끊김을 방지하기 위해 핸드오버 호처리 시그널링은 4G망에서, 데이터 트래픽은 4G와 5G망에서 송수신하는 Dual connectivity 기술 도입이 필수적이다.

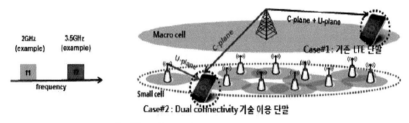

[그림 8-9] Dual Connectivity 구조

1.3 5G Key Technologies

1) 액세스 네트워크

① 5G 후보주파수 대역

4G 주파수로 사용 중인 450MHz ~ 3.5GHz 대역 인근 영역은 이미 다양한 무선통신 용도로 사용되고 있어 미사용 대역을 결합하여 사용한다고 하여도 ITU-R에서 정의한 5G 최고 속도 20Gbps, 체감 속도 100Mbps 이상의 성능을 낼 수 없는 상황이다.

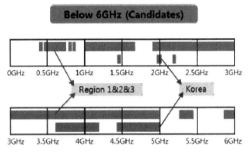

[그림 8-10] 6GHz 미만의 5G 후보 주파수

5G 후보 주파수 대역으로 6GHz 미만 대역과 6GHz 이상 대역 모두 검토되고 있으며, 국내에서는 6GHz 미만의 주파수로서 1,452 ~ 1,492MHz 대역과 3.6 ~ 4.2GHz 대역이 유력한 후보군으로 논의되고 있으며, 6GHz 미만의 주파수에서는 현재 4G 규격의 최신 릴리즈를 적용할 수 있으며 기존 무선망 설계 방식을 활용할 수 있을 것으로 보인다.

광대역 주파수 확보를 위해서 검토되고 있는 6GHz 이상의 대역에서는 높은 MCS(Modulation and Coding Scheme)와 CA(Carrier Aggregation) 기술 없이도 500MHz ~ 1GHz의 연속된 광대역을 이용하여 초고속 데이터 전송이 가능할 것으로 기대된다. 6GHz 이상의 주파수에서는 특히 밀리미터웨이브(millimeter wave)라 불리는 30GHz 이상 및 그 인근 주파수 사용이 활발히 검토되고 있으며, ITU-R WP5D

의 주요 후보 주파수 대역은 28GHz, 39GHz, 60GHz, 72GHz이고 국내 5G 포럼에서는 27GHz~29.5GHz 및 72GHz를 주요 후보 주파수 대역으로 검토하고 있다.

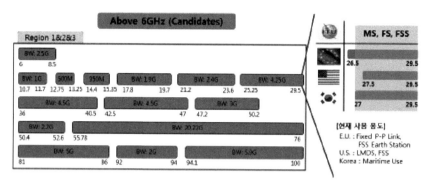

[그림 8-11] 6GHz 이상의 5G 후보 주파수

2) Spectral Efficiency

주파수 대역의 확장과 더불어 데이터의 전송 속도를 높일 수 있는 또 다른 방법은 주파수의 효율을 높이는 것으로, 본 절에서는 주파수 효율 향상 기술인 Massive MIMO, Modulation, New Waveform, Multiple Access, Full Duplex Radio 기술을 설명한다.

(1) Massive MIMO

Massive MIMO는 송·수신 안테나 수를 늘리고 고지향성 빔을 수직 또는 수평으로 자유롭게 생성하여 단말별로 독립적인 빔을 송수신하여 단말 간의 간섭을 줄여 전송 속도를 올리고 무선 용량을 향상시키는 기술이다.

밀리미터웨이브는 파장이 짧아 직진성이 강하여 원하는 방향으로 신호 전송이 쉽고 안테나 소자의 크기가 작아 안테나 수를 늘릴 수 있어 Massive MIMO 구현에 유리하다. 좁은 빔 폭을 갖는 다수의 송·수신 안테나를 이용하여 신호를 원하는 곳에만 선택적으로 전달하는 빔포밍 기술을 이용하여 서로 다른 곳에 위치한 많은 사용자에게 동시에 데이터를 전송하여 기지국의 전송 용량을 증가시키는 Multi-User MIMO 효과가 있다.

LTE에서 안테나는 고도를 고려하지 않은 2차원 구조였던 반면 Massive MIMO 안테나는 3차원 구조의 빔을 활용하여 고층 빌딩과 같이 여러 단말이 수직, 수평으로 위치한 경우에도 동시 서비스가 가능하며 이를 Full Dimensional MIMO라고도 한다. Massive MIMO의 구현을 위해서는 Horizontal 방향뿐만 아니라 Vertical 방향으로 확장한 3D 채널 모델링, 이동하는 단말을 효과적으로 트래킹할 수 있는 기술 등의 추가 연구가 필요하다.

[그림 8-12] Massive Antenna를 이용한 FD-MIMO

3) Modulation

LTE에서는 QPSK, 16QAM, 64QAM 변·복조 기술을 사용하고 있으며 보다 주파수 효율을 향상시키는 기술로 SINR이 높은 지역에서 적용할 수 있는 256QAM(Quadrature Amplitude Modulation), 셀 경계 지역에 적용할 수 있는 FQAM(Frequency&Quadrature Amplitude Modulation) 기술이 있다.

256QAM은 하나의 Symbol로 8Bit를 전송하므로 기존 6Bit를 전송하는 64QAM 대비 이론상 주파수 효율은 33.3% 증가시킬 수 있다. 하지만 256QAM은 Constellation 상각 Symbol 간 거리가 짧아져서 노이즈에 영향을 많이 받기 때문에 셀 중심이나 Indoor 같은 SINR이 높은 환경에서만 사용할 수 있다.

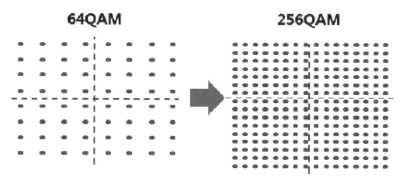

[그림 8-13] 256QAM 동작

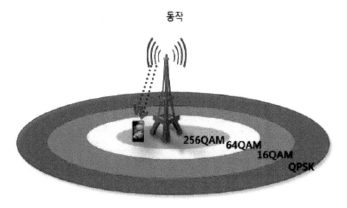

[그림 8-14] 256QAM 커버리지

간섭(Interference) 신호는 전체 네트워크의 용량을 결정하는 중요한 요소 중 하나로 특히 셀 경계 지역에서는 셀 간 간섭 때문에 네트워크의 성능이 떨어지게 된다.

FQAM은 셀 간 간섭 신호의 영향을 줄여 셀 경계 지역 단말의 속도를 향상시키기 위해 주파수 효율이 좋은 QAM과 셀 간섭에 강한 FSK(Frequency Shift Keying)의 장점을 합친 기술이다. 4-ary QAM과 4-ary FSK의 조합으로 만들 수 있는 16-ary FQAM은 데이터 비트를 4개의 QAM 심볼 중 하나에 매핑하고 각 심볼을 FSK 4개 중 하나의 주파수에 매핑하는 방식이다. 하지만 이 기술은 셀 경계 지역에 있는 사용자에게만 성능 개선 효과가 있어서 셀 중심에 있는 사용자는 기존의 QAM 방식을 사용해야 한다.

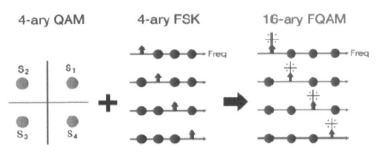

[그림 8-15] FQAM 방식

4) New waveform

기존 OFDM 주파수 효율을 더욱 높이기 위해 OFDM의 반송파(Subcarrier)에 필터를 적용하는 기술의 연구가 활발히 진행되고 있으며, 필터를 적용시키는 범위에 따라 FBMC(Filter Bank Multi-Carrier)와 UFMC(Universal Filtered Multi-Carrier)로 나눌 수 있다.

FBMC는 OFDM의 반송파마다 필터를 적용하여 불필요한 side lobe들을 줄임으로써 OFDM에서 사용하는 CP를 사용하지 않아도 되어 주파수 효율을 향상시키는 기술이다. 이를 통해 Cyclic Prefix의 사용 없이도 ICI(Inter Carrier Interference), ISI(Inter Symbol Interference)등 간섭 영향을 줄일 수 있으므로 주파수 효율을 향상시킬 수 있다. 하지만 필터 사용으로 인해 구현 복잡도가 증가고, 현재 검토 중인 필터로는 OFDM 신호의 허수부가 직교성을 유지할 수 없어 이를 보완하기 위해 허수부의 심볼 주기를 1/2만큼 이동시킨 offset QAM을 사용해야 하고 이에 따라 추가적인 채널 추정이 필요하다.

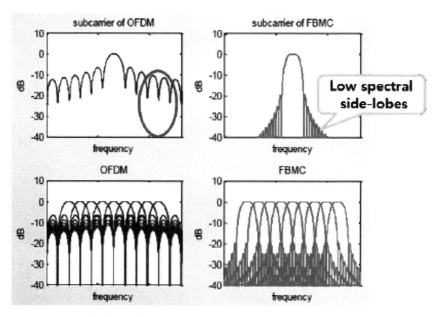

[그림 8-16] OFDM vs FBMC 파형 in frequency domain

UFMC는 여러 개의 연속적인 반송파들을 묶어 Sub-band 단위로 Filtering하는 기술로 FBMC와 마찬가지로 필터링을 통하여 ICI, ISI를 효율적으로 극복할 수 있고, Sub-band 단위의 필터링을 통해 복잡도는 더 낮은 장점이 있다. 또한, QAM 방식을 사용하는 LTE 기술에 적용이 가능하여 FBMC보다 기존 시스템과 높은 호환성을 보이며 짧은 Filter length로 인해 FBMC보다 Latency가 작아진다.

5) Multiple Access 기술

기존 OFDMA 방식보다 많은 수의 기기를 수용하고 셀 용량 증대를 위해 NOMA(Non-Orthogonal Multiple Access), SOMA(Semi Orthogonal Multiple Access), SCMA(Sparse Code Multiple Access)와 같은 새로운 형태의 다중 접속 기술 (Multiple Access)들이 활발하게 연구되고 있다.

NOMA는 Power Domain 상에서 다른 사용자들의 간섭 신호를 제거하여 용량을 증가시키는 다중 접속 기술로 다수의 사용자를 같은 주파수 대역에서 동시에 할당하여 넓은 주파수 대역 활용이 가능하다. 이 기술은 각 사용자의 기지국으로부터 거리에 따른 Path Loss를 고려하여 거리가 가까운 사용자에게는 약한 출력으로, 먼 사용자에게는 강한 출력으로 신호를 전송하고 SIC(Successive Interference Cancellation)를 통해 다른 사용자의 신호를 제거하는 방식이다. 하지만 SIC 방식 사용에 따라 복잡도가 증가하고, 동일 주파수 자원을 여러 사용자에게 할당함에 따라 셀 내 간섭에 취약하다.

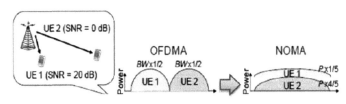

[그림 8-17] NOMA와 OFDMA의 차이점

SOMA는 NOMA의 전송 방법과 동일하게 셀 내에서 사용자의 송수신 거리에 따라 출력을 다르게 할당하여 전송하지만 Gray Coding과 Maximum Likelihood 방식을 사용하여 복조 시 SIC 기법을 이용하지 않으므로 복잡도를 낮추는 방법이며, NOMA에 비해 복잡도는 낮지만 성능은 비슷하다.

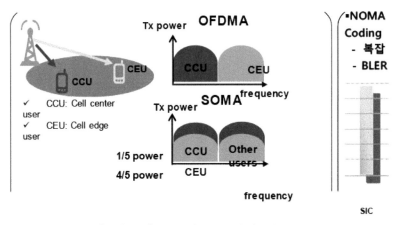

[그림 8-18] SOMA와 OFDMA의 차이점

SCMA는 Multi-dimensional code book을 이용하여 주파수 효율을 높이는 다중 접속 기술로 각 data stream마다 서로 다른 Multi-dimensional code book을 사용으로 자원의 중첩 할당이 가능하여 기존 LTE 기술에 비해 많은 기기의 수용이 가능하고 주파수 효율을 높일 수 있다.

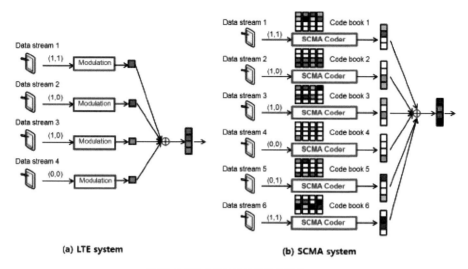

[그림 8-19] SCMA와 LTE의 차이점

6) Full Duplex Radio

4G에 사용되는 두 가지 대표 송·수신 방식은 TDD(Time Division Duplex)와 FDD(Frequency Division Duplex)로 각각 시간 혹은 주파수 사용을 다르게 하여 송·수신을 한다. 반면에 Full Duplex Radio는 같은 시간, 같은 주파수 자원에서 송·수신을 동시에 수행하여 주파수 효율을 높이는 기술로 FDD 방식에 비해 주파 수 효율을 최대 2배 증가시킬 수 있으며, 동일한 주파수 상에서 같은 시간에 전송 하므로 기존 TDD 방식에 비해서 Latency가 작다. 하지만 송·수신이 동시에 이루 어짐에 따라 송신 신호가 수신 신호에 간섭으로 작용하므로 이를 제거하기 위한 Interference Cancellation 성능이 전체 성능을 좌우할 것이다.

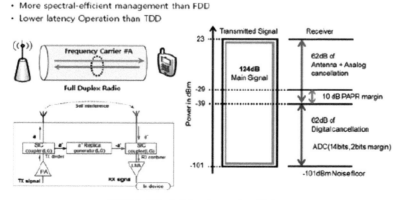

[그림 8-20] Full Duplex Radio 동작

7) Low Latency Technology

Mission-Critical 서비스 수용을 위한 핵심 기술 조건 중 하나인 무선 구간 1ms Latency를 만족하기 위해 기존 LTE Frame의 최소 단위인 1ms TTI(Transmission Time Interval)에 비해 더 짧은 TTI를 사용하는 Short TTI 기술이 고려되고 있다.

3GPP에서 User-plane Latency는 Packet을 처리하는 기지국과 단말 사이의 단방향 지연을 의미하고, 5G Latency Requirement를 만족하기 위해서는 기지국, 단말 모뎀 Processing 성능, 재전송 RTT에 대한 고려가 필요하다. 이를 바탕으로 ITU-R에 기고된 LTE Latency를 고려하여 무선 구간에서 1ms Latency를 만족하기 위한 신규 TTI를 계산해보면 0.25ms 이하가 되어야 할 것으로 예상할 수 있다.

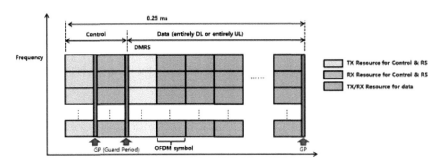

[그림 8-21] New Radio frame 구조 예

1.4 Multi-Radio Access Technology

5G 서비스가 제공되는 시기에는 4G, 5G, Wi-Fi 등 서로 다른 망들이 혼재할 것이며, 이러한 네트워크들을 효율적으로 사용하기 위해서는 서로 다른 무선 접속 기술들 간의 Coordination 기법이 필요하다. Multi-RAT 환경에서 사용자 체감 성능을 향상시킬 수 있는 기술로는 Dual Connectivity, LTE-Wi-Fi Integration, Licensed Assisted Access using LTE(LAA)가 주로 거론되고 있다.

1) Dual Connectivity

스몰 셀의 성능 향상을 위해 3GPP Release 12에 도입된 Dual Connectivity(DC)는

코어망과 non-ideal 백홀로 연결된 두 개 이상의 기지국(Master eNB, Secondary eNB)을 통해 단말이 서비스를 받는 기술이다.

이때 컨트롤 시그널링은 Master eNB(MeNB)를 통해서만 전송하고 데이터는 MeNB와 Secondary eNB(SeNB)를 통해 전송하는 Control/User-plane Split 구조를 갖는다. 이 기술의 동작을 위해서는 MeNB가 SeNB의 RRC 기능을 대행하기 위해 정보를 교환하는 Xn 인터페이스가 필요하다.

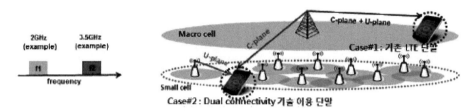

[그림 8-22] Dual Connectivity 구조

DC는 MeNB가 바뀌지 않는 경우에는 핸드오버가 발생하지 않으므로 코어망의 시그널링 부하를 줄일 수 있으며, 이동하는 단말에게 안정적인 서비스를 제공할 수 있는 장점을 갖는다. 또한, MeNB와 SeNB는 서로 다른 주파수를 사용하기 때문에 주파수 간의 간섭을 제거할 수 있고 무선 자원을 결합하는 효과를 얻을 수 있으므로 데이터 속도의 증가를 기대할 수 있다.

무선 자원을 결합한다는 점에서 기존의 CA와 유사해 보이지만, CA의 경우 Component Carrier들이 동일한 MAC 계층에서 HARQ 단위로 분리되지만 DC의 경우 MeNB와 SeNB가 RLC 계층에서부터 분리된 구조로 서로 다른 MAC 계층을 갖는 이종 기지국 간에도 쉽게 무선 자원을 결합하여 속도를 높일 수 있다.

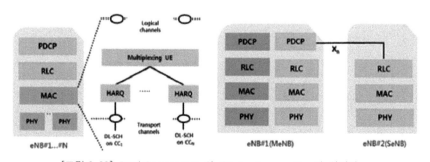

[그림 8-23] Dual Connectivity와 Carrier Aggregation의 차이점

2) 비면허 대역 활용 기술

전송 속도 향상을 위한 Wi-Fi와 4G 망과의 결합 기술 중 하나인 LTE-Wi-Fi Integration은 단말과 무선망 간 데이터 전송은 eNB와 AP 양측에서 발생하나 코어망과 무선망 간 시그널링 및 데이터 전달은 eNB만을 통해 처리되며, 데이터의 분리 결합, 스케줄링과 혼잡 제어도 eNB가 수행한다.

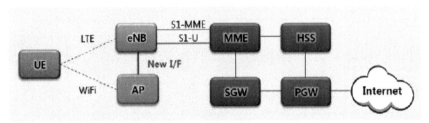

[그림 8-24] LTE-Wi-Fi Integration

LAA는 비면허 대역과 기존 LTE 대역의 결합을 통해 속도를 향상시키는 기술로 면허 대역을 Primary Carrier, 비면허 대역을 Secondary Carrier로 활용하는 Carrier Aggregation(CA) 기술이다. 현재 비면허 대역에서 주로 활용하고 있는 Wi-Fi와의 공존 이슈 해결을 위해 Listen-Before-Talk(LBT) 기술 등에 대한 연구가 진행되고 있으며, 비면허 대역은 대부분의 LTE 대역에 비해 사용하는 주파수가 높고 기지국 송신 전력이 낮아 스몰 셀 적용에 적합할 것으로 예상된다.

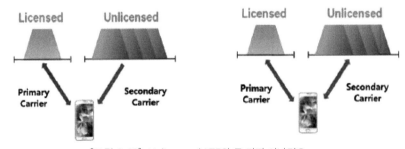

[그림 8-25] Unlicensed LTE의 두 가지 시나리오

3) Massive Connectivity Technology

사물인터넷의 다양한 기기 장치들의 수용과 장치 간의 통신 지원을 위한 기술로는 Machine-Type Communication(MTC), Device To Device(D2D)를 들 수 있다.

가전 제품, 센서, 계측기 등과 같은 기계 장치가 LTE 네트워크를 이용하여 통신하도록 지원하기 위해서는 기지국은 수많은 기기의 접속을 효율적으로 수용할 수 있어야 하며 기기의 모뎀 칩셋은 월등한 가격 경쟁력과 낮은 전력 소모 특성을 가져야 한다. MTC(Release 12)에서 업링크, 다운링크 각각 1Mbps의 최대 속도를 갖는 UE Category 0 단말이 새롭게 정의되었고 이 단말은 모듈의 가격을 낮추고자 하나의 안테나 만을 사용한다.

현재 표준화 중인 enhanced MTC(eMTC)(Release 13)에서는 채널 대역폭을 1.4MHz로 제한하고 가격은 기존 UE Category 1 단말의 20~25% 수준을 목표로 하며 훨씬 더 넓은 커버리지 제공할 수 있을 것으로 예상한다.

	Cat-1	Cat-0 (MTC)	eMTC	Further eMTC
3GPP	Rel-8	Rel-12	Rel-13	Rel-14
DL Throughput	10Mbps	1Mbps	1Mbps	~200kbps
UL Throughput	5Mbps	1Mbps	1Mbps	~200kbps
Rx Antennas	2	1	1	1
Duplex mode	Full duplex	Half duplex (opt)	Half duplex (opt)	Half duplex (opt)
Bandwidth	20Mhz	20Mhz	1.4Mhz	200Khz
Tx power	23dBm	23dBm	~20dBm	~20dBm
Cost	100%	50%	25%	15-20%
MCL*	141dB	141dB	161dB	

[표 8-4] MTC, eMTC 단말 특성

D2D란, 서로 다른 단말기가 기지국을 거치지 않고 직접 통신을 하도록 지원하는 기술로써 단말 간 직접 통신을 통해 네크워크 사용률을 줄여 트래픽의 오프로딩 효과가 있다. D2D 기술은 3GPP Release 12에 포함되어 Proximity-based Service(ProSe)라는 명칭으로 2013년부터 재난망과 상업 용도의 Discovery와 Communication에 대한 표준화 작업이 진행되었으며, 현재는 재난 상황에서의 그룹 통신과 네트워크 커버리지가 없는 경우의 단말 간 직접 통신에 관한 연구가 진행 중에 있다.

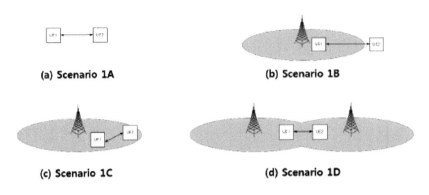

Scenarios	UE1	UE2
1A: Out-of-Coverage	Out-of-Coverage	Out-of-Coverage
1B: Partial-Coverage	In-Coverage	Out-of-Coverage
1C: In-Coverage-Single-Cell	In-Coverage	In-Coverage
1D: In-Coverage-Multi-Cell	In-Coverage	In-Coverage

[그림 8-26] D2D 시나리오

IoT 서비스의 원활한 지원을 위해서는 MTC, D2D 등의 기술과 더불어 4G 대비 최대 10배까지 증가할 것으로 예상되는 단말을 수용할 수 있도록 대규모 연결성(Massive Connectivity)을 제공해야 한다. 4G에서는 다운링크의 제어 영역인 PDCCH 자원 1ms당 최대 3개의 심볼만이 사용 가능하며 나머지 심볼은 모두 데이터 영역(PDSCH)으로 사용해야 한다. 따라서 셀 내 사용자 수가 폭발적으로 증가하게 되면 이 PDCCH 자원이 먼저 고갈되어 사용자 수용 제약이 발생하므로 PDSCH 영역의 일부 자원을 PDCCH 자원으로 활용할 수 있게 하여 단말 수용 용량을 더욱 늘릴 수 있는 enhanced PDCCH(ePDCCH) (Release 11)가 제안되었다. ePDCCH 외에도 앞절에서 언급된 FBMC, UFMC, NOMA, SOMA, SCMA 등 스펙트럼 효율 향상 기술의 적용으로 4G 대비 동일 대역폭에서 수용할 수 있는 단말 수를 크게 늘릴 수 있을 것이다.

4) Analytic 기반 Self-Organizing Network(SON)

기존의 액세스망 구축은 망 설계 후 기지국 하드웨어 설치, 구성 정보 입력, 코어망 연동, 소프트웨어 패키지 적용, 개통·인수 시험을 거쳐 상용 서비스 제공이 일반적인 절차로, 로그와 통계를 기반으로 고장, 성능 저하, 장애, 무선망 품질 등을 실시간으로 감시하고 있다. 그러나 현재 사업자당 약 20만 개 정도인 4G용 셀 수는 5G 서비스가 본격화될 경우 5G의 상대적으로 좁은 커버리지, 기지국의 소형화를 고려할 경우 훨씬 늘어날 수밖에 없으며, 이 경우 셀 구축 및 운영비를 줄이기 위한 Self-Organizing Network(SON) 기술의 중요성은 더 증가할 것으로 예상한다.

SON은 기지국 설치를 자동으로 할 수 있도록 도와주는 Self-Configuration, 운영 최적화에 도움을 주는 Self-Optimization, 장애 발생 시 자동으로 복구할 수 있는 Self-Healing의 3가지로 요약할 수 있다.

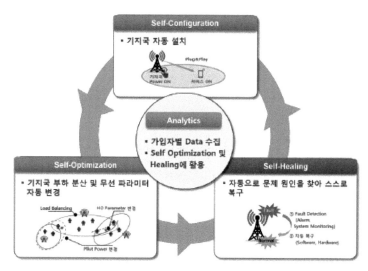

[그림 8-27] Advanced SON

Self-Configuration은 Plug & Play 기능으로 기지국을 설치하고 전원을 켜면 시스템 구성 정보, 파라미터 설정, 코어망과의 연동을 자동으로 수행하여 설치와 동시에 서비스를 할 수 있도록 하는 기술이다. 자동으로 IP 주소 및 인터페이스를 설정하고 소프트웨어 패키지 다운로드를 수행한다. 또한, PCI와 같은 초기 구성 정보, 네이버 데이터와 파라미터를 획득하여 자동으로 설정함으로써 운영자의 실수나 미숙으로 인한 설정 오류를 원천적으로 방지할 수 있으며 운영 비용 또한 절감할 수 있다.

Self-Optimization 기능은 주변의 무선 환경을 지속적으로 측정하여 상황 변화에 따라 네트워크의 운영, 전력, 핸드오버 파라미터들을 최적화하는 것을 의미하며 Mobility Load Balancing(MLB), Mobility Robust Optimization(MRO), Coverage and Capacity Optimization(CCO)이 주요 요소이다.

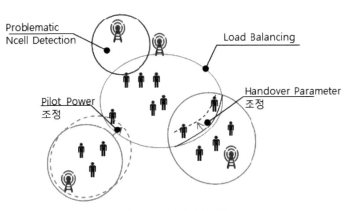

[그림 8-28] 무선 파라미터 최적화 기능

MLB는 Resource Block 사용량과 가입자 수를 기반으로 셀의 부하를 판단하고 부하가 높은 셀의 단말을 다른 주파수를 사용하는 부하가 낮은 셀로 핸드오버시켜서 과부하 셀의 부하를 줄이는 기능이다. MRO는 단말의 이동 속도에 맞추어 핸드오버 파라미터를 자동으로 변경하고, CCO는 특정 셀의 커버리지를 조정할 필요가 있을 경우에 운영자가 최적화하고자 하는 알고리즘을 적용하여 기지국의 출력과 안테나의 Tilt 값을 변경한다.

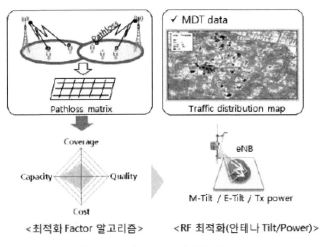

[그림 8-29] CCO RF 최적화 기능

Self-Healing은 장애 알람이 발생하거나 KPI 모니터링을 통하여 특정 셀의 품질이나 성능의 저하가 검출된 경우 리셋을 통한 자동 복구 또는 주변 셀의 도움으로 Cell outage를 회복하는 기능이다.

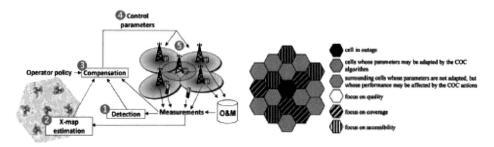

[그림 8-30] Self-Healing of Cell Outage동작 Process

SON은 위 기본 기능 외에 기지국의 호 통계, 가입자별 로그, 가입자의 무선 환경을 알 수 있는 MDT 로그, 그리고 위치 정보 등을 수집·분석함으로써 정확한 투자 위치 찾기, 최적 무선망 파라미터 도출, 가입자의 불만 전화 해결에도 활용할 수 있는 수준으로 진화할 것이다.

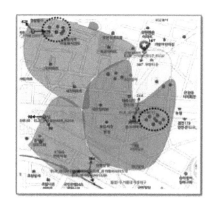

[그림 8-31] Defect 위치 제공/Grid 단위 트래픽 사용량 제공

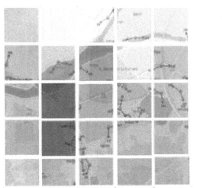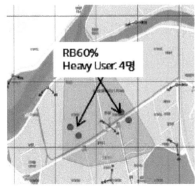

[그림 8-32] Grid별 Max THP 통계/트래픽 유형 분석

5) Interference Cancellation

셀 밀도의 증가, 접속 단말 수의 증가, 고속 수용을 위한 좁은 빔폭의 사용으로 간섭의 양과 수준 또한 증가할 수밖에 없다. 특히 홀로그램, 8K UHD와 같은 높은 속도를 요하는 서비스, Mission critical 서비스의 경우 간섭 신호의 세기가 일정 수준을 넘어설 경우 5G의 장점인 고속, 초저지연 제공이 사실상 어려우므로 망 성능 열화 방지를 위한 간섭 제거가 매우 중요하다.

NAICS(Network-Assisted Interference Cancellation and Suppression)는 백홀을 통해 간섭 신호 제거에 필요한 인접 셀의 UE에 할당되는 스케줄링 정보, 하향링크 제어 정보를 네트워크 보조 정보(Network Assisted Information)로서 교환하고 이를 이용해서 간섭 신호를 제거하는 기술이다. [그림 8-33]에서 UE1의 수신에 UE2의 신호가 섞여서 수신될 경우 UE2의 신호는 셀 간 간섭 신호로 작용한다.

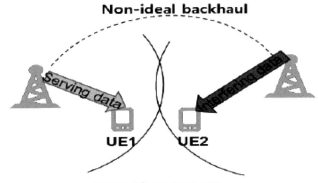

[그림 8-33] NAICS 시나리오

UE1 수신부에서 UE2 간섭 신호를 제거하기 위하여 기지국 간의 신호 전달 경로인 백홀을 통하여 네트워크 보조 정보를 전달하고, 원하는 신호를 검출하기 전에 간섭 신호를 제거해 줌으로써 셀 간 경계 영역에서 수신율을 향상시킬 수 있다.

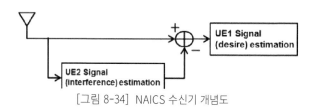

[그림 8-34] NAICS 수신기 개념도

셀 간 간섭뿐만 아니라 셀 안에서 SU-MIMO 또는 MU-MIMO를 사용할 때 서로 다른 안테나에서 전파되는 신호들의 간섭을 NAICS를 이용하여 제거할 수 있기 때문에 망 성능의 향상을 기대할 수 있다.

6) Virtualized Radio Access Network

LTE 기지국은 제조사가 만든 전용 하드웨어 기반으로 Digital Unit(DU)과 Remote Radio Head(RRH)로 구성되어 있다. DU 하나에 6~18개의 RRH를 연결할 수 있는 구조로 설계되어 있어 RRH를 연결할 포트가 부족할 경우 DU 자원에 여유가 있더라도 DU 증설이 필요한 경우가 있어, 기지국 자원을 효율적으로 활용하기 위해서는 Pooling 가능한 가상화 기지국 구조가 필요하다.

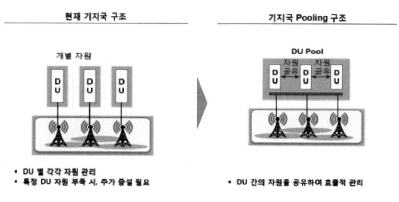

[그림 8-35] 기지국 Pooling

가상화 기지국은 범용 서버에 DU 소프트웨어를 적용하여 대용량의 DU를 만들고 수백대의 RRH를 연결할 수 있는 기지국 기술로 DU의 프로세서 자원 활용률을 높임으로써 네트워크 투자비와 운영비를 절감할 수 있다.

가상화 기지국은 Physical layer, MAC layer, Layer 3를 모두 가상화시키는 방식과 MAC layer, Layer 3는 가상화하고 Physical layer는 RRH에 구현하는 방식이 있다. 세 계층을 모두 가상화하는 방식은 DU의 대용량화로 인한 성능 이슈와 CPRI로 구현되는 프론트홀에서의 대량 트래픽 처리가 관건이다. 완전 가상화는 아니지만 이보다 구현이 상대적으로 용이한 방식으로 MAC layer, Layer 3는 가상화하고 Physical layer는 RRH에 구현하는 구조가 우선적으로 논의되고 있는데, 이 경우 DU 기능을 처리하는 서버의 성능 부담과 DU와 RRH 간 프론트홀의 트래픽 전송 부하를 줄일 수 있다.

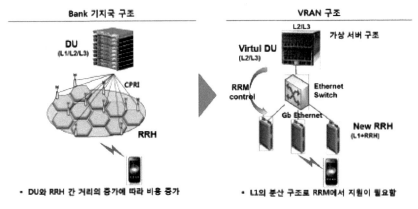

[그림 8-36] Virtual RAN

차세대 이동통신 시스템

제9장

엔지니어링

1.1 NR 장비 엔지니어링
1.2 DUH 설계
1.3 LTE 설치 장소 유형별
1.4 DUL 설계 및 지상 서비스
1.5 인빌딩 서비스

차세대 이동통신 시스템

엔지니어링

PART

1.1 NR 장비 엔지니어링

■ CU   (예 : CU-UP)

구분자	범례	Naming 검토
제조사	삼성, ELG, Nokia, Huawei	ERP별도항목
기능구분	CU(CP+UP Mix), CU-CP, CU-UP	Naming

■ DU_H   (예 : DUH10(내))

구분자	범례	Naming 검토
제조사	삼성, ELG, Nokia, Huawei	ERP별도항목
CU+DU H 일체	CU기능지원 : CDU	Naming
버전	10, 20, 30	Naming
실내/실외	실내 : (내), 실외 : (외)	Naming
주파수	3.5G, 28G	Naming 불필요
Size	1U, 2U, 3U	Naming 불필요
채널카드 수	1~6	Naming 불필요
DU당 Cell수	3, 6, 9, 18	ERP별도항목
B/H	10Gbps x 2, 25Gbps x 1	ERP별도항목

■ 메인보드(메인 프로세서)   (예 : MP10)

구분자	범례	Naming 검토
제조사	삼성, ELG, Nokia, Huawei	ERP별도항목
기능 구분	MP	Naming
버전	10, 20, 30	Naming

■ DUH Shelf   (예 : DUH-Shelf10)

구분자	범례	Naming 검토
제조사	삼성, ELG, Nokia, Huawei	ERP별도항목
기능 구분	DUH-Shl	Naming
버전	10, 20, 30	Naming

■ 채널카드   (예 : CC10)

구분자	범례	Naming 검토
제조사	삼성, ELG, Nokia, Huawei	ERP별도항목
기능 구분	CC	Naming
버전	10, 20, 30	Naming
CC당 포트수	4~18	Naming 불필요

■ DU_L　(예 AAU10-3.5G-64T16L)

구분자	범례	Naming 검토
서비스대상	지상, 인빌딩, 지하철, 터널	Naming 불필요
Active /Passive	Active : AAU, Passive : PRU	Naming
DU일체형(DU_H+DU_L)	DAU	Naming
CU일체형(CU+DU_H+DU_L)	CDAU	Naming
버전	10, 20, 30	Naming
주파수	3.5G, 28G	Naming
TRX	3.5G : 4T, 8T, 16T, 32T, 64T 등 28G : 64T, 96T, 128T, 192T, 256T 등	Naming
Layer(DL기준)	3.5G : 2L, 4L, 8L, 16L 28G : 2L, 4L, 8L	Naming
전원	AC, DC	ERP별도항목
IBW 대역폭	3.5G : 100~200M 28G : 800M~1G	ERP별도항목
안테나 수평/수직빔폭	H120/V60	ERP or Naming 논의필요
출력	Active : EIRP, Passive : Path당출력	ERP별도항목, 표시항목 논의
Antenna Eelement	3.5G : AE64, AE96, AE128 28G : AE64, AE96, AE128, AE192, AE256	ERP별도항목
제조사	삼성, ELG, Nokia, Huawei	ERP별도항목
Fronthaul	CPRI, eCPRI	ERP별도항목
SFP 종류, 수량	10Gbps x 2, 25Gbps x 1	ERP별도항목

■ RF중계기

구분자	범례	Naming 검토
제조사	SKTS, SOLID	ERP별도항목
주파수	3.5G, 28G	Naming
기능 구분	RF : RF 중계기 SPEED : Speed 중계기	Naming
커버리지(RF)	기본 : L(Large), M(Middle), H(High)* 추가정보 : AO(Add-on)	Naming
단독, 통합	단독 : 5G 주파수만 표시 통합 : LTE 주파수 표시(8126) 8(800M), 1(1.8G), 2(2.1G), 6(2.6G) 해당 주파수 없을 때는 '0'으로 표시	Naming

* High : 무선국 허가대상 고출력

[그림 9-1] 중계기

1) 범례

SPEED-3.5G: Speed 중계기 3.5G 단독

RF-LAO-3.5G: RF 중계기 L 급 3.5G Add-on 형태 단독

RF-L-3.5G-0120: RF 중계기 L 급 3.5G + 1.8G/2.1G 통합형

■ Layer Split Hub   (예 : HUB-28G-8P)

구분자	범례	Naming 검토
제조사	삼성, ELG, Nokia, Huawei	ERP별도항목
주파수	3.5G, 28G	Naming
포트수	4, 8, 12	Naming
전원공급	POE, 기타	ERP별도항목

2) DUH 세부 버전 관리 예시

DUH10 = MP10 + All CC10

DUH11 = MP20 + All CC10 [MP만 변경]

DUH15 = MP10 + CC 변경(All CC20 or CC10+CC20 Mix) [CC만 변경]

DUH17 = MP20 + CC 변경(CC10+CC20 Mix) [MP&CC 변경, but 모든 CC 변경은 아님] DUH20 = MP20 + All CC20 [MP&CC 변경, 모든 CC 변경]

1.2 DUH 설계

1) 실내형 DUH 설계 방식

NR에서의 DUH는 LTE의 벤더별 장/단점을 반영하여 많은 셀 수용, 저전력 및 공간과 운용 효율성을 최대한 반영하는 것을 목표로 한다. 초도 Roll-out Step 1 '18.12월, Step 2' 19.3월 투자 시에는 전 벤더 DUH10 설치하고, DUH20 도입 시기는 벤더별 상이하여 개발 일정 단축 중이다.

■ 5G Roll-out Step별 DUH 산출 Logic

Step 1은 고객 단말 무, 커버리지 확장 목적으로 투자비 최소화를 목표로 한다. Step 2는 단말 일정동글 :'19.3월 및 smart phone: '19. 2Q, 벤더별 품질 등을 감안하여 Step 1/2 모두 동일 DUH10 타입을 설치하고, 초기 트래픽이 소, 커버리지 확장 측면에서 최대한 많은 셀을 수용할 수 있는 방향으로 엔지니어링 하였다.

■ DUH 최소 도입 세부 셀 엔지니어링

A사 기본 형상 셀당 8L Only로 채널 카드당 2셀+4Copy로 DUH 1식당 총 18 개 DU_L 수용하며, B사는 32TRX 개발 지연으로 64TRX 장비로 개통 추진

구 분			A	B	C
Step 1 (~'18.12월)	DUH Type		DUH10	DUH10	DUH10
	Port 수		18 Port/CC * 3CC	15 Port	4 Port/CC * 6CC
	최대 Layer		16L/CC * 3CC	36L	16L/CC * 6CC
	초과 형상		미 지원	미 지원	미 지원
	최대 지원 셀 수		2셀/CC	36L / 셀당 Layer	4셀/CC
	수용 셀 수	DUL	32TRX	64TRX	32TRX
		지원 형상	8L OnlyDL8/UL2	DL기준 8L/6L/4L/2L ※UL=DL÷2	DL기준 8L/6L/4L/2L ※UL=혼용가능
		Copy	O	X	X
		셀 수	18 셀 @8L운용형상&Copy 기준 6셀2Cell+4Copy/CC * 3CC	9셀36L÷4L @4L운용형상 기준	24셀 @4L운용형상 기준 4셀16L÷4L/CC * 6CC

[표 9-1] 셀 엔지니어링

Step 2에서는 Step 1보다 더 많은 장비 수용을 위하여 A사 2셀+6Copy 기능을 조기 추진하여 DUH 1식당 총 24식 DU_L 수용하며, B사는 32TRX 장비 납품하여 커버리지 확장함.

구분		A	B	C
	DUH Type	DUH10	DUH10	DUH10
	Port 수	18 Port /CC * 3CC	15 Port	4 Port/CC * 6CC
	최대 Layer	16L/CC * 3CC	36L	16L/CC * 6CC
	초과 형상	미 지원	미 지원	미 지원
	최대 지원 셀 수	2셀/CC	36L / 셀당 Layer	4셀/CC
Step 2 (~'19.3월)	DUL	32TRX	32TRX	32TRX
	수용 셀 수 — 지원 형상	8L OnlyDL8÷UL2	DL기준 8L/6L/4L/2L ※UL=DL÷2	DL기준 8L/6L/4L/2L ※UL=혼용가능
	수용 셀 수 — Copy	O * 3단/4단 copy 4단 MCCC: '18.12월 DVT	X	X
	수용 셀 수 — 셀 수	24 셀 @8L운용형상&Copy 기준 8셀2Cell+6Copy/CC * 3CC	9셀36L÷4L @4L 운용형상 기준	24셀 @4L운용형상 기준 4셀16L÷4L/CC * 6CC

- 벤더별 DUH10 장비 요약

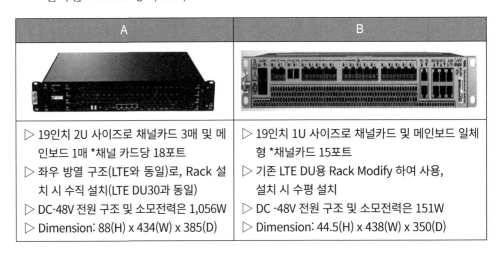

A	B
▷ 19인치 2U 사이즈로 채널카드 3매 및 메인보드 1매 *채널 카드당 18포트 ▷ 좌우 방열 구조(LTE와 동일)로, Rack 설치 시 수직 설치(LTE DU30과 동일) ▷ DC-48V 전원 구조 및 소모전력은 1,056W ▷ Dimension: 88(H) x 434(W) x 385(D)	▷ 19인치 1U 사이즈로 채널카드 및 메인보드 일체형 *채널카드 15포트 ▷ 기존 LTE DU용 Rack Modify 하여 사용, 설치 시 수평 설치 ▷ DC -48V 전원 구조 및 소모전력은 151W ▷ Dimension: 44.5(H) x 438(W) x 350(D)

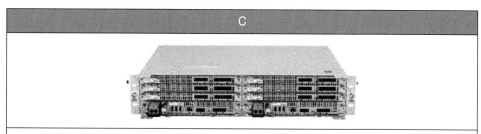

C
▷ 19인치 3U 사이즈로 채널카드 6매 및 메인보드 2매 *채널카드당 4포트
▷ 기존 LTE DU 용 Rack 사용, 설치 시 수평 설치
▷ -48V 전원 구조 및 소모전력은 : 964W
▷ Dimension : 128(H) x 447(W) x 400(D)

[그림 9-2] 제조사별 겅비 규격

2) 옥외형 DU 구성 방식

LTE 옥외형 DU 현황을 보면 전국 1,589개의 국사에 5,264식을 운용하고 있으며, 국사당 평균 14개의 Remote Site를 수용하고 있다.

구분	전국				삼성(수도권/중부)			ELG(동부)			NOKIA(서부/강원)		
	국사	LTE DU	연결Site	국사당 Site	국사	LTE DU	연결Site	국사	LTE DU	연결Site	국사	LTE DU	연결Site
도심	115	476	1,440	13	31	70	385	54	295	674	30	111	381
외곽	1,474	4,788	20,888	14	386	928	6,355	645	2,777	9,480	443	1,083	5,053
총합계	1,589	5,264	22,328	14	417	998	6,740	699	3,072	10,154	473	1,194	5,434

옥외형 DU를 사용하는 주요 원인으로는 외곽 집중국 DU~RRU 간 광거리 20km 제약이 가장 크고, 도서지역 서비스, 자가망 부재로 임차망을 백홀로 사용하는 경우가 있으며, 특히 도심 집중화하고자 하는 기지국사의 상면 부족과 경로 이중화 불가 및 링 전체 거리 과다로 링 먹스 구성 불가 등이 있다.

구분	세부 내역	5G 검토
광 거리 과다(외곽)	집중국 DU ~ RRU 간 20Km 초과 (대부분)	실외형 DUH 필요 (20Km)
상면 부족(도심)	집중화하고자 하는 기지국 상면 부족	실외형 DUH 필요
도서	도서 지역 서비스	
Micro Wave	DU Back Haul Micro Wave	
임차망 사용	자가망 부재로 임차망을 Back Haul 로 사용	
링먹스 구성 불가(도심)	경로 이중화 불가 및 링 전체 거리 과다	

현재 LTE의 옥외형 DU 구성을 보면 제조사별 차이가 있어, NR에서는 통일된 장비 규격이 필요하다.

구분	LTE 실외형 DU 구성	비고
삼성	별도 실외형 전용 함체 사용	도입초기 4 식 수용: DU 운용수에 따른 분할손
ELG	별도 부가 함체 제작 사용	하절기 고온 이슈 빈발
Nokia	실외형 DU 사용 (전용 함체 미사용)	분할손 및 고온 이슈 ↓

■ LTE 기준 옥외 기지국사 및 5G 리모트 Site 현황은 국사당 평균 리모트 Site 수는 도심 26개, 외곽은 14개로 DUH당 적정 리모트 Site 수용을 위한 장비 검토 필요하다.

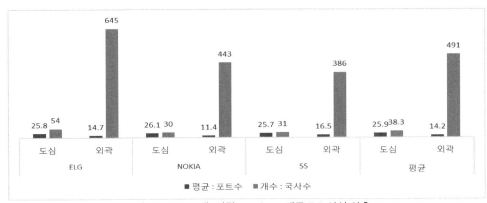

※ 국사별 도심 리모트Site당 Active 2.2개, 외곽 Passive 1개로 5G 시설 산출

■ 리모트 Site 수용에 따른 DHU 수량 산출해 보면 DUH당 수용 리모트 Site 수량은 20개 이상 시 DUH 수량은 감소하나 포트 분할손이 크므로, 16~20 식 수용이 효율적이다.

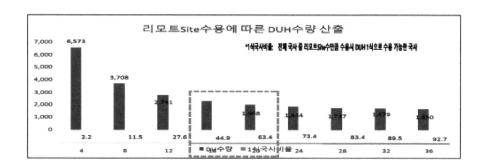

리모트Site수용에 따른 DUH수량 산출

※국사비율: 전체 국사 중 리모트SW수만큼 수용시 DUH1식으로 수용 가능한 국사

■ Layer Pooling 기능을 통해 DU_H 수용 셀 수에 대한 Eng. 효율화를 추진하고, 고효율 저비용, RM 고려한 장비를 개발할 예정이다.

[당사 DU_H 필요 형상]

구분	사이즈	소모전력	CC/DU	Layer/CC	Port/CC	Pooling 단위	Layer Pooling 적용	H/W	Port 당
옥외형	소용량	400W이하[1]	1CC[1]	48L	18 Port 이상	DU 단위	제약 無	S/W로 Layer수 및 진화 기능 수용 Stackable 타입	CPRI/eCPRI 혼용

채널카드				
Average Layer	운용포트	Layer/CC	사용처
2	18	36	외곽 트래픽 小
3	16	48	외곽 트래픽 中
4	12	48	도심/외곽 트래픽 大

주1) LTE DU용 소모전력이 낮은 E사 DU30 256W, N사 DU20 474W 참조

...을 OPEN/CLOSE에 의한 CC 탈실장에 따른 이슈 발생에 대한 RM/운용효율 측면에서...

[장비 외형]

1.3 LTE 설치 장소 유형별

1) Site 장소별 안테나 유형 (서울권역 4월 말 NAMS 기준)

전체 11,448 국소 중 통발형이 전체 55%로 대부분이고, 나머지 모노폴형 〉 통신 주형 〉 원폴형 순이다.

구분	통발형	모노폴	통신주	원폴	환경친화	화단	IP주	철탑 (옥상)	강관주	철탑 (나대지)
Site장소 (계/11,448)	6,252	2,096	869	522	458	395	395	310	134	17
점유비 (100%)	55%	18%	8%	5%	4%	3%	3%	3%	1%	0.1%
현장사진										

2) Site 내 Sector별 안테나 운용 형태(서울권역 4월 말 NAMS 기준)

1기 운용 비율이 32%이며, 2기 이상 운용 개소 68%는 안테나 결합 후 여유 공간 내 5G ANT(DU_L)설치로 비용 절감한다.

1.4 DUL 설계 및 지상 서비스

Traffic이 많아 추후 용량 확보가 필요하거나 인빌딩 내 장비가 없어 커버리지 확장 필요한 곳 Active 장비를 설치함.
소규모 커버리지, Open Area, 안테나 추가가 어렵거나 친환경 안테나 설치가 필요한 곳은 Passive 장비를 설치함.

1) 지하철 지상 역사

최번시 객차 내 승객들의 Body loss에 의해 RSRP가 −16dB 정도 감쇄하고 무선 환경 열화로 SINR이 −6.2dB, DL 속도가 70Mbps 이상 저하된다(아래 측정 결과 참조).

구분	RSRP	SINR	Tx Power	DL T/P
비최번시(13시)	-68	11.8	-9.2	92.6
최번시(8시)	-84	5.6	-2.9	20.5
GAP (dB)	-16	-6.2	+6.3	-70.1

6월5일 신도림역 최번시 vs 비최번시 LTE 측정 결과

상시 통점 구간인 지하철의 경우 경쟁사 대비 차별화가 어렵고 객차 내 당사 가입자가 많으므로, 최대 용량 확보 및 Body Loss를 극복한 커버리지 확보가 필요하다. 따라서 경쟁우위 품질 확보를 위하여, Layer가 많고 Sharp한 Beam을 사용할 수 있는 장비를 채택해야 하며, 추후 28GHz 장비를 Hot Spot 단위로 적용하여야 한다.

2) 야구장, 축구장

LTE 시스템에서 좁은 공간에 Traffic이 몰리는 경우, 용량 초과보다는 셀 간 간섭에 의한 무선 환경의 열화에 의해 품질이 저하된다. 아래 인천문학구장 만석 시 경기 시작 시간인 17시에 데이터양이 급증하면서, PRB 사용률이 증가되고 무선 환경 지표(CQI)가 나빠지고 QoS 만족률 급격히 나빠졌다. 이 현상은 동일 만석이었던 잠

실야구장도 동일한 현상을 띄고 있으며 주요 핵심 지역의 경우도 좁은 커버리지 내 트래픽 분리가 필요하다.

시간	PDCP(GByte)	PRB(%)	동접자 Max(Call)	CQI≤5(%)	QoS ≤4M(%)
15 시~	43	7	26	11	98
16 시~	88	21	49	20	92
17 시~	201	67	57	41	46
18 시~	222	89	83	48	18
19 시~	192	83	71	47	27
20 시~	99	29	57	30	83
21 시~	9	2	6	14	96

[표 9-2] 5월 26일 인천문학야구장 품질

경쟁우위 품질을 확보하기 위해서는 Layer가 많고 Sharp한 Beam을 사용할 수 있는 장비를 채택해야 하며 추후 28G를 Spot 단위로 적용하여야 한다.

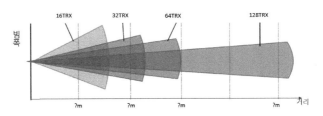

[그림 9-3] TRX 증가에 따른 Beam Pattern

■ 여객 항로

LTE 여객 항로의 경우 통점 구간 중 하나로 필요한 위치에 장비를 시설할 수 없으며 여객선의 차폐 손실로 인해 전파 불량 지역이 존재한다. 특히 1.8G 대비 2.6G 품질 불량이 심각한 것으로 보아 5G 3.5G의 품질 저하는 더욱 심각할 것으로 예상된다.

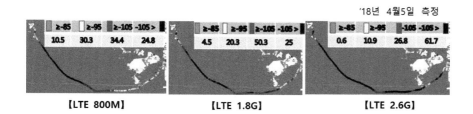

'18년 4월5일 측정

【LTE 800M】　　　　　【LTE 1.8G】　　　　　【LTE 2.6G】

LTE RSRP=−105 이하의 비율이 800MHz와 1.8MHz는 약 25% 수준이나 2.6G의 경우 약 62% 수준으로 증가한다. 먼바다의 무선 환경 불량을 보완하기 위해 LTE의 경우 일부 선박에 RF 중계기를 설치하여 운용하고 있다. 또한, 해상의 경우는 풍향/풍속에 따라 동일 여객선/항로의 경우도 이동 경로의 편차가 수 Km 이상 발생하며, 조수간만의 차로 인한 물 높이가 수 m 이상 차이가 발생하여 무선 환경 최적화에 어려움이 있다. 연안 인근 항로의 경우 내륙의 고층 아파트에서의 간섭 신호와 항로별 주 신호가 상호간에 간섭 신호가 됨에 따라 항로 서비스 기지국의 PRB 사용률이 상시적으로 높다.

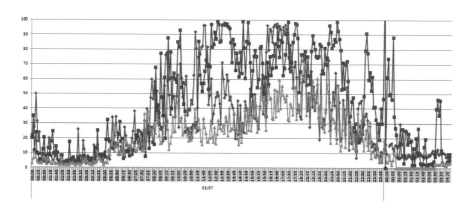

■ 아파트 옥상

인빌딩 내 투과 손실과 수직 Beam 폭을 고려하여 Active 장비를 적용한다.

구분	섹터 안테나(통합형)	스피커형(통합형)	64TRX(H사 기준)
이득(dBi)	15.5dBi이상@3.5G	11dBi이상@3.5G	19dBi
수평 빔 폭	63° @3.5G	55° @3.5G	65°
수직 빔 폭	6° @3.5G	25° @3.5G	25°

5G의 Active 장비의 경우 서비스 시나리오별 Beam Pattern을 결정할 수 있는데, 5G Passive 안테나에서 제공 가능한 수평/수직빔 폭을 고려하더라도 아파트에서 주로 사용한 스피커형 안테나 대비 8dB, 섹터 안테나 대비 4.5dBi의 이득이 있다. 추가로 Beam Forming Gain을 6dB를 반영하면 Passive 장비 대비 10.5dB~14dB까지의 이득이 예상된다. 소유주 거부로 안테나 추가가 불가할 경우는 기 배포된 친환경 공중선 Eng. 방식을 참조하여 안테나를 통합 후 Active 장비를 설치한다.

■ 일반 주택가/이면도로

LTE의 경우 장비 1식에 보통 2방향~4방향까지 분기를 하여 서비스를 하므로 인한 분기 손실로 순방향뿐 아니라 역방향 커버리지가 줄어든다. 또한, Voc가 산발적으로 넓은 커버리지에서 유입됨에 따라 한두 개의 장비 투자로 전체적인 Voc를 감소시키기가 어렵다. 아래의 연희동 주택가 경우 Voc가 산발적으로 유입이 되고 있으며, 5G 서비스를 위해 기존 LTE와 Co-Loc하여 8T8R Passive 장비를 설치를 가정하여 Cellplan 시 산발적으로 불량 지역이 나타난다. 반면 32TRX Active 장비를 적용하여 Cellplan 시 무선 환경이 개선됨이 확인되고 추가 주택가와 이면도로 확인 시에도 동일한 양상을 확인한 바 32TRX 장비를 적용한다.

【연희동 Voc 현황】

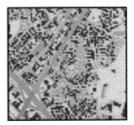
【Passive8T8R Cellplan】

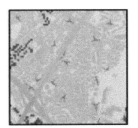
【Active32TRX Cellplan】

소규모 마을, 나대지는 8T8R의 Passive 장비를 설치를 한다. 2방향 서비스를 할 경우에는 방향당 4T4R로 서비스를 하고, 3방향을 서비스할 경우 한 방향(보다 넓은 커버리지 확보가 필요한 방향)은 4T4R을 설치하고, 나머지 2방향은 분기를 하여 서비스한다.

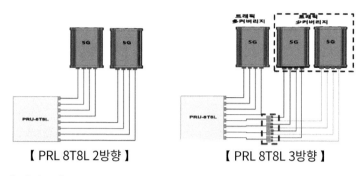

【 PRL 8T8L 2방향 】 　　　　　　 【 PRL 8T8L 3방향 】

■ 펜션, 야영장, 계곡

야영장, 계곡과 같은 Open Area나 소규모 펜션의 경우에 4T4R의 Passive 장비를
적용한다. 서비스 방향당 분기를 하여 서비스 커버리지를 확보한다.

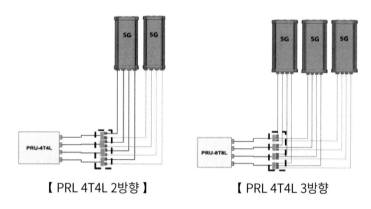

【 PRL 4T4L 2방향 】 　　　　　　 【 PRL 4T4L 3방향

[그림 9-4] 방향별 안테나 구성

1.5 인빌딩 서비스

1) 인빌딩 서비스

인빌딩 서비스는 건물의 규모 및 중요도를 고려하여 기존 Infra와 공유하는
Passive 장비를 적용하여 커버리지 확보 및 비용 절감을 하고, 언론, 쇼핑, 공공기관
등 중요 건물의 유동 인구 많은 중요 층(로비, 저층)에 Active 장비를 설치하여 최대
용량 확보 및 경쟁 차별화를 한다.

2) LTE 구성

대형 건물 LTE 서비스 제공을 위해 2G/3G 운용 형태 및 시설 여건을 고려하여 다양한 유형의 LTE 장비를 공급하여 운용 중에 있으며, 신규 건물의 경우 Site당 장비 수량 최소화를 위해 통합형 장비 공급을 원칙으로 하고 있다.

■ 장비 유형

2G/3G 유형	LTE 서비스 장비 유형				
광분산800/2.1	DE/CP800	RRU800/1.8	QRO800/1.8	ARO2.1/2.6	IRO800/1.8/2.1/2.6

3) 5G 서비스 제공 방식

VI. 구 분	LTE(통광) 장비유형		5G		
			구성	고려사항	
인빌딩 전체	공용화	송·수분리국소 ('14년 이후 국소)	Passive	Rx Path와 대역결합	PIM, 커버리지
		송·수결합국소		3사 협의·1본신설	
	단독 (급전선1본)			2사공용협의·TRX분리 후 Rx Path와 대역결합	
차별화	MIMO구현		Active	Layer Split Hub PoE Hub or UTP+소출력	경쟁/ 용량

기존 Legacy 시설의 공용화(송·수신 분리 급전선 2본 및 송·수신 결합 급전선 1본), 자사 단독 3가지 경우가 있다. 공용화 송수신 분리된 국소는 → Legacy Rx Path와 대역을 결합하고, 공용화 송수 결합된 국소는 → 3사 협의하여 5G 전용 급전선 1본 신설하여 5G를 공용화한다. 단독 국소는 Legacy 공용화 추진하여 TRX를 분리 후 Rx Path와 대역 결합기를 사용하여 서비스한다.

■ Passive 장비 구성

(1) 공용화(송·수신 분리)

장비는 RRU-3.5G-4T4R은 SISO 국소, RRU-3.5G-8T8R 은 MIMO 국소에 사용하고 구성은 아래와 같이 Legacy Rx Path와 5G를 대역 결합을 하여 서비스한다.

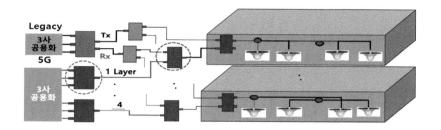

(2) 공용화(송·수신 결합)

장비는 RRU-3.5G-4T4R 은 SISO 국소, RRU-3.5G-8T8R은 MIMO 국소에 사용하고 구성은 아래와 같이 3사 협의하여 5G 전용 급전선을 1본 신규 포설하여 5G만 서비스한다.

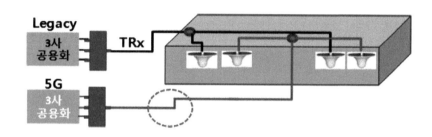

(3) SKT 단독(급전선 1본)

장비는 RRU-3.5G-4T4R은 SISO 국소, RRU-3.5G-8T8R은 MIMO 국소에 사용하고 구성은 아래와 같이 2사 공용화 협의하여 기존 1본은 Legacy TX를 나머지 1본에는 Legacy RX와 5G 를 결합하여 서비스를 한다.

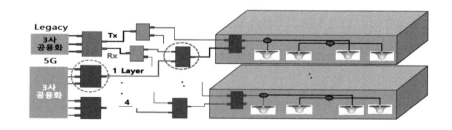

■ Active 장비 구성

(1) 경쟁 차별화(Layer Split Hub) 지원 및 RF 확장

유동 인구 많은 중요 건물, 중요 층 로비, 대합실 등 1~2개 층에 설치하여 최대
용량 확보 및 경쟁 차별화 서비스를 제공하며, 추가 소규모 음역 지역 발생 시
Active 장비에서 Coaxial 분기하여 커버리지 확장을 할 수 있다.

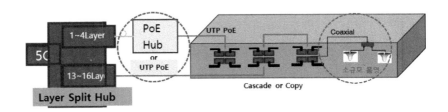

(2) 공통 사항

Passive 장비 서비스 경우 Legacy 안테나/분배기/결합기 전체 교체 및 대역결
합기 신규 개발해야 한다. Active 일체형 장비 서비스 경우에는 기존 Legacy 부
대 물자 교체 불필요하다.

■ 인빌딩 커버리지 분석

ITU Model 기반 RSRP −107dBm을 만족하는 수준의 Indoor Hotspot 커버리지는
NLOS 환경 기준, 3.5GHz 대역에서 35m, 28GHz 대역에서 15m 수준으로 예측된다.

$$L_{total} = 20\log_{10}f + N\log_{10}d + L_f(n) - 28$$

L = the total path loss. Unit: decibel (dB)

f = Frequency of transmission. Unit: megahertz (MHz). d = Distance. Unit: metre
(m).

N = The distance power loss coefficient. Pf(n) = the floor loss penetration factor.

RSRP [if EIRP 27dBm, rs=−5.1(H사 49dBm, rs=16.9)], office(파티션이 있는 사
무 공간), 1층

구분	Office
Frequency	3500 MHz
Pf(n)	16
N	28

Distance (m)	Path Loss	RSRP
1	58.88	-63.88
3	72.24	-77.24
5	78.45	-83.45
8	84.17	-89.17
10	86.88	-91.88
15	91.81	-96.81
20	95.31	-100.31
25	98.02	-103.02
30	100.24	-105.24
35	102.12	-107.12
40	103.74	-108.74

28GHz 대역 커버리지 산출

■ LOS 환경

$$PL_{InH-LOS} = 32.4 + 17.3\log_{10}(d_{3D}) + 20\log_{10}(f_c) \qquad 1m \leq d_{3D} \leq 100m$$

■ NLOS 환경

$$PL_{InH-NLOS} = max(PL_{InH-LOS}, PL_{InH-NLOS}) \qquad 1m \leq d_{3D} \leq 86m$$
$$PL_{InH-NLOS} = 38.3\log_{10}(d_{3D}) + 17.30 + 24.9\log_{10}(fc)$$

BS Height [m]	3
UT Height [m]	1
Frequency [GHz]	28
LOS std (~ 3 dB)	3
NLOS1 std (~ 8.03 dB)	8.03
NLOS2 std (~ 8.29 dB)	8.29

Distance 2D [m]	Distance 3D [m]	PL1 (LOS)	PL2 (NLOS)	LOS (D3D : 1m ~ 100m)	NLOS (D3D : 1m ~ 86m)
1	2.24	67.39	66.72	70.39	75.42
3	3.61	70.98	74.67	73.98	82.70
5	5.39	73.99	81.34	76.99	89.37
7	7.28	76.26	86.35	79.26	94.38
10	10.20	78.79	91.96	81.79	99.99
15	15.13	81.76	98.53	84.76	106.56
20	20.10	83.89	103.25	86.89	111.28

제10장

안테나 기술

1.1 기지국 안테나
1.2 지향성 안테나 이론
1.3 안테나 방사 패턴
1.4 안테나 수신 감도
1.5 송신 신호의 방향성 조정

10

PART

차세대 이동통신 시스템

안테나 기술

1.1 기지국 안테나

기지국 안테나 기술의 발전에 따른 새로운 측정법 필요 기지국 안테나의 일반적인 그림은 [그림 10-1]과 같다. 안테나 배열의 형태를 살펴보면 종래의 수동형(passive) 기지국 안테나의 경우 여러 개의 교차편파(cross polarization)된 방사소자가 수직으로 배열된 구조를 갖는다. 왼쪽에 위치한 2xN MIMO 안테나의 경우 두 개의 방사소자가 서로 90도 회전되어 있어 다른 편파 특성을 갖는다. 동일한 편파특성을 갖는 수직 배열된 두 개의 안테나에 서로 다른 신호가 입력되어 2xN MIMO6) 안테나를 구성한다. 이러한 교차편파 구조를 통해 안테나 크기의 변화 없이 2x2 MIMO 혹은 TX Diversity를 쉽게 구현할 수 있다. 마찬가지로 가운데 기지국 안테나는 4xN MIMO를 오른쪽 기지국 안테나는 8xN MIMO 안테나를 구성할 수 있다.

기지국 안테나의 일반적인 구성의 안테나의 경우 MIMO 이외에도 빔포밍 기능을 구현할 수 있다. 그러나 빔포밍의 경우 동일한 편파 (이 경우 +45 o 또는 −45 o) 를 갖는 복수 개(2개 이상)의 안테나가 필요하다.

2xN MIMO

4xN MIMO
2-Anntenna Beamforming

8xN MIMO
4-Antenna Beamforming

[그림 10-1] 기지국 안테나의 일반적 구성

　기지국의 경우 빔포밍이 불가능하며, 가운데 기지국은 2개의 안테나를 이용한 빔포밍, 오른쪽 기지국은 4개의 안테나를 이용한 빔포밍이 가능하다. 2xN 빔포밍을 사용하는 경우 2개의 독립적인 빔을 구현할 수 있으므로 2개의 MU-MIMO가 가능하다. 다음으로 기지국 안테나와 RF 송수신부가 어떻게 연결되는지 살펴보자. 이동통신 기술의 발전, 즉 기지국의 지능화, 스몰 셀(small cell)화 등으로 인해 기지국 안테나와 RF 송수신부는 과거와 같이 분리되지 않고 [그림 10-2]와 같이 통합되는 구조로 발전하고 있다. 우리나라의 경우 현재는 2세대 기지국이 다수를 차지하고 있으나, 3GPP의 Rel.12 이후로 점점 3세대 이후의 기지국 형태로 발전될 전망이다. 2세대와 3세대 기지국 안테나의 차이는 RF 송수신부와 안테나가 결합되는 것으로 이를 AAS 기지국이라 부른다. 기지국 안테나가 AAS화 되면 기지국 크기와 소모 전력이 감소될 뿐만 아니라 RF 송수신부와 안테나 간의 동축 케이블 손실도 작아지게 된다. 한편 밀리미터파 대역으로 동작 주파수가 올라가게 되면 기지국 구성은 자연스럽게 4세대 AAS로 발전될 것이다.

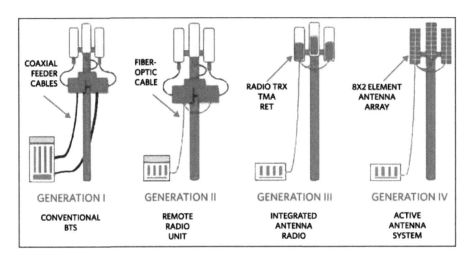

[그림 10-2] 세대별 기지국 안테나 기술

이에 따라 3GPP에서는 AAS를 갖는 기지국의 기술적인 규격을 논의하고 있다. [그림 10-2]의 경우 Master 기지국과 Slave 기지국 간에 광케이블로 연결된 2세대 기지국 구성을 보여 준다. Slave 기지국에는 RRH(Remote Radio Head)가 있어 RRH 와 기지국 안테나는 RF 케이블로 연결된다. 이 경우 안테나에 RF 측정 단자를 부착 하기 용이하므로 기존의 직결측정을 적용하는 데 문제가 없다. 하지만 AAS를 갖는 Slave 기 지국의 경우 안테나가 바로 광케이블로 Master 기지국에 연결되어 있으므 로 RF 측정단자를 부착하기 어렵다. 이러한 AAS의 등장으로 AAS의 RF 성능 측정 등을 위하여 3GPP에서는 2011년 9월부터 논의가 시작되어 최근 관련 측정 규격이 TS 37.145로 발표된 바 있다.

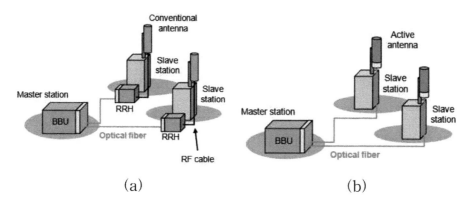

[그림 10-3] 종래의 기지국과 AAS를 갖는 기술 비교

[그림 10-3]의 AAS의 기본적인 구성은 단말기와 통신 기능을 수행하는 데 있어 디지털 송수신 신호를 처리하는 BBU (BaseBand Unit), BBU와 광케이블로 송수신 신호를 주고받는 AAS로 구성되며, AAS는 K개의 송수신기의, L개의 안테나 소자를 갖는 배열 안테나, 이 둘을 연결하는 RDN(Radio Distribution Network)로 구성된다. 보통 K보다 L이 크거나 같은데, 디지털 빔포밍을 사용하는 경우 K와 L이 같으나, 밀리미터파 대역의 기지국 시스템은 안테나의 크기가 작으므로 빔포밍을 위하여 K보다 L이 큰 것이 보통이다. 이러한 경우 어느 위치에서 직결 측정을 하느냐가 이슈가 되는데 표준에서는 RDN 전단계에서 직결 측정하도록 정하고 있다.

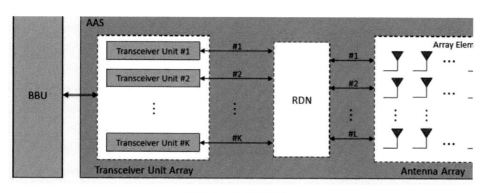

[그림 10-4] AAS 구조

1) 기지국 OTA

디지털 통신 기술의 발전으로 이동통신에서도 MIMO 기반의 AAS 안테나 기술의 도입이 확대되고 있다. 초창기 아날로그 방식의 이동통신 시스템에서 기지국 수신기는 단말기에서 송신하는 신호의 페이딩 특성을 극복하기 위하여 두 개의 안테나를 이용한 공간 Diversity 개념을 사용한 바 있다. 하지만 최근에는 RF/안테나 기술과 신호처리 기술이 결합된 MIMO 기술의 발전으로 수신(RX) Diversity 기능을 넘어 송신(TX) diversity, beamforming, spatial multiplexing 등 다양한 성능 개선이 가능하게 되었다. 이에 따라 기지국 안테나는 MIMO 기술을 지원하기 위한 MIMO 안테나로 발전하게 되었으며, 이에 따라 MIMO 안테나를 측정하기 위한 측정 방법 또한 3GPP를 중심으로 표준화가 진행되고 있다. 측정방법 표준화 역시 안테나와 송수신부가 결합되는 AAS 기지국으로 발전함에 따라 직결 측정 중심에서 직결 측정과 OTA 측정이 혼합되는 방식으로 발전하고 있다. 향후에는 OTA 측정만으로 기지국의 성능을 측정할 수 있는 단계로 진화할 것으로 사료된다. 이에 본 장에서는 3GPP에서 표준화되고 있는 기지국 OTA 측정 방법에 대해 알아본다. 먼저 OTA 측정에 대한 전반적인 개요를 살펴보고, 3GPP의 기지국 OTA 측정 표준에 대해 알아본다. 현재 3GPP의 OTA 측정 표준으로는 OTA 표준이 필수적인 단말기 측정 표준이 먼저 표준화되었고, 다음으로 최근 등장하고 있는 AAS 기지국의 측정 표준이 표준화되었다. 이에 본 장에서는 AAS의 측정 표준인 TS 37.145와 관련 기술문서인 TR 37.842를 중심으로 살펴본다.

3GPP RAN에서는 5G NewRAT에 대한 요구 사항을 정의하여 표준화를 진행 중이다. 이에 따라 3GPP RAN WG4에서는 시험 항목, 시험 요구 사항, 시험 환경 등에 대한 논의를 진행 중에 있다. 5G NewRAT의 대표적인 기술로 mmWAVE, massive MIMO, beamforming 등의 적용을 고려하고 있으며, 이들 기술들에 대한 측정 방안으로는 기존의 안테나 커넥터를 이용하는 방식에서 벗어나 OTA 환경에서 EIRP/EIS(effective isotropic sensitivity), TRP(total radiated power)/TRS(total radiated sensitivity) 측정 기술이 적용될 예정이다. 5G 이동통신에서도 NewRAT과 core network의 발전 방향에 맞는 새로운 시험 방법과 시험 환경이 필요하다. 현재 또는 이전의 이동통신 기기의 시험에 대한 요구 사항은 3GPP에서 DUT의 물리적인 안테나 커넥터를 고려하여 정의되어 있다. WRC-15는 24.25-86GHz 대역에서 IMT 주파수를 발굴하자는 차기 의제를 채택하고, 제시된 후보 대역에서 공유 연구를 수행하기 위해 SG5 산하에 task group을 신설하였다. 하지만 장비 제조사, 이동통신 사업자들도 각자의 연구에 따른 주파수를 제안하고 있으며, 3GPP RAN4에서는 100GHz까지의 전체 스펙트럼에 대한 RF 측정 방안을 연구해야 한다고 명시하고 있으며, 최근에는 6-24GHz 범위의 주파수 대역(5.925-8.5GHz, 10-10.6 GHz, 21.4-22 GHz)에 대한 연구도 함께 고려되고 있다. 5G에서는 고품질 멀티미디어 서비스의 본격화, IoT 서비스 확산 등의 변화로 인해, 기하급수적으로 무선 데이터 트래픽이 발생함에 따라 공간 자원을 이용하여 통신 용량을 획기적으로 증대시킬 수 있는 massive MIMO 시스템이 각광받고 있다. Massive MIMO 시스템은 밀리미터 단위의 파장을 가지는 주파수 대역을 사용함에 따라 안테나 사이의 밀리미터 단위로 줄이는 것이 가능하다. 따라서 기존의 안테나 커넥터를 물리적으로 이용하는 방법의 적용이 어려워졌고, DUT에 안테나 커넥터를 연결하지 않고 시험하는 OTA에 대한 다양한 연구가 진행되고 있다. 이 중 MPAC (multi-probe anechoic chamber) 방식이 멀티 안테나 지원 단말기(UE)의 OTA 측정 방식으로 고려되고 있다. MPAC 방식에서는 전자파 무반향실 내에 다수의 프로브 안테나들이 존재하고, 프로브 안테나들은 채널 에뮬레이터에 연결되어 프로브 안테나들과 DUT 사이의 다양한 채널을 형성시키는 것이 가능하다. 그러나 MPAC 방식에서는 프로브 안테나로부터 DUT로 방사되는 신호가 평면파가 되기 위해, 전자파 무반향실의 크기가 충분히 커야 하며, 프로브 안테나들과 DUT 사이의 채널이 정확하게 에뮬레이션 되기 위해 충분한 수의 프로브 안테나가 존재해야 하기 때문에 비용 측면에서 비효율적이다. 따라서 비용 측면에서 효율적인 소형 무반향실에서의 MPAC 방식에 대한 연구가 진행되고 있다. 그러나 무반향실의 크기가 감소함에 따라 프로브 안테나들로부터의 신호는 spherical 하게 되고 reflection과 프로브 coupling에 대한 영향이 증가하는 단점이 발생했다.

송신기에 대한 기본적인 측정 요구 사항은 최대 송신 전력이다. 빔포밍을 사용하는 안테나 어레이의 경우 기존의 방법으로 측정하는 총송신 전력은 의미가 없으며, 5G NewRAT RF 시스템에서는 모든 빔포밍 방향의 허용 오차를 고려한 EIRP를 측정하는 방법으로 적용해야 하며, UE가 다른 방향으로 특정 전력 레벨을 전송할 수 있는지에 대한 시험도 병행되어야 한다. 시험 장비는 UE가 전송하는 모든 방향으로 EIRP를 측정할 수 있는 방식이어야 하고, 빔포밍을 사용하는 경우에는 시험 장비에서 전체 UE 빔 패턴을 측정할 수 있어야 한다. 빔포밍을 지원하는 경우, 사용 가능한 모든 빔 패턴에 대해 측정을 수행하기에 많은 시간이 필요하다. 그러므로 RF 적합성 시험을 위해서는 무작위로 선택된 공간 방향/빔의 전체 수의 집합으로 시험 결과를 판단하는 것이 적절하다. 송신기의 신호 품질 관련 시험 항목으로는 EVM과 신호의 주파수 오프셋을 측정하는 시험 항목도 고려되어야 한다. 또한, 디바이스의 예기치 않은 전파 방출(ACLR, in-band emissions, out-of-band emissions)과 관련된 시험 항목들이 고려되어야 한다. ACLR 시험 항목은 인접 시스템과의 공존하는 환경을 보장하는 시험 항목이다. 공존 환경에서 ACLR 측정 시, 원하는 신호와 같은 방식으로 빔포밍이 형성될 가능성이 높으므로, 시험 환경 구성 시 원하는 채널의 상대적인 EIRP를 적용하여 인접 채널의 방출 및 대역 외 방출에 대한 측정이 요구된다. 또한, 5G 디바이스의 경우에는 다수의 주파수 영역에서 다중화 기술이 적용될 가능성이 높으므로, 각 주파수 영역에 대한 in-band emission 시험 항목이 필요하다. In-band emissions는 동작 채널 대역폭 내에서의 측정이기 때문에 빔포밍에 대한 고려가 필요하며, 이를 위해서는 최대 EIRP를 측정하는 방식이 적용되어야 한다. Out-of-band emissions 시험 항목의 경우에는 EIRP 또는 TRP를 사용한 측정 방법이 적용되어야 한다.

2) 기지국 밀리미터파 측정

현재 28GHz의 밀리미터파의 전파 특성으로 인해 실제 실현 가능한 서비스는 실외 환경(Outdoor environment)의 경우 일반 도심지 환경과 경기장 같은 한정된 장소를 고려해 볼 수 있는데, 현재까지 일반 도심지 외부 환경 설치 및 서비스는 어려우므로 경기장 같은 한정된 장소에 많은 사용자가 있는 경우와 쇼핑몰과 사무실 환경 같은 실내 환경(Indoor environment)에만 설치가 될 것이므로 이에 대한 경우만 고려한다.

기지국 설치 환경에 따라 근접 거리와 원 거리 측정으로 고려될 수 있으며, 근접 측정의 경우 신호방사 중앙에 잘 맞출 수 있고, 신호 크기도 확보할 수 있기 때문에 28GHz 대역 기지국 방사 전력 측정에 적합하다. 원 거리 측정은 신호의 감쇄가 크고, 신호의 Bore sight를 맞추기 쉽지 않기 때문에 측정의 불확도가 올라 안테나 개구면 크기를 10cm로 하였을 때 앞선 실험 결과 기반으로 측정 가능 구간은 70cm 이상에서 정확성을 나타낼 것이다. 따라서 안테나와의 일정 거리를 유지할 수 있는 장치가 있다면 일정한 조건에서의 측정을 할 수 있다.

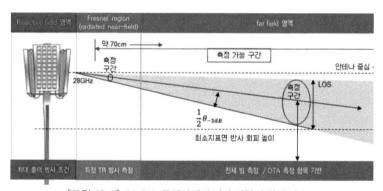

[그림 10-5] 28 GHz 공간상에서 방사 전력 측정 구간

D (m)	Freq. (GHz)	Wave length	Reactive near filed (m)	Radiating near field (m)	Far filed (m)	Path Loss (dB)
0.07	28	0.0107	0.11	0.91	≥0.91	60.63
0.08	28	0.0107	0.14	1.19	≥1.19	62.94
0.09	28	0.0107	0.16	1.51	≥1.51	64.99
0.10	28	0.0107	0.19	1.87	≥1.87	66.82
0.11	28	0.0107	0.22	2.26	≥2.26	68.48

[그림 10-6] 28GHz 안테나 근접 측정

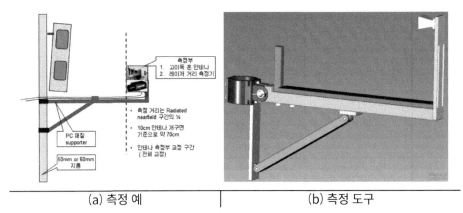

| (a) 측정 예 | (b) 측정 도구 |

[그림 10-7] 28GHz 안테나 개구면에 따른 영역 거리 계산

일정 거리 기구 또는 거리 측정기를 이용하여 안테나와의 거리 측정을 통 해 안테나 방사 패턴의 중심부를 목표로 하여 측정을 한다. [그림 10-7]의 구현 예시로 기지국 안테나 지지대에 고정하여 일정 거리 측정을 할 수 있도록 설계된 것이다. 28GHz밀리미터파 5G 기지국 서비스 사례를 보면 [그림 10-7]과 같이 건물 옥상 외벽에 5G 기지국이 설치되고 건물 내부에 인빌딩 서비스를 위해 광케이블을 통해 분산 Relay 방식을 사용한다. 따라서 옥상 5G 기지국의 경우 근접 측정 방법을 사용하고 실내 설치된 원격 장치의 경우 안테나 마스트 등을 이용한 측정을 하면 된다. 이러한 서비스의 경우 초 기 서비스의 경우 빔포밍을 하지 않을 경우 측정이 더욱 용이하다.

3) 5GHz 5G 기지국에 대한 측정

Below 6GHz 5G의 후보 주파수 대역인 3.5GHz 대역의 서비스는 [그림 10-8]과 같이 옥내와 옥외 서비스로 나누어질 수 있다.

옥내형의 경우 중계 역할을 하는 기지국과 옥내 분배 허브단을 검사하게 되는데, 커플링 단자가 있을 경우 직결하여 측정을 하면 되고, 없을 경우 방사전력 등 측정 항목들을 OTA 형태로 측정을 해야 한다. 이때 설치 환경에 따라 측정 방법을 선택하여 측정한다. 건물 옥상에서 실외 서비스를 하는 경우 근접 측정을 하는 경우와 지상에서 안테나를 지향하여 측정하는 방법을 고려할 수 있다. [그림 10-8]은 3.5GHz

대역 기지국의 한 예로 안테나와 RF 및 신호 처리부가 일체형으로 되어 있는 형태이다.

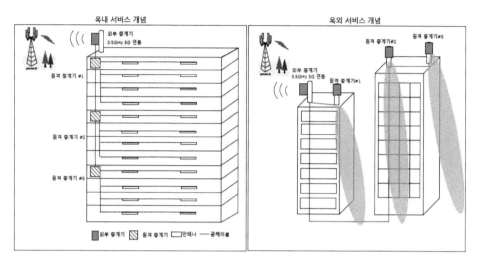

[그림 10-8] Below 6GHz 5G 옥내외 서비스 개념도

여기에서 실외 중계 역할을 하는 장치를 Donor, 옥내에서 분배된 안테나들을 연결하는 Remote 장치라 정하고 있다. 이 장치는 100MHz 대역폭으로 방사하며, 안테나 이득은 15dBi이다. 원거리장 영역에서 측정을 할 경우 안테나와 측정지점과의 거리 및 중앙에 측정 안테나를 맞추는 것이 중요하다. 대부분 이러한 튜닝 작업이 잘못되었을 때 측정의 불확도는 올라간다. 따라서 정확한 거리 산출과 각도 산출 그리고 구현 가능한 장치 등을 구축한다.

[그림 10-9] Below 6GHz 5G 옥내외 중계기 구성도

안테나 개구면과 주파수를 알면 원거리장 측정 영역을 계산할 수 있고, 정밀 레이저 거리 측정기로 거리와 기울기를 측정한 후 정확한 측정 중심점을 파악한 후 방사 전력을 측정한다. 실제 현장에서의 측정은 안 테나의 중심과 신호 방사 패턴의 불일치성을 고려하여 다지점 측정을 통 한 최대 측정지점을 알아내는 방법을 사용한다. 각각의 AAS(Active Antenna System) 빔에 대해 기지국 제조사는 센 터를 중심으로 방사등가전력의 방향과 주변 4군데의 임계치를 테스트하 고 선언해야한다. 센터를 중심으로 B(Bottom), T(Top), L(Left) 그리고 R(Right)의 빔 피크를 측정하고 이러한 경계선안의 최대 방사 등가전력 을 Mean Power 레벨을 측정한다.

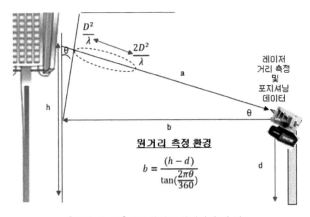

[그림 10-10] 5G 기지국 원거리 측정 법

1.2 지향성 안테나 이론

1) 안테나 특성과 설계

안테나는 전기적인 신호를 전파로 바꾸어 주거나 그 반대의 기능을 수행하는 장치를 의미한다. 송신의 경우에는 송신기에서 보내고 싶은 전기적인 신호를 전파로 바꾸어 멀리까지 보내게 된다. 또한, 멀리서 송신된 전파를 수신하면 그 전파를 전기적인 신호로 바꾸어 수신기에 전달하여 주기도 한다.

전파는 공간을 전해 가는 파동이다. 따라서 파장과 주파수를 갖게 된다. 파장을 λ,

주파수를 f, 전파가 공간을 전해가는 속도를 c 라고 하면 다음 관계가 성립한다.

(식 1-21) $\lambda(m) = c\ (m/sec) / f\ (Hz)$

안테나의 특성은 주로 임피던스, 이득, 지향성의 3요소에 의해 나타낸다.

임피던스: 임피던스는 전류가 흐르기 어려움을 나타내는 양이다. RIG와 동축 케이블, 그리고 안테나 모두 각각의 임피던스 값을 가지고 있다. 이 세 임피던스 값이 일치할 때에 가장 효과적으로 전파가 전해지게 된다. 보통 RIG와 동축 케이블의 임피던스는 50Ω으로 고정되어서 생산된다. 그러나 안테나의 임피던스는 50Ω이 아닌 경우가 많다. 그러므로 안테나의 임피던스가 50Ω에 가깝도록 조정을 해 주어야 하며, 이러한 조정을 MATCHING이라고 한다. SWR은 바로 이 임피던스가 일치한 정도를 나타내는 값이다. SWR은 1 이상의 값을 가지며 SWR이 1에 가까우면 더욱 효과적으로 전파를 보낼 수 있고 RIG의 손상이 적어진다.

이득: 이득은 안테나의 성능을 의미하는 것이다. 안테나에 일정한 출력이 보내어지더라도 안테나의 성능에 따라 더 높은 출력의 전파를 보낸 것과 같은 효과가 발생하게 된다. 이러한 효과를 나타내는 것을 이득이라고 한다. 단위는 dB이다. 이득이 높은 안테나를 사용하면 작은 출력으로도 멀리 있는 무선국과 효과적인 교신을 할 수 있다.

지향성: 안테나가 특정한 방향으로 전파를 더 많이 보내는 성질을 지향성이라고 한다. 지향성이 있는 안테나를 지향성 안테나라고 하며, 지향성이 없이 모든 방향으로 동일하게 전파를 보내는 안테나를 무지향성 안테나라고 한다. 안테나는 전파를 입체적으로 보내지만, 입체적인 지향성은 생각하기 어려우므로 우리는 편의상 수평면에서의 지향성과 수직면에서의 지향성을 생각한다. 안테나의 용도에 따라 지향성이 있는 안테나를 사용하거나 지향성이 없는 안테나를 사용한다. 지향성 안테나를 사용하는 가장 대표적인 예는 전파의 발신지를 탐지하는 일이다. 목적하는 방향으로 전파를 더 많이 보내도록 하기 위해 지향성 안테나는 방향을 바꾸어 줄 필요가 있다. 수평 방향을 바꾸어 주는 장치를 로테이터(ROTATOR), 수직 방향을 바꾸어 주는 장치를 엘리베이터(ELEVATOR)라고 한다.

다양한 유형의 안테나가 있는 이유는 무엇일까? 범위, 사용 가능한 공간 등의 다양한 요인에 따라, 특정 응용 분야에 가장 적합한 안테나 유형이 결정된다. 예를 들어 비행기와 관제탑의 접속을 유지하는 데 사용되는 안테나는 Bluetooth 커피 머그잔에 있는 안테나와 매우 다르다. 둘 다 전방 향성 기능이 있는 안테나가 필요하지만, 비행기는 훨씬 더 넓은 범위가 필요한 반면 머그잔에는 매우 작은 공간에 맞는 안테나가 필요한다.

따라서 안테나 설계 기준으로는 다음과 같은 요소를 고려하여 설계하고 있다.

대역폭: 특정 신호의 주파수 범위

분극: 안테나에 의해 방사되는 전기장의 방향

지향성: 방사가 한 방향으로 집중되는 정도

물리적 공간: 안테나가 정확히 맞아야 하는 영역의 크기

게인: 피크 방사 방향으로 전달되는 전력량

효율성: 안테나의 방사 전력과 전달 전력의 비율

안테나 유형의 일반적인 특성과 설계 기준을 알면 응용 분야에 적합한 안테나를 선택하는 데 도움이 된다. 안테나의 종류는 셀 수도 없을 만큼 많지만, 일반적으로 사용되는 고주파 안테나 종류에 대해 간략하게 정리하면 다음과 같다.

■ Dipole Antenna

안테나의 기본 중의 기본인 다이폴 안테나이다. 두 개의 서로 극이 다른 도선을 구부려서 전체 길이를 $\lambda/2$ 되게 만들어서, omni-directional한 빔 패턴을 형성한다. 모든 안테나의 기본이 되는 안테나로서, 단일한 다이폴 안테나보다는 여러 가지 배열 안테나 형태로 구성되어 기지국 안테나 등으로 많이 사용된다. 이러한 다이폴 안테나들을 잘 조합하여 만든 배열 안테나가 바로 야기-우다 안테나로서, 과거 TV 수신용 안테나로 유명했던 안테나이다.

[그림 10-11] 다이폴 안테나

■ Monopole Antenna

다이폴과 비슷한데, 한쪽 도체 대신 Ground로 대치된 형태이다. Ground로 대치된 부위에서는 image effect로 인해 마치 다이폴과 같은 효과가 일어나는 것이다. 고로 안테나의 길이도 $\lambda/2$ 이 아니라 $\lambda/4$만 있으면 된다. 지면에 높은 탑 형태로 되어 있는 안테나들은, 지면을 Ground로 이용할 수 있기 때문에 이와같은 $\lambda/4$ monopole 형태로 만들어진다. 그 외에도 단말기 같은 경우 단말기의 Ground를 이용하여 monopole 형태로 만듦으로써, 안테나의 길이를 줄일 수도 있다. 다이폴만큼이나 많이 사용되는 안테나이다.

[그림 10-12] 모노폴 안테나

■ Patch Antenna

RF에서 가장 흥미를 끄는 안테나이다. Microstrip 기판 위에 네모 혹은 원형 형태로 금속 패턴을 만든 후, 여러 가지 형태로 급전을 하여 만들 수 있어서 Microstrip antenna라고도 불린다. 소형, 경량의 특성 및 여러 가지 패턴 조합과 손쉬운 배열을 통해 다양한 특성을 이끌어낼 수 있지만, 구조상 높은 전력 신호를 다루지는 못한다. RF 전반에 걸쳐 다양하게 응용이 가능하며, 아직까지도 무궁무진한 아이디어가 존재하는 안테나이기 때문에 많은 연구가 진행되고 있다.

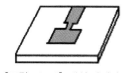

[그림 10-13] 패치 안테나

■ Horn Antenna

도파관(waveguide) 형태의 안테나로서, 도파관 마지막 부분이 사각형 또는 원형의 깔때기처럼 벌어진 형상을 하고 있다. 대표적인 개구면(aperture) 안테나의 하나로서, 안테나가 열린 면의 크기가 파장에 비례하게 된다. 그래서 낮은 주파수에서는 크기가 너무 커서 사용이 어렵고 무게도 무거워지기 때문에 통상 GHz 단위 이상에서 주로 사용한다. 특성이 균일하고 이득이 높아서 빔 패턴 측정의 표준 안테나(Standard Antenna)로 사용되는 경우가 많으며, 비교적 큰 전력의 신호까지 다룰 수 있기 때문에 대전력용으로 사용된다.

[그림 10-14] 혼 안테나

■ Parabolic Antenna

이득이 매우 높은 형태의 안테나로서, 빔 패턴이 가장 샤프해서 위성통신용으로 애용된다. parabolic 면에 수직으로 입사된 전자파는 반사되어 쌍곡선의 초점 부위에 모아지고, 그러한 초점 위치에 위치한 LNB(Low Noise Block)로 그 신호들을 저잡음 증폭시키는 구조이다. 위성용 안테나로서 일반인에게도 접시 안테나로 친숙하지만, 초점에 전자파들이 정확하게 모이도록 쌍곡선 면을 가공하는 것이 어려운 기술이다.

[그림 10-15] 파라볼릭 안테나

■ Helical Antenna

형상에서 왠지 느낌이 오듯이, 죽 펴야 할 선을 꼬아서 소형화시킨 형태의 안테나이다. 같은 주파수에서 다이폴이나 모노폴 등에 비해 훨씬 작은 크기로 만들 수 있다는 것이 장점이며, 꼬는 간격과 방법 등에 따라 빔 패턴의 방향도 축 방향 또는 정상 방향(다이폴과 같은)으로 만들 수 있다. 만드는 방법에 따라 다양한 특성을 나타낼 수 있기 때문에, 휴대 단말기, 라디오, 위성용 등 RF 전반에 걸쳐 광범위하게 응용되고 있다.

[그림 10-16] 헬리컬 안테나

■ Slot Antenna

도파관의 옆면에 여러 가지 형태의 구멍(slot)을 뚫어서 만드는 안테나로서, 큰 전력을 다룰 수 있어서 선박용/군사용으로 많이 사용된다. Slot의 크기나 개수, 모양, 거리 등 다양한 변수를 조절하여 배열 안테나처럼 여러 가지 특성을 만들어 낼 수 있다.

[그림 10-17] 슬롯 안테나

1.3 안테나 방사 패턴

전자파는 교류 신호에서만 발생하게 되며 그 원리는 맥스웰 방정식으로 설명할 수 있다.

$H = J$ (전류가 흐르면 회전하는 자기장_H이 형성)

$B = \mu H$ (변위 전류는 회전하는 자기장이 형성)

$\nabla x E = -B/$ (자속 밀도_B가 시간에 따라 변하면 회전하는 전기장_E이 형성)

$D = E$ (전속 밀도는 회전하는 전기장을 형성)

$B = \mu H$ (자속 밀도는 회전하는 자기장을 형성)

$\nabla x H = \partial D/\partial t$ (시간에 따라 변하는 전속 밀도_D는 변위전류_H를 형성)

(식 1-22)

따라서 전파는 전자기파라고 할 수 있다.

전파로부터 전력을 수신하는 반파장 쌍극 안테나를 보여 주는 [그림 10-18]는 안테나 길이가 각각 1/4인 두 개의 금속 막대로 구성되며, 수신기를 나타내는 안테나의 특성 임피던스와 동일한 저항 R에 병렬 전송선을 통해 부착된다. 전자기파는 전기장 (E, 녹색 화살표)으로 표시된다. (그림에서는 한 선을 따른 장만 표시하는 반면 전파는 실제로 평면파이고 전기장은 실제로 운동 방향에 수직인 평면의 모든 지점에서 동일하다는 점을 명심해야 한다.) 파동의 자기장은 표시되지 않는다. 진동하는 전기장은 안테나 막대의 전자에 힘을 가하여 전자가 안테나 막대 끝 사이의 전류 (검은색 화살표)로 앞뒤로 움직이게 하고, 안테나 끝을 양극(+)과 음극(-)으로 교대로 충전한다. 안테나는 전파 주파수의 반파장 길이이므로 정재파 전압을 여기 시킨다. (V, 빨간색) 및 안테나의 전류, 안테나 요소에 따른 전압은 임의 지점에서의 두께가 전압 크기에 비례하는 빨간색 밴드로 그래픽으로 표시된다. 한 안테나 요소에서 다른 요소로 앞뒤로 흐르는 진동 전류는 전송 라인을 따라 전달되고 R로 표시되는 무선 수신기를 통과한다. [그림 10-18]에서 쌍극자가 수신한 전파는 실제로 초당 수만에서 수십억 주기로 앞뒤로 진동한다.

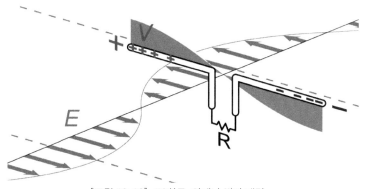

[그림 10-18] RC회로_안테나 방사 패턴

안테나의 방사 패턴은 안테나에서 전파가 어떻게 방출되는지를 설명한다. 이 방사 패턴은 안테나의 지향성 및 수신 능력을 결정하는 중요한 요소이다. 안테나의 방사 패턴은 주파수, 안테나의 구조, 지향성, 배치 위치 등에 따라 달라질 수 있다. 보통은 방사 패턴을 그래프나 그림으로 표현한다. 일반적으로 안테나의 방사 패턴은 원형, 방사 대칭형, 방사 불규칙형, 방사 직선형 등 다양한 형태를 가질 수 있다. 지향성 안테나의 방사 패턴은 특정 방향으로 더 많은 에너지를 방출하고, 다른 방향으로는 적은 에너지를 방출하는 방식을 가지고 있다. 이로 인해 안테나는 특정 방향으로의 커뮤니케이션을 강화하게 되며, 주변 잡음이나 간섭을 최소화할 수 있다.

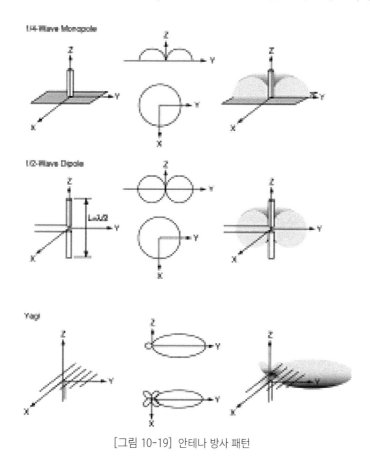

[그림 10-19] 안테나 방사 패턴

안테나가 전파를 발산하는 방향과 강도를 나타내는데 사용되는 방사 패턴은 이론적으로 다양한 패턴이 존재하지만, 주요한 개념은 다음과 같다.

1) 균일 방사 패턴(Isotropic Radiation Pattern)

이 이론적인 안테나는 모든 방향으로 전파를 동등하게 발산한다. 실제로는 존재하지 않지만, 공간에서의 안테나 성능을 비교할 때 기준으로 사용된다. 등방성 안테나는 모든 방향(수평 및 수직)에서 동일한 강도로 동일하게 방사하는 이론적 안테나이다. 안테나는 주변의 구형 공간에서 1(0dB)의 이득을 가지며 효율은 100%이다. 등방성 안테나는 안테나 이득을 평가하기 위한 기준 안테나로 사용된다.

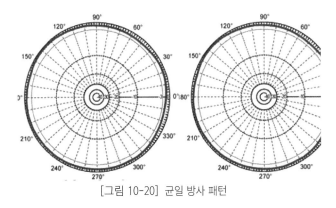

[그림 10-20] 균일 방사 패턴

2) 집중식 방사 패턴(Directional Radiation Pattern)

이 방사 패턴은 특정 방향으로 전파를 집중시키는 안테나의 특성을 나타낸다. 집중식 방사 패턴은 전파를 특정 방향으로 집중시키므로 장거리 통신에 유용한다. 방사 패턴은 공간의 필드 분포에 해당하므로 로브라고 알려진 다양한 부분을 갖는다. 이들은 [그림 10-21]과 같이 주엽(main lobe)과 측엽(side lobe)으로 분류된다. 주엽은 메이저 엽이라고도 하며 사이드 엽에는 마이너 엽과 백 엽이 포함된다.

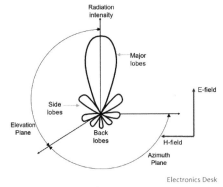

[그림 10-21] 집중식 방사 패턴

이들은 방사선 강도의 양에 따라 분류된다. 주요 엽은 측면 엽보다 더 많은 복사 강도를 갖는다. 주요 로브는 안테나의 최대 방사 방향에 해당한다. 주요 엽을 제외하고 존재하는 모든 엽을 소엽이라고 한다. 여기에는 [그림 10-22]와 같이 두 가지 유형이 있다. 사이드 로브는 메인 로브에 인접하여 존재하는 마이너 로브이다. 후엽은 주엽의 반대편에 존재하는 또 다른 소엽이다. 마이너 로브는 원하지 않는 방향으로 안테나가 방사되는 것이므로 가능한 한 많이 줄여야 한다.

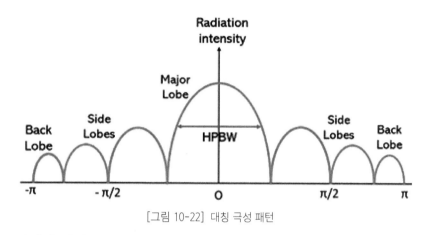

[그림 10-22] 대칭 극성 패턴

3) 평면파 방사 패턴(Planar Radiation Pattern)

이 방사 패턴은 안테나가 2차원 평면에서 전파를 발산하는 것을 나타낸다. 예를 들어 패치 안테나는 주로 평면파 방사 패턴을 가진다. 패치 안테나는 편평한 직사각형 디자인을 특징으로 하는 지향성 안테나 유형으로 벽이나 천장에 부착할 수 있다. 패치 안테나에는 [그림 10-23]과 같이 평평한 패치 표면에서 뻗어나가는 달걀 모양의 패턴이 있다. 패치 안테나는 일반적으로 2.4GHz 대역에서 약 6~8dBi 이득을 가지며, 5GHz 대역에서는 7~10dBi 이득을 갖는다.

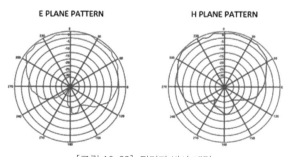

[그림 10-23] 평면파 방사 패턴

4) 분할 방사 패턴(Sectorized Radiation Pattern)

이 방사 패턴은 안테나가 여러 개의 부분으로 나누어지며, 각 부분은 다른 방향으로 전파를 발산한다. 이 방식은 셀룰러 통신 시스템에서 사용되며, 각 분할은 서로 다른 섹터를 커버하여 대역폭을 증가시킬 수 있다. [그림 10-24]에서 멀티 빔(6개 섹터 배치에 사용됨), 적응형 어레이와 같은 기술 및 능동 안테나를 사용하면 안테나의 적용 범위를 사용자의 용량 및 적용 범위 요구 사항에 맞게 형성할 수 있다. 안테나의 빔 모양과 크기 자체, 그리고 안테나가 환경과 사용자 범위를 어떻게 수용하는지를 의미한다.

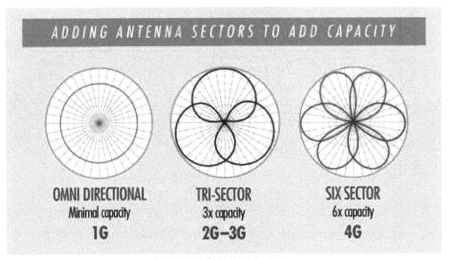

[그림 10-24] 분할 방사 패턴

1.4 안테나 수신 감도

이동통신 안테나 수신 감도(Receiver Sensitivity)란, 무선 통신 시스템에서 안테나를 통해 수신된 신호의 약도를 나타내는 중요한 매개변수이다. 이 지표는 주로 무선 통신 장비나 모바일 기기의 무선 수신기에서 사용되며, 안테나로부터 수신되는 신호의 강도나 민감도를 나타낸다. 이동통신 안테나 수신 감도는 다음과 같은 상황에서 중요하다. ① 신호 범위는 수신 감도가 높을수록 안테나는 더 멀리 있는 기지국 또는 라우터로부터 신호를 수신할 수 있다. 따라서 수신 감도가 높을수록 통신 범위가 더 넓어진다. ② 신호 품질은 수신 감도가 높을수록 약한 신호나 잡음이 있는 환경에서도 더 나은 신호 품질을 유지할 수 있다. 이는 통화 품질 개선 및 데이터 전송 속도 향상에 도움을 준다. ③ 건물 내 또는 장애물 투과는 수신 감도가 높을수록 건물 내부나 장애물을 통과하는 데 더 효과적이다. 따라서 건물 내부 또는 도시 환경에서도 안정적인 무선 연결을 유지할 수 있다.

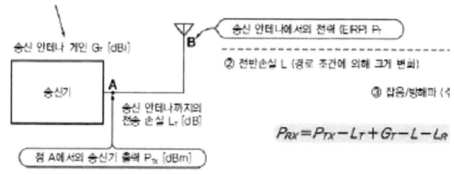

[그림 10-25] 이동통신의 경로 모델

송신기와 수신기 사의의 이동통신 전파 경로 모델은 [그림 10-25]와 같다. 여기에서 수신 전력 산식은 식 1-23과 같다.

$$Prx = Ptx - Lt + Gt - L - Lr + Gr \qquad (\text{식 } 1-23)$$

Ptx : 송신전력(dBm)

Prx : 수신전력(dBm)

Lt : 송신 안테나 까지의 전송손실(dB)

Lr : 수신 안테나 까지의 전송손실(dB)

L : 경로 전반의 손실(dB)

Gt : 송신안테나 이득(dBi)

Gr : 수신안테나 이득(dB)

이동통신 안테나 수신 감도는 dBm(데시벨 밀리와트) 단위로 표시되며, 일반적으로 수치가 낮을수록 민감한 수신기를 나타낸다.

예를 들어, -90 dBm의 수신 감도는 -80 dBm보다 미약하게 약한 신호를 수신할 수 있는 민감한 수신기를 의미한다. 이동통신 장비의 성능을 비교하거나 설계할 때 이러한 수신 감도 지표는 중요한 역할을 한다.

블루투스의 수신기에서 2.4GHz대의 Class2인 경우 커버리지는 10m이며 송신 출력은 2.5mW로 규정되어 있다. 여기서 수신 감도 Prx를 계산해 볼 수 있다. 먼저 경로 손실 L값을 구하면, L=10log(4d/)★★2 = 10log{(4Πx10/0.125)★★2}=10log(1.01 x 105) = 50.04dB이 된다. [그림 10-25]에서 전송 손실 0dB, 송/수신 안테나 게인 0dBi, 송신전력 25mW=+4dBm이므로, Prx = Ptx − Lt + Gt − L − Lr + Gr = +4dBm− 0+0−50−0+0 = −46dBm이 산출된다. 이 신호 레벨은 실제 블루투스 기기의 수신 감도보다 수십 dB 정도 큰 레벨이며, 블루투스 클래스2의 통신 거리 10m라는 기술은 장치 내부에 들어 있는 저효율 안테나, 지향성이 나쁜 방향으로 통신할 가능성, 실내 장해물에 의한 악영향, 반사 등에 의한 악영향 등을 신호 레벨이 수십 dB 작아졌다고 해도 괜찮을 만큼 여유를 두고 있음을 알 수 있다.

이동통신 안테나 수신 감도를 개선하기 위해서는 다음과 같은 방법을 고려할 수 있다. ① 안테나의 위치를 더 높은 곳으로 이동하거나 장애물에서 멀리 배치하여 신호 간섭이나 차단을 최소화한다. 안테나를 건물 지붕 또는 높은 지점에 설치하면 수신 신호 품질을 향상시킬 수 있다. ② 안테나의 방향을 조절하여 최적의 신호를 수신하도록 한다. 안테나는 주변 환경과 기지국의 방향을 고려하여 조절해야 한다. ③ 안테나 증폭기를 사용하여 수신 감도를 향상시킬 수 있다. 이 장비는 약한 신호를 증폭하여 더 강한 신호로 변환한다. ④ 다이폴 안테나는 일반적으로 수신 감도를 향상시키는 데 도움이 된다. 다이폴 안테나는 안테나의 길이와 구조를 최적화하여 성능을 향상시킨다. ⑤ 안테나와 수신기 사이의 케이블 및 연결을 품질 좋은 케이블로 교체하고 케이블 길이를 최소화하여 신호 감쇄를 방지한다. ⑥ 주변 잡음과 간섭을 최소화하기 위해 노이즈 필터를 사용하거나 전자기 장비의 위치를 조정한다. ⑦ 추가 안테나 설치를 고려해 볼 수 있다. 다중 안테나 시스템을 사용하여 다른 방향의 기지국으로부터 신호를 수신하고 병합하여 수신 감도를 개선한다. ⑧ 오래된 안테나를 최신 모델로 교체하거나 무선 통신 시스템을 업그레이드하여 성능을 향상시킬 수 있다. ⑨ 신호 중계기(또는 리피터)를 사용하여 약한 신호를 증폭하고 안테나와 단말 사이의 신호 전달을 강화할 수 있다. ⑩ 무선 확장기를 사용하여 Wi-Fi 신호를 더 넓은 범위로 확장할 수 있다. 안테나 수신 감도 개선을 위해 선택한 방법은 주변 환경과 특정 상황에 따라 다를 수 있으며, 전문가의 도움을 받는 것이 도움이 될 수 있다. 또한, 안테나 개선 작업을 수행할 때 관련 규정 및 허가를 준수해야 한다.

1.5 송신 신호의 방향성 조정

안테나의 방향성 조정이라는 개념은 틸팅으로 정의할 수 있다. 안테나를 사용하여 적정한 커버리지를 확보하거나 주위의 기지국으로부터의 간섭을 최소화하기 위해서 안테나를 전기적 또는 기계적으로 아래 방향으로 각도를 조정하는 것을 다운 틸트라고 한다.

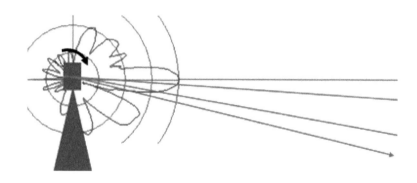

[그림 10-26] 안테나의 틸트

수직면에서의 주 복사 방향을 수평면으로부터 경사를 갖도록 하는 것. 이 경사를 틸트라 하며, 경사 각도를 틸트 각(tilt angle)이라 한다. 서비스 구역(service area) 확보를 위해서 높은 장소에 송신 안테나가 설치된 경우, 전파의 주 복사 방향을 수평 방향으로 하면 복사 에너지의 대부분을 공중에 낭비하게 되므로 이를 방지할 목적으로 도입된 기술이다.

1) 틸트의 목적

송신 신호의 방향성 조정은 통신 시스템에서 중요한 역할을 한다. 이것의 주요 목적은 다음과 같다. ① 향상된 신호 품질: 방향성을 조정하여 신호를 원하는 방향으로 집중시킬 수 있다. 이로써 원하는 수신기에 더 강력한 신호를 전달하고, 불필요한 잡음과 간섭을 줄일 수 있다. 결과적으로 품질이 향상되고 통신의 신뢰성이 높아진다. ② 더 멀리 전달: 방향성 안테나를 사용하면 신호를 특정 방향으로 집중시킬 수 있으므로, 장거리 통신에 더 적합한다. 이는 원하는 대상까지 더 멀리 전달할 수 있게 해준다. ③ 보안 향상: 방향성 안테나를 사용하면 특정 방향으로만 신호를 전달할 수 있으므로, 정보의 유출을 방지하고 통신의 보안을 향상시킬 수 있다. ④ 주파수 활용 효율성: 방향성 안테나는 특정 방향으로 신호를 집중시키므로, 동일한 주파수 대역에서 다수의 통신 시스템이 서로 간섭하는 것을 줄일 수 있다. 이로써 주파수 대역의 활용 효율성이 높아진다. ⑥ 에너지 효율성: 방향성 안테나를 사용하면 신호를 원하는 방향으로 집중시키므로, 에너지를 더 효율적으로 사용할 수 있다. 이는 배터리 수명을 연장하거나 전력 소비를 줄이는 데 도움이 된다.

정리하면 틸트의 목적은 해당 cell의 커버리지 크기 조절하고, 안테나 패턴의 Null 보상하고, 인접 셀로의 간섭을 줄여, 인접 셀 성능을 향상시킬 목적으로 기지국 최적화 시에 수행하게 된다.

2) 안테나 틸팅의 종류

안테나 틸팅은 다양한 방식과 목적에 따라 다양한 종류로 나눌 수 있다. 여러 종류의 안테나 틸팅 방법 중 일부는 다음과 같다.

① M-Tilting (Mechanical Tilt): 이것은 안테나의 물리적인 방향 조절을 의미한다. 안테나를 지지 구조 또는 틸팅 장치를 사용하여 높이 조절하거나 좌우로 회전시키는 방법이다. 일반적으로 안테나 타워나 안테나 매스트에 설치된 안테나를 조정하는 데 사용된다.

② E-Tilting (Electrical Tilt): 이것은 안테나의 전기적인 방향 조절을 의미한다. 안테나의 방향을 소프트웨어 또는 전자적으로 조절하여 통신 시스템의 성능을 최적

화한다. 일반적으로 원격으로 조절이 가능한 안테나에서 사용된다.

③ Remote Electrical Tilt (RET): RET 시스템은 안테나의 전기적인 틸팅을 원격으로 조절하는 기술이다. 이를 통해 운영자는 안테나 틸팅 각도를 원격으로 조절하여 통신 신호를 최적화할 수 있다.

④ Smart Antenna Systems: 스마트 안테나 시스템은 신호 처리 및 소프트웨어를 사용하여 신호 방향을 동적으로 조절하는 기술을 의미한다. 이러한 시스템은 신호의 방향성을 실시간으로 최적화하고 간섭을 최소화한다.

⑤ Beamforming: 빔포밍은 다중 안테나 배열을 사용하여 신호를 원하는 방향으로 집중시키는 기술이다. 안테나 배열의 각 안테나 요소를 조절하여 빔을 형성하고 원하는 방향으로 신호를 발사하거나 수신한다.

⑥ Adaptive Antennas: 적응 안테나 시스템은 환경 변화에 따라 안테나의 특성을 조절하는 기술을 사용한다. 이를 통해 신호의 강도와 품질을 동적으로 최적화할 수 있다.

이러한 다양한 안테나 틸팅 기술은 통신 시스템의 요구 사항과 환경에 따라 선택되고 사용된다. 각각의 방법은 통신 신호의 품질을 향상시키고 성능을 최적화하는 데 도움을 준다.

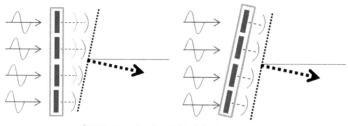

[그림 10-27] 전기적/물리적 다운틸트

물리적 다운틸트는 기계적인 방법에서는 안테나 자체를 비스듬하게 하여 안테나의 주 복사 방향을 수평에서 보았을 때 경사시키는 것이다. 전기적 다운틸트는 안테나 단의 급전 위상을 조정함에 따라서 [그림 10-28]과 같이 주 복사 방향을 변하도록 하는 것으로 다운틸트의 각도에 따라 커버리지가 변화한다.

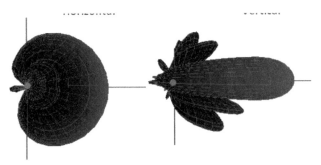

[그림 10-28] 안테나 방사 패턴

3) 안테나 틸팅의 절차

안테나 틸팅은 통신 시스템에서 안테나의 방향을 조절하여 최적의 신호 수신을 보장하기 위한 중요한 절차이다. 안테나 틸팅은 다음과 같은 방법으로 수행된다.

① 신호 강도 측정: 먼저 틸팅을 수행하기 전에 안테나 위치에서의 신호 강도를 측정한다. 이를 위해 신호 강도 측정 장비나 휴대용 신호 측정기를 사용할 수 있다.

② 안테나 고도 조정: 안테나의 고도를 조절하여 수신하려는 신호의 방향을 향하도록 한다. 안테나의 고도를 높이거나 낮추는 것으로 수신할 대상 신호가 오는 방향을 정확하게 조절할 수 있다.

④ 안테나 방향 조정: 안테나의 방향을 좌우로 조절하여 최적의 신호 수신을 위해 원하는 방향으로 향하도록 한다. 이때 안테나를 회전시켜 조절하며, 이동 가능한 안테나의 경우 이동시켜 방향을 조정할 수 있다.

⑤ 시그널 강도 최적화: 안테나를 틸팅하고 방향을 조절한 후에도 계속해서 신호 강도를 측정하면서 최적의 위치를 찾는다. 이를 통해 최상의 신호 수신을 보장할 수 있다.

⑥ 신호 품질 확인: 안테나 틸팅 작업을 완료한 후에는 통신 시스템에서 수신되는 신호 품질을 확인한다. 이를 통해 안테나 틸팅이 제대로 수행되었는지 확인하고 문제가 있는 경우 수정한다.

안테나 틸팅은 특히 무선 통신 시스템에서 중요한 역할을 하며, 안테나의 방향과 고도를 올바르게 조정함으로써 통신 신호의 성능을 향상시킬 수 있다.

제11장

엔지니어링 구축 운용

1.1 부대 물자
1.2 DUL 정류기/축전지 엔지니어링 및 운용 기준(안)

차세대 이동통신 시스템

엔지니어링 구축 운용

PART

1.1 부대 물자

1) 전원 엔지니어링

수전시설은 변압기~계량기~분전반~전원단자함~전원함까지의 수전 루트를 따라 전원선 굵기, 차단기, 계약 전력 등 소요 전력에 알맞은 전원을 공급해야 한다.

구분		통합국	기지국(실내)	기지국(실외)	중계기 Site
현재 운용 현황	운용 장비	L_DU/W/1X/Wi 기지국 및 전송장비	좌동 + 중계기	좌동	중계기
	전원 공급				
	전원 용량 주 2)	149kW 이하 394(83%) 150kW~299kW 43(9%) 300kW~499kW 10(2%) 500kw 이상 27 국사(6%)	16 ~ 130kW (30kW 이하 93%)	8 ~ 50kW (20kW 이하 98%)	4 ~ 6kW (4kW 이하 93%)

구분		통합국	기지국(실내)	기지국(실외)	중계기 Site
5G망 구축	공급 장비	DU_H	실내 : DU_H 실외 : DU_L	실외 : DU_H, DU_L	DU_L
	필요 수전 용량	DU_H 수 x 1식당 소비전력 + 냉방기 수 x 1식당 소비전력	DU_H 수 x 1 식당 소비전력 +DU_L 수 x 1 식당 소비전력 + 냉방기 수 x 1 식당 소비전력		DU_L 수 x 1 식당 소비전력

〈 벤더별 주장비 소비 전력〉 (DUH20 / DUL32TRX / 25도 / peak 기준)

구분	S 사	E 사	N 사	H 사
DU_H	0.877kW	0.258kW	0.964kW	0.896kW
DU_L	0.6kW	1.0kW	0.8kW	0.7kW

※ 냉방기 소요 전력 : 1R/T 당 1KW(공냉식 냉방기 기준)

[표 11-1] 기존 전원 공급 형태 및 5G 필요 수전 용량

2) 유형별 수전 엔지니어링 방식

■ 통합국

통합국은 상면 확보가 가능한 상태에서 소비 전력량의 증가분에 따른 계약 전력 증설 및 변압기의 신설 또는 증설 여부를 판단하여야 한다.

○ 개요도

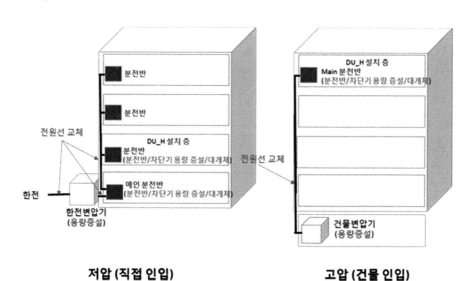

저압 (직접 인입)   고압 (건물 인입)

[그림 11-1] 수전 엔지니어링

○ 검토 요소: DU_H 시설 수, 증설 냉방기 수, 여유 수전 용량 계약 전력대비, 증설 가능 여부

○ 주요 고려 사항

구분	작업 내역	비고
변압기	● 저압국소(380V/220V) - ~ 149kW : 직접 수전(변압기 불필요) - 150 ~ 299kW : 직접수전 or 한전변압기상면제공(소유주협의) - 300 ~ 499kW : 한전 변압기 상면 제공(소유주 협의) ● 고압 자가국소(22.9kV) : 변압기 용량 증설/대개체(소유주 비용) ● 고압 임차국소(22.9kV) : 변압기 용량 증설/대개체(소유주 협의 및 비용증가 이슈 있음)	※ 한전변압기 : 한전 작업 예) 송파중심국 : 300kW 사용중 (한전변압기용량 500kW) ※ 작업준비시점(고압) ● 자가 :D-1 개월 ● 임차 : D-2~3 개월
계량기	계량기 교체(71/89/118/148/178/237/297/592kW 단위로 변경)	한전에서 작업
분전반	분전반 및 차단기 용량 증설/대개체	국사내 Main/Sub 분전반
전원선	전원선 교체(4/6/10/16/25/35/50 ㎟)	한전인입선/분전반 간선
계약전력	소비전력량 증가분에 대한 계약전력 변경(증설)	지역 구축팀 신청

※ 통합국 샘플 실사 결과 – 상면 및 전기용량 부족 예상국사(논현통합국: 자가)

구분	시설현황	현재 사용률	① DU_H 수용 가능 수준(상면이슈)	② LTE DU수준으로 DU_H 시설 시
DU	51 식	-	8 식	51 식
변압기 용량	300kW (한전)	75% (223kW 사용)	변동 없음 (238KW)	증설 필요(305kW) - 건물부지내 한전변압기 설치 공간 없음 - 투자물량 조정 또는 기존 장비 re-eng 필요
계량기	297kW	75%	변동 없음	변경 필요(592kW)
분전반 용량	500A	57% (284A)	변동 없음 (328A 로 사용률 66%)	변동 없음 (463A 소요)
여유 상면	B1 층 : 1X, W 기지국 - 없음 1 층 : LTE 기지국 - 없음 2 층 : 전송실 - 4 개랙 공간 3 층 : SKB - 8 개랙 공간		전송실에 DU_H 8 식 (정류기/IDP/축전지 포함)	상면 부족(랙 9 개공간) → 2,3 층 분산수용 및 랙 재배치
냉방기	B1 층 : 5R/T x 3 식 1 층 : 5R/T x 4 식 2 층 : 5R/T x 2 식		5R/T 1 식 추가	5R/T 4 식 추가 (실외기 상면부족 및 소음 이슈)
계약 전력	299kW	75% (223kW 사용)	15KW 증가 (238kW 로 사용률 80%)	증설 필요 : 82kW 증가 (305kW 로 사용률 102%)

– 전기 용량 부족 예상 국사(신도림통합국, 강서발산통합국)

구분	신도림통합국(층매입)			강서발산통합국(자가)		
	시설현황	현재 사용률	LTE DU수준으로 DU_H 시설 시	시설현황	현재 사용률	LTE DU수준으로 DU_H 시설 시
DU	62 식	-	62 식	19 식	-	19 식
변압기 용량	1,450kW (건물)	95% 이상 (추정) (관리소 미공개)	관리소와 전기료 이슈 우선 해결 필요 변압기용량 증설 협의 필요	300kW (한전)	89% (125kW 사용)	증설 필요(156kW) - 국사 전용 한전변 압기 신설 필요 - 건물 내 한전변압 기 설치 공간 있음
계량기	148kW	86%	변경 필요 (237kW)	148kW	85%	변경 필요(178kW)
분전반 용량	300A	66% (198A)	차단기용량증설 345A 소요 : 400A 로 교체	400A	44% (175A)	변동 없음 (242A 소요)
여유 상면	랙12개 공간		수용 가능	1 층 : A망장비 - 없음 2 층 : 전송실-랙 19개 공간 3 층 : UPS, 배터리실-없음		수용 가능 (전송실 사용)
냉방기	5R/T x 5 식		5R/T 5 식 추가	1 층 : 7.5R/T 2식, 5R/T 2식 2 층 : 5R/T 2식 3 층 : 5R/T 1식		5R/T 2식 추가
계약 전력	140kW	91% (128kW)	증설 필요 : 9kW증가 (227kW 로 사용률 162%)	140kW	90% (126kW)	증설 필요 : 33kW 증가 (159kW 로 사용률 114%)

■ 기지국(실내/실외)

동일 건물에 DU_H와 DU_L이 시설되므로, 메인 분전반~전원함까지 안정적 전원 공급 방식을 마련하고, 전원 가치 지치기 또는 전원함 Cascade 구성과 같이 차단기 용량 및 단자 부족에 대한 열악한 환경 개선 작업 필요

○ 개요도

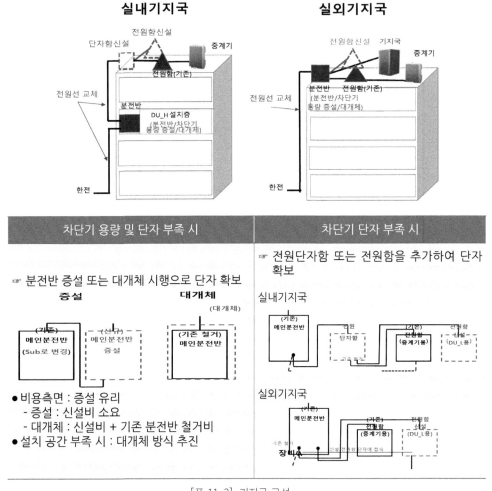

[표 11-2] 기지국 구성

○ 검토 요소: DU_H 와 DU_L 시설 수, 여유 수전 용량 계약전력 대비, 증설 가능 여부

○ 주요 고려 사항

구분	작업 내역	비고
변압기	통합국 변압기 작업 내역과 동일	3Page 참조
계량기	계량기 교체(71/89/118/148kW(한전 계량기 기준) 단위로 변경)	한전에서 작업
분전반	분전반 증설 대개체 또는 Sub 분전반 1기 추가 증설	
전원함	DU_L용 전원함 증설 (분전반 또는 전원단자함에서 분기)	옥외 작업
전원선	전원선 교체(4/6/10/16/25/35/50 ㎟) 및 이설	한전인입선 포함
계약전력	소비 전력량 증가분에 대한 계약전력 변경	

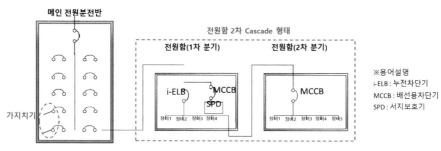

[그림 11-2] 기존 분전반 내 가지치기 또는 전원함 Cascade 구성도

※ 한남동 기지국 샘플 실사 결과

구분	현황		기존 LTE 수준으로 5G 시설 시
	시설	사용률	
LTE DU	4 식	-	DU_H 4 식(실내)
LTE RRU	12 식	-	DU_L 3 식(옥상)
변압기	직접수전 300kW 변압기에서 수전		변동 없음
계량기	71kW	-	변동 없음
분전반 용량	225A	12%(26A)	변동 없음(22A 증가로 48A 사용) 미사용 차단기 활용(5G 용)
계약전력	16kW	33%(5.2kW 사용)	변동 없음 (4.8kW 증가 : 사용율 63%)
여유상면	6 개랙 여유 공간		이슈 없음(랙 2 개 소요)
냉방기	5RT x 2 식	36%	추가 불필요
전원단자함	불필요	불필요	1 개 신설(전원함 2 개 수용)
전원함	1 개 (중계기 및 RRU 용)		5G 용 1 개 추가(DU_L 3 식 수용)

■ 중계기 Site

DU_L의 안정적 전원 공급을 위한 전원분전반/단자함 신설과 차단기 용량을 증설을 추진한다.

○ 개요도

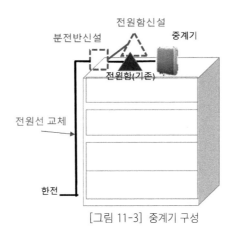

[그림 11-3] 중계기 구성

○ 검토 요소: DU_L 시설 수, 여유 수전용량 계약전력 대비, 증설 가능 여부

○ 주요 고려 사항

구분	작업 내역	비고
변압기	해당 없음(증설 용량이 5kW 미만으로 영향 거의 없음)	
계량기	계량기 교체(5/7/23kW(한전 계량기 기준) 단위로 변경)	한전에서 작업
전원함	DU_L 용 전원함(w/전원단자함) 신설	
전원선	전원선 교체(4/6/10/16 ㎟) 및 이설(타사 공용화 고려)	한전 인입선 포함
계약전력	소비전력 증가에 따른 계약전력 변경	
변압기	해당 없음(증설 용량이 5kW 미만으로 영향 거의 없음)	

○ 소비 전력량 규모별 엔지니어링 방식

 – 소비 전력(기존+신규 장비(Peak 전력 기준의 합)에 따라 Case별 전원 공사를 시행한다.

소비전력	계약전력[주 1)]	Main 전원선 (한전~계량기~전원함)	전원함 차단기	전원함기존 여유단자	
				有	無
~ 4kW 미만	4kW	변경 無[4 ㎟]	변경 無[IELB 20A]	Case A	Case A
4kW[이상]~6kW[이하]	5,6kW		증설 교체[IELB 20A→30 A]	Case B	Case C
7kW[이상]~10kW[이하]	7,8,9,10kW	증설 교체[4 ㎟→6 ㎟]	전원함내 신설[MCCB 50A]	Case D, E	

주 1) 계약전력은 소비전력의 상위 정수 값으로 산정
※ 차단기 용량과 전원선 굵기 기준은 (기존 소비전력량 + 신규 장비 peak 소비전력) x 1.25

배 반영

[소비전력 산출 방법]

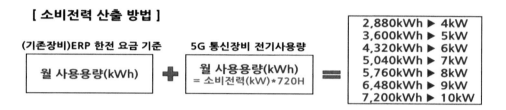

(기존장비)ERP 한전 요금 기준
월 사용용량(kWh)
+
5G 통신장비 전기사용량
월 사용용량(kWh)
= 소비전력(kW)*720H
=
2,880kWh ▶ 4kW
3,600kWh ▶ 5kW
4,320kWh ▶ 6kW
5,040kWh ▶ 7kW
5,760kWh ▶ 8kW
6,480kWh ▶ 9kW
7,200kWh ▶ 10kW

– Case별 엔지니어링 방식

엔지니어링 방식	구성도
[Case A: 차단기 미교체 또는 전원단자함 신설] • 기존 차단기 용량이 충분하여 미교체 • 기존 전원함의 여유 단자에서 5G 장비 전원공급 • 단자 부족 시, 전원단자함 신설 - 투자비 6 만원	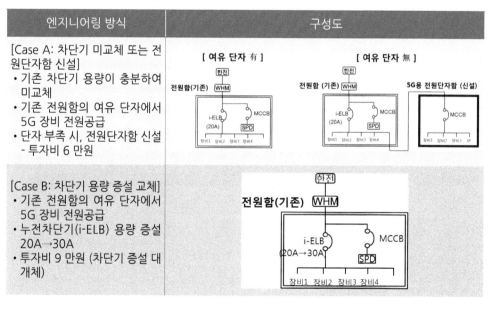
[Case B: 차단기 용량 증설 교체] • 기존 전원함의 여유 단자에서 5G 장비 전원공급 • 누전차단기(i-ELB) 용량 증설 20A→30A • 투자비 9 만원 (차단기 증설 대 개체)	

[Case C: 차단기 증설+전원단자함 신설]
- 기존 전원함에서 분기하여 5G용 전원 단자함 신설
- 기존 전원함 차단기(i-ELB) 교체 (20→30A), 5G 용 전원단자함 신설,
- 투자비: 25만 원
- 차단기 교체/전원단자함 신설: 15만 원
- 전원선 신설, 철거 등: 10만 원

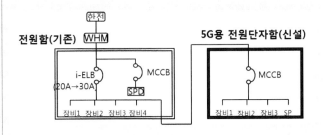

[Case D: 전원함 신설+기존 전원함2개이하 연결]
- 신규 전원함에서 분기하여 기존 전원함(2개 이내)
- 신규전원함 (50A) 신설, SPD 이설
- 투자비 79만 원
- 전원함 신설, SPD 이설: 19만 원
- 전원선 신설, 철거 등: 60만 원

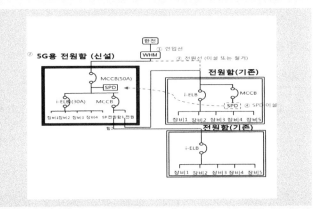

[Case E: 전원함 신설 + 전원단자함 신설+기존 전원함 연결3개 이상]
- 신규 전원함에서 분기하여 기존 전원함(3개 이상)
- 신규 전원함 (50A), 전원단자함 신설,
- 투자비 95만 원
- 전원함 신설, SPD 이설: 25만 원
- 전원선 신설, 철거 등: 70만 원

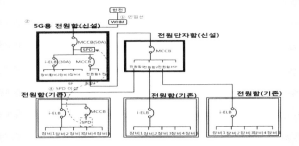

[Case F - 전원 공용화(RAPA)]- 협의 중
- 개요: 통신사 각각 납부하던 기본료를 RAPA에서만 납부하여 통신사는 기본료 절감 발생
- 공용화 대상: 3~5kW(계약 전력 기준)
- 월 절감 효과
  - 2 사 공용화 시: 10,026원
  - 3 사 공용화 시: 13,701원

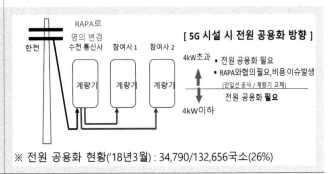

– Case별 서비스 중단 최소화 방식

Case A	Case B
● 여유 단자가 1개인 경우(서비스 중단 없음) 　- 여유 단자에 연결하여 전원 단자함 신설 ● 단자 여유가 전혀 없는 경우 　① 전원 단자함 신설 　② 2G 또는 3G 장비 1개 전원 Off (서비스 중단 1시간 이내_잔여 장비는 서비스 유지) 　③ 전원 단자 분리 　④ 신규 전원 단자함 연결 　⑤ 2G 또는 3G 장비 전원선을 신규 전원 단자함에 이설. 단, 전원선 길이가 부족할 경우, 신규 포설 후 기존 전원함과 신규 전원 단자함 연결 (서비스 중단 10 분 이내 가능)	① 콘센트 교체(16A → 25A) ② SPD용 MCCB Off ③ MCCB 2차측 단자 분리 ④ <u>무순단키트 전원단자를 MCCB 2차측에 연결 후 콘센트에 무순단키트의 전원플러그 연결</u> ⑤ MCCB ON ⑥ IELB Off ⑦ IELB 교체(20A → 30A) ⑧ IELB ON ⑨ MCCB Off ⑩ 무순단 키트 전원단자 및 플러그 분리 ⑪ SPD 전원단자를 MCCB에 연결 ⑫ MCCB ON

Case C
● 단자 여유가 전혀 없는 경우 　① 전원 단자함 신설(신규 전원선 포설: 전원함 ~ 신규 전원 단자함) 　② Case B 작업 　③ 2G 또는 3G 장비 1개 전원 Off(서비스 중단 1시간 이내_잔여 장비는 서비스 유지) 　④ 전원 단자 분리 　⑤ 기존 전원함과 신규 전원 단자함 간 신규 전원선 연결 　⑥ 2G 또는 3G 장비를 신규 전원 단자함에 연결 ● 여유 단자가 1개인 경우(서비스 중단 없음) 　- Case B 작업 후 여유 단자에 연결하여 전원 단자함 신설

Case D	Case E
① 신규 전원함 설치 ② 신규 인입선 포설(한전~계량기 & 계량기~신규 전 원함) ③ 이동형 발전기 가동 ④ 기존 Main 전원함의 IELB Off(서비스 중단 10 초 이 내) 후 전원함 내 콘센트에 발전기 전원 연결 ⑤ 기존 인입선 단자 분리(계량기), ⑥ 신규 인입선/전원선 단자 연결(계량기/신규 전원함), (신규 전원 함 Main/Sub MCCB Off 상태) ⑦ 기존 전원선 단자 분리(기존 Main 전원함), (기존 Main 전원함 IELB Off 상태) ⑧ 기존 전원선을 신규 전원함 단자로 이설(길이에 맞 게 전원선 절단 및 압착단자 재조립)	① 신규 전원함/ 전원단자함(4Port) 신설 후 전 원선 연 결(신규전원함 ~전원단자함) ② 신규 인입선 포설(한전 ~ 계량기 & 계량기 ~ 신규 전원함) ③ 이동형 발전기 가동 ④ 기존 Main전원함의 IELB Off(서비스 중단 10초 이 내) 후 전원함 내 콘센트에 발전기 전원 연결 ⑤ 기존 인입선 단자 분리(계량기) ⑥ 신규 인입선/전원선 단자 연결(계량기/신규 전원함), (신규 전원함 Main/Sub MCCB Off상태) ⑦ 기존 전원선 단자 분리(기존 Main 전원함), (기존 Main 전원함 IELB Off 상태)

⑨ 기존 Main 전원함 IELB ON, 신규 전원함 Sub MCCB ON
⑩ 이동형 발전기 Off(서비스 중단 10초 이내)
⑪ 신규 전원함 Main MCCB ON
⑫ 기존 Sub 전원함 IELB Off
⑬ 기존 Sub 전원함 전원선 단자 분리 후 신규 전원함 단자로 이설(서비스 중단 1시간_기존 Main 전원함 연결 장비는 서비스 유지 상태) 단, 전원선 길이가 부족할 경우, 신규 포설 후 기존 Sub 전원함과 신규 전원함 연결(IELB Off 전 사전 작업) (서비스 중단 10분 이내)
⑭ 기존 Sub 전원함 IELB ON

⑧ 기존 전원선을 신규 전원 단자함 단자로 이설(길이에 맞게 전원선 절단 및 압착 단자 재조립), (신규 전 원단자함 내 MCCB Off 상태)
⑨ 기존 Main 전원함 IELB ON, 신규 전원함 Sub MCCB ON/신규 전원단자함 MCCB ON
⑩ 이동형 발전기 Off(서비스 중단 10초 이내)
⑪ 신규 전원함 Main MCCB ON
⑫ 기존 Sub 전원함 IELB Off
⑬ 기존 Sub 전원함 전원선 단자 분리 후 신규 전원단 자함 단자로 이설(서비스 중단 1시간_기존 Main 전 원함 연결 장비는 서비스 유지 상태) 단, 전원선 길이가 부족할 경우, 신규 포설 후 기존 Sub 전원함과 신규 전원함 연결(IELB Off 전 사전 작업), (서비스 중단 10분 이내)
⑭ 기존 Sub 전원함 IELB ON
⑮ Sub 전원함 숫자에 따라 순차적 수행

3) 정류기/축전지 공급 방식

■ 정류기

구분	As-Is (LTE DU)			To-Be (DUH)		

Eng'g 기준	● 공급 기준
	  - 정류기: Y+5
	  - 정류모듈: Y + 1
				● 공급 기준
				  - 정류기: Y+5
				  - 정류모듈: Y + 1 (본부 내 여유 모듈 우선 활용 → 타본부 여유 모듈 활용 → 구매)
				* 기존 여유 용량 우선 활용하여 구축, 용량 부족 또는 신규 상면은 신규 물자 구축
				* 향후 시설/운용투자 시, 재고 및 여유물자를 고려한 엔지니어링 시행		

As-Is (LTE DU) — ● 장비 사양

구분	-48VDC	+24VDC
냉각방식	자연냉각	강제냉각(Fan)
입력허용전압	380VAC ± 10%	
정류기 용량	400A / 1,000A	1800A
정류모듈	100A(MR-1), 50A(MR-2)	100A (CRS-1800)
IPD	MR-1 공급	미공급
사용장소	통합국	기지국

To-Be (DUH) — ● 장비 사양(-48VDC)

구분	-48VDC	+24VDC
냉각방식	자연냉각	
입력허용전압	380VAC ± 10%	
정류기 용량	2000A	1000A
정류모듈	200A	200A
IPD	공급	미공급
사용장소	통합국	기지국

<table>
<tr><td>

● 장비 TYPE 선정 기준(Y+5 기준)
  - 210A 이하: MR-2
  - 210A 이상: MR-1
● 물자 산출 기준
  - 총 부하전류 = 최번시 부하전류
                  + 신/증설 부하전류
  - 정류모듈 =

$\dfrac{\text{최번시 소요 정류용량[A]} \div \text{부하율 70\%}}{\text{정류기 모듈 정격 출력전류[100A,50A]}}$ + 예비 1

※ 외장형 정류기 공급타입

</td><td>

● 장비 TYPE 선정 기준(Y+5 기준)
  - 700A 이하: MR-M
  - 700A 이상: MR-H
● 물자 산출 기준
  - 총 부하전류 = 최번시 부하전류
                  + 신/증설 부하전류
  - 정류모듈 =

$\dfrac{\text{최번시 소요 정류용량[A]} \div \text{부하율 70\%}}{\text{정류기 모듈 정격 출력전류[100A,50A]}}$ + 예비 1

※ 외장형 정류기/축전지 일체형은 '19 년 개발

</td></tr>
</table>

구분	Type	용량	축전지
삼성	대형정류기 P1	3kW 1kW 모듈 x 3 개	100A 2 개
삼성	대형정류기 P2	7kW 1kW 모듈 x 7 개	100A 2 개
ELG	대형정류기	5.4kW 1.8wK 모듈 x 3 개	150A 4 개
ELG	중형정류기	3.24kW 0.8kW 모듈 x 4 개	65A 4 개
Nokia	대형정류기	8.1kW 2.7kW 모듈 x 3 개	100A 4 개
Nokia	중형정류기 (동아)	3.24kW 1.1kW 모듈 x 3 개	75A 4 개
Nokia	중형정류기 (Eltek)	6kW 2kW 모듈 x 3 개	100A 4 개

운용 기준 (표준운용 보전지침)	● 부하율: 최대 70%가 유지 되도록 관리 - 모듈별 부하 편차 : 5A 이내 ● RMS 감시장치를 활용하여 일상 점검 - 통신방식 : 접점, RS-422	● 부하율: 최대 70%가 유지 되도록 관리 - 모듈별 부하 편차 : 5A 이내 ● RMS 감시장치를 활용하여 일상 점검 - 통신방식: 접점, RS-422, TCP/IP ● 전위접지 시행(기존 정류기 포함)
대 개 체 기준	● 부품 생산 중단으로 유지보수 불가시설 ● 직류 제어반, 주요 유니트/부품 고장이 누적 3 회 이상 발생 & 전원공급 불안정 ● 이상 소음, 진동, 과열 등 성능 저하 ● 안정 운용에 문제가 있다고 판단되는 시설	● 15년 이상 단종/노후 정류기 점진적 대 개체 ※ 참고: 제조사 권고 기준 주요부품 수명 - IC류(15년), 전해 콘덴서류(7년~10년), FAN(4년~5년), 정류 유니트(11.6년) ● 좌동

■ 축전지

구분	As-Is (LTE DU)	To-Be (DUH)
Eng'g 기준	● 백업시간: 통합국 180분, 기지국 90분 ● 공급기준 	구분		
통합국	리튬폴리머	기존 type
기지국	납축전지	납축전지 | ※ 상면 부족 시: 리튬폴리머 공급 ● 구조 및 용량 | 구분	리튬폴리머	납축전지
구조	랙	받침대
용량 24V	3000Ah (150Ah x 10 개 x 2 랙)	2V x 12 셀 (1 조)
용량 48V	1500Ah (150Ah x 10 개 x1 랙)	2V x 24 셀 (1 조) | ● 납축전지 소요용량 = (최번시 부하전류 + 신/증설 부하전류) x 용량산출계수 용량산출계수 = (용량환산 시간/보수율 80%) x 방전전류 증가율(1.11) ● 리튬폴리머 소요용량 = 최대부하전류 x 축전지 백업시간 / 방전효율 80% ● 축전지 소요 조수: 축전지 소요용량(Ah) / 축전지 용량(랙/조) ● 전압강하 기준: 0.5V(정류기 ~ 축전지)	● 백업시간: 통합국 180분, 기지국 90분 ● 공급기준 | 구분	신설	증설
통합국	리튬폴리머	기존 type
기지국		| ※ 상면 부족 시: 리튬폴리머 공급 ● 구조 및 용량 | 구조	랙	받침대
용량(-48V)	1500Ah (150Ah x 10 개 x1 랙)	2V x 24 셀 (1 조) | ● 리튬폴리머 설치 위치 - 자가국사: 바닥 천장 보(기둥 옆) - 임차국사: 바닥 천장 보 및 분산 배치 * 하중 : 1000kg /랙 ● 납축전지 소요용량 = (최번시 부하전류 + 신/증설 부하전류) x 용량산출계수 용량산출계수 = (용량환산 시간/보수율 80%) x 방전전류 증가율(1.11) ● 리튬폴리머 소요용량 = 최대부하전류 x 축전지 백업시간 / 방전효율 80% ● 축전지 소요 조수: 축전지 소요용량(Ah) / I축전지 용량(랙/조) ● 전압강하: 1.25V (축전지 ~ DUH) - 정류기~축전지: 0.5V 이내 - 정류기~DUH: 0.75V 이내
운용 기준 (표준 운용 보전 지침)	● 환경관리 온도기준 - 통합국 25 도 ± 3도/ 기지국 27도 ± 3 도/ 지하철 28 도 ± 5 도 - 직사광선에 노출되지 않도록 관리	● 환경관리 온도기준 - 통합국/기지국: 평균 25도 ± 2도로 통일 (축전지 성능/수명 개선) - 직사광선에 노출되지 않도록 관리 - 온도 기준 초과 국소는 냉방기 증설 또는 별도 칸막이 등 보완 작업 시행 - 정류기 충전전압 하향 조정 : 온도 1 도당 -0.036V(기준 온도 25 도) - 외장형 국소: 열차단 솔루션 검토 중 (반영구 차양막, 냉방기함체 도입 등)

	● 정밀 점검 시행
	  - 연 1회 충·방전 시험 및 전압/전류 측정 등 정밀점검 시행
	  - 내부저항 측정: 반기 1 회
	  - 전조의 균열, 누액, 연결단자의 부식 및 조임 상태, 표면온도 상승 등 일상 점검 시행
	  - 특정 Cell 불량 시, 신속한 교체로 불량이 전이되지 않도록 함
		● 정밀 점검 시행
		  - 좌동

대개체 기준	[납축전지 2V] ● 축전지 방전 시험 후, 셀 전압을 측정하여 평균 전압보다 $0.05V^{(2V)}$ 또는 $0.3V^{(12V)}$ 이상 편차가 발생한 축전지 셀 수가 20%$^{(24V\,3\,셀,\,-\,48V\,5\,셀)}$ 이상 ● 축전지 셀별 내부 저항이 300%$^{0.8m\Omega}$ 이상인 셀 수가 20% 이상(180% 이상은 열화로 관리하여 성능 저하로 판단) ● 전조의 변형(배부름 현상), 균열, 단자 부식, 축전지 누액, 발열 현상 발생 축전지가 3셀 이상 [납축전지12V] ● 소용량 축전지 "운용 년수 기반 대개체" 시행(12V 40AH 이하): 운용 누적 데이터 분석 결과 반영 및 축전지 점검/구축 비용 고려 ● 옥외형: 3년, 옥내형: 4년	[납축전지 2V] ● 좌동 [납축전지 12V] ● 좌동 [리튬폴리머] ● BMS 성능과 방전 시험을 통해 대개체 기준 정립 중 (제조사 권고: 상온 25도에서 10년 보장) ● 성능 저하에 대한 모니터링 체계 준비 중

1.2 DUL 정류기/축전지 엔지니어링 및 운용 기준(안)

- 정류기

구분	As-Is (LTE RRU)					To-Be (DUL)		
Eng'g 기준	● 장비 사양					● 장비 사양(-48VDC)		

장비 사양 (As-Is)

구분	Type	용량	축전지	비고
삼성 (+24V)	중형정류기 P1	945W	65A 2개	일체형 / Fan
	중형정류기 P2	5400W	200A 2개	
	통합소형정류기	945W	18A 2개	일체형 / 밀폐
	소형정류기	540W	7A 2개	
	Compact 정류기	1000W	별도	분리형 / 현재공급
ELG (-48V)	통합소형정류기	1620W	35A 4개	일체형 / Fan
	소형정류기	810W	20A 4개	
	Compact 정류기	1700W	별도	분리형 / 현재공급
Nokia (-48V)	통합소형정류기	1620W	35A 4개	일체형 / Fan
	소형정류기	810W	20A 4개	
	Compact 정류기	1700W	별도	분리형 / 현재공급

장비 사양 (To-Be, -48VDC)

구분	Compact 정류기	
용량	1.2kW	2kW
냉각방식	자연냉각(방열판)	
입력허용전압	220VAC ± 10%	
DC 출력포트	2개	3개
설치 형태	개별/Stackable	
감시장치	TCP/IP, 접점방식	
축전지 감시	포함	
전원콘넥터	MS 콘넥터 (차단기 대체) 축전지 분리형	

As-Is 장비 TYPE 선정 기준

● 장비 TYPE 선정 기준
- 소비전력을 고려하여 선정
- Compact 정류기로 대개체 후 철거된 소형 정류기는 재활용(납축전지 철거)

To-Be 장비 TYPE 선정 기준

● 장비 TYPE 선정 기준
- 소비전력과 DUL 간 거리를 고려하여 선정
예) 650W DUL 전주: 2kW 1개
650W DUL 옥상: 1.2kW 이격 거리별 2~3개

● 절대 상면 부족 시 기존 정류기 대개체
- 27V 지역: 기존 소형 정류기를 4G 용 Compact 로 통합
- -48V 지역: 기존 소형 정류기를 5G 용 신규 정류기로 대개체

운용 기준 (표준운용 보전 지침)

[운용 이슈]
● 소형/통합형 정류기 함체 폭발(6 종)
- 원인: 함체 밀폐형 구조, 정류기/축전지 내장, 내부 발열 및 고온 지속으로 가스에 의한 함체 폭발, 축전지 수명 단축, 콘덴서 마름 현상으로 성능 열화
- 발생 건수: 10건('18년 4건)
- 조치 내역: 축전지 충/방전 전원 차단 중

[추진 방향]
● 소형/통합형 밀폐형 함체 폭발
- 장비 대개체: 제조사 무상 교체 추진
- 일상 점검 시 납축전지 전원 차단 지속 시행(O&S)
- 축전지 철거 미시행(전원 차단 시 축전지 화학반응 진행이 안 되어 폭발이나 기타 이슈 없음, 복배/누액/백화현상도 동일)

	● 소형 정류기 기동 불량(4종/-48V) 원인: 정류 모듈 내 기동회로 불량 콘덴서 유입으로 한전 정전 후 기동 불량 발생 발생율: 18% 수준(남해 변전소 사례) 조치내역: 제조사의 예비물자 200식 공급 으로 무상 교체 진행 중(사후조치)	● 소형 정류기 기동 불량 사후 조치: 제조사 무상 교체 지속 사전 조치: Seed 물자 활용한 제조사 무상 교체 시행(총 3만식, 3년간 Risk가 높은 국소부터 우선 시행, 7,200 식/년)
	● 예비품 확보 기준 없음(선임대 형태로 공급)	● 예비품 확보 : 공급 물량의 1% (선임대 방식 개선)
대개체 기준	● 부품 생산 중단으로 유지보수 불가시설 ● 직류 제어반, 주요 유니트/부품 고장이 누적 3 회 이상 발생 & 전원공급 불안정 ● 이상 소음, 진동, 과열 등 성능 저하 ● 안정운용에 문제가 있다고 판단되는 시설	● 15년 이상 단종/노후 정류기 점진적대개체 - 단종: 우리시스템즈, ACT, 엘텍 등 ● 좌동

○ DC 전원선(정류기~DU_L 간) 굵기별 거리 기준

　– DU_L 과 정류 기간 허용 거리(m) 기준으로 정류기 유형(통합형/개별형) 및
　　설치 위치 판단

구분	소비전력 W	거리(m)
S 사	586	개별형 ≥ 23m 〉통합형
E 사	700	개별형 ≥ 19m 〉통합형
	979	개별형 ≥ 15m 〉통합형
N 사	750	개별형 ≥ 17m 〉통합형

■ 축전지

구분	As-Is (LTE RRU)	To-Be (DUL)
Eng'g 기준	● 백업 시간: 10 분 ● 설치 장소: 지상, 지하철, 터널 (인빌딩 미설치) 　* 수도권 지하철: 발연 이슈로 철거('17 년)	● 백업 시간: 검토 중(GR/BR 등 중요 국 소만 설치) ☞ 토의 아젠다 ● 설치 장소: 지상, 터널 (지하철/인빌딩 미설치)

● 공급 Type

구분	기존(~'16 년)	변경('16 년~)
정류기함체 내	납축	리튬 이온
중계기 내	리튬폴리머	리튬 이온
분리형	-	리튬 이온

● 구조 및 용량

구분	납축전지	리튬폴리머	리튬이온
설치 위치	함체내	중계기 내	함체내/분리
용량	4/7/18/40Ah	0.9/3.2/5/7.5Ah	5/10Ah
적용 장비	RRU 소형/통합정류기	MiBOS, 광중계기	RRU 통합/Compact 형 정류기

● 공급 Type: 리튬이온(Compact 형)
  - 밀폐형 함체/주장비 내부에 미설치
※ 리튬이온축 전지 보호 기능 강화
  - 전지 내압^{swelling} 상승 시 전류차단 '16년~
  - 전지 만충전 전압차단$^{(4.2V \to 4.1V)}$ 하향 '17년~
  - 축전지 고온$^{50°C}$ 충전차단/복귀 '18 년~

● 구조 및 용량

※ GR/BR 등 중요 국소에 한해 신규 Compact 형 개발 설치

<table>
<tr><td rowspan="2">운용 기준 (표준운 용 보전 지침)</td><td>

● 별도 운용기준 없으나, 유지보수 용역계약에 의거 일상적인 현장 방문 시, 축전지 육안 검사
※ '17년 전원 TF 검토사항 '17.9.25, 축전지안정화 기준 보고
- 정전 시 즉시 Down 국소의 축전지 전원 차단 (축전지 차단기 Off or 케이블 분리)

● MiBOS, ARO 등 광중계기 내 축전지 발연 이슈
  - 원인: 밀폐형 구조로 내부 발열 및 외부 고온의 지속 노출에 의한 리튬폴리머 발연 (측정온도 65~72도)
  - 발생 국소 분석: 지하철, 터널, 지상 '18년 이전 15 국소, '18년 이후 13 국소
  - 조치내역 : 축전지 충/방전 전원 차단 (전원 차단 후에도 기 swelling 발생한 축전지는 발연 가능성 존재)

</td><td>

● 일상적인 현장 방문 시, 축전지 육안 검사(O&S)
  - 납축전지 전원 차단 지속 시행
  - 축전지 철거 미시행(전원 차단 시 축전지 화학반응 진행이 안 되어 폭발이나 기타 이슈 없음, 복배/누액/백화현상도 동일)

● MiBOS, ARO 등 광중계기 내 축전지 처리 방식
  - 충/방전 전원 차단 지속 시행(O&S)
  - 광중계기 내 축전지(QRO, ARO, IRO, SF-T 등)
  - 전체 철거 검토 중(리튬폴리머)
  - 철거 시행 주체 의사 결정 필요 (O&S, 운용/구축BP사, 외주 용역)
※ 지하철: 미철거 QRO 축전지 철거 추진

</td></tr>
</table>

대개체 기준

● 기존 중계기에 대한 대개체 기준 없음

● 단, GR/BR/PR 중 축전지 5년 초과 대상 교체
  - 3 년간 9.7억 원 소요 '18 년 815 식

● 기존 중계기에 대한 대개체 미시행

● 단, GR/BR/PR 중 축전지 5년 초과 대상 교체 지상/터널
- 리튬이온 Compact Type으로 교체

기존	변경
납축전지/소형, 통합정류기 함체	리튬이온
리튬폴리머/주장비 내부	
리튬이온	

● DUL용 축전지: 15년 초과 시 대개체
  - 단, 고온 등 운용 환경 변화로 인한 축전지 성능 불량 시 대개체 시행

1) 주요 솔루션

■ 통합국

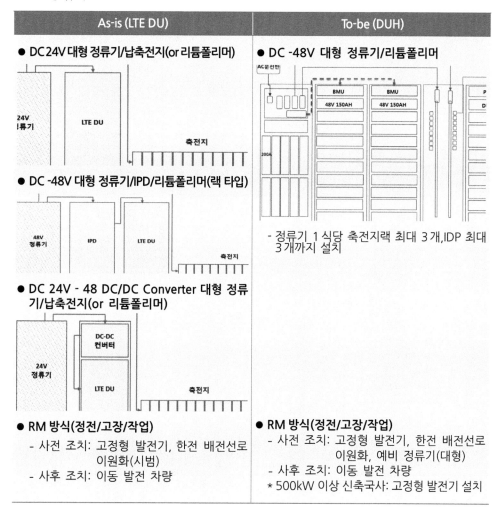

As-is (LTE DU)	To-be (DUH)
● DC 24V 대형 정류기/납축전지(or 리튬폴리머)	● DC -48V 대형 정류기/리튬폴리머
● DC -48V 대형 정류기/IPD/리튬폴리머(랙 타입)	- 정류기 1 식당 축전지랙 최대 3 개, IDP 최대 3 개까지 설치
● DC 24V - 48 DC/DC Converter 대형 정류기/납축전지(or 리튬폴리머)	

● RM 방식(정전/고장/작업)
  - 사전 조치: 고정형 발전기, 한전 배전선로 이원화(시범)
  - 사후 조치: 이동 발전 차량
	● RM 방식(정전/고장/작업)
	  - 사전 조치: 고정형 발전기, 한전 배전선로 이원화, 예비 정류기(대형)
	  - 사후 조치: 이동 발전 차량
	  * 500kW 이상 신축국사: 고정형 발전기 설치

■ 기지국(실내형)

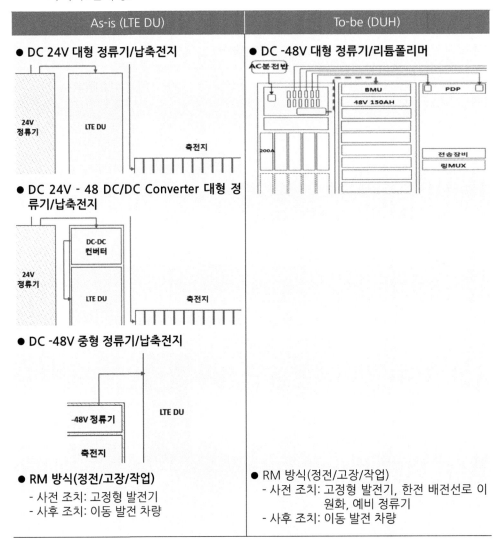

As-is (LTE DU)	To-be (DUH)
● DC 24V 대형 정류기/납축전지 ● DC 24V - 48 DC/DC Converter 대형 정류기/납축전지 ● DC -48V 중형 정류기/납축전지 ● RM 방식(정전/고장/작업) 　- 사전 조치: 고정형 발전기 　- 사후 조치: 이동 발전 차량	● DC -48V 대형 정류기/리튬폴리머 ● RM 방식(정전/고장/작업) 　- 사전 조치: 고정형 발전기, 한전 배전선로 이원화, 예비 정류기 　- 사후 조치: 이동 발전 차량

■ 기지국(실외형)

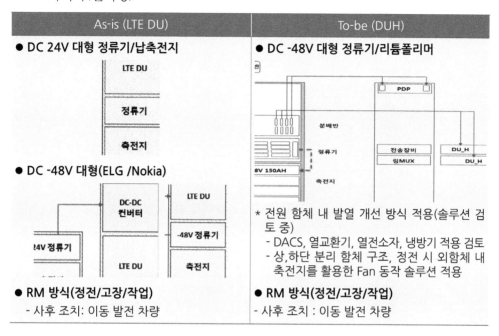

As-is (LTE DU)	To-be (DUH)
● DC 24V 대형 정류기/납축전지	● DC -48V 대형 정류기/리튬폴리머
● DC -48V 대형(ELG /Nokia)	* 전원 함체 내 발열 개선 방식 적용(솔루션 검토 중) - DACS, 열교환기, 열전소자, 냉방기 적용 검토 - 상,하단 분리 함체 구조, 정전 시 외함체 내 축전지를 활용한 Fan 동작 솔루션 적용
● RM 방식(정전/고장/작업) - 사후 조치: 이동 발전 차량	● RM 방식(정전/고장/작업) - 사후 조치 : 이동 발전 차량

■ 중계기 Site(DUL)

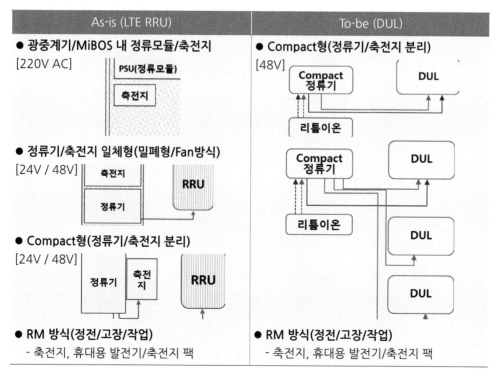

As-is (LTE RRU)	To-be (DUL)
● 광중계기/MiBOS 내 정류모듈/축전지 [220V AC]	● Compact형(정류기/축전지 분리) [48V]
● 정류기/축전지 일체형(밀폐형/Fan방식) [24V / 48V]	
● Compact형(정류기/축전지 분리) [24V / 48V]	
● RM 방식(정전/고장/작업) - 축전지, 휴대용 발전기/축전지 팩	● RM 방식(정전/고장/작업) - 축전지, 휴대용 발전기/축전지 팩

※ 5G 정류기 설치 예시

구분	설치 예시	상면 부족 국소 설치 예시
중계기 Site	[개별형] - 강관주 또는 옥상 분산형 설치 시 [통합형] - 옥탑 설치 시	1 안) 기존 정류기 부착 폴(철가대)을 높여 상단에 설치 2 안) 기존 정류기를 대용량으로 교체 후 빈 공간에 설치
기지국 중/통/집		

2) 냉방 엔지니어링

- 엔지니어링 및 운용 기준
  - 엔지니어링 기준: 실내 부하 열량의 일괄 적용을 실내 면적당 발열량으로
    적용
  - 운용 기준: 국사별 상이한 온도 기준을 단일 기준으로 통일
  - 대개체 기준: 냉방 효율 중심으로 우선순위 재선정

구분	As-Is	To-Be
Eng'g 기준	● 냉방용량 = {(소비전력 x 발생열량 860kcal / kWh) + **총 실내부하열량 4,988 kcal/h**} x 안전율 1.2 ※ 문제점: 고정된 면적의 실내부하열량 4,988 kcal/h 예) 28평 기준 실내부하열량: 2RT	● 냉방용량 = {(소비전력 x 발생열량 860kcal / kWh) + **총 실내부하열량 130kcal/h/㎡**} x 안전율 1.2 ※ 변경: 면적에 따른 실내부하열량 1㎡당 130 kcal/h 예) 28평 기준 실내 부하열량: 5RT ● DUH 랙 소비전력 기준: 9kW 이하 ● DUH 랙 냉각 방식: 전면 흡입, 후면 배출 ● 랙 내 DUH 배치 방식: 세로 또는 가로
운용 기준 (표준운용 보전 지침)	● 교환실 24도±3도/통합국 25도±3도/기지국 27도±3도/지하철 28도±5도 - 온도계 위치: 바닥면 높이 1.2m, 장치면 이격 0.4m위치 ● 허용범위 예외 규정 - 공칭허용치 16도~28도 - 단기허용치 20도~40도 ※ 문제점: 국사별 운용 기준 상이 및 광범위한 허용범위 규정 적용	● 교환실/통합국/기지국/지하철: 평균 25±2도로 통일 - 과/부족 냉방 온도 편차에 대한 표준화를 통해 냉방 운용 환경 개선 필요 - 온도 센서 설치 기준 정립 중(기존 대비 수량 증가) (Cool Zone '평균온도': 냉방기 동작센서 및 RMS 온도센서와 동일 위치) ● 컨테인먼트 적용 국소 - Cool Zone 평균 온도 25±2도적용 - Hot Zone 평균 온도는 35±2도 이내 ● 허용범위 예외 규정 삭제
대개체 기준	대개체 우선 순위 - 1순위: 주요 부품 고장 10회 이상 발생 - 2순위: 압축기 3회 이상 교체 - 3순위: 냉방 능력 60% 이하로 저하 - 4순위: 노후 시설의 설치 장소 변경 시	● 대개체 우선 순위(냉방 효율 중심) - 1순위: 내용 연수 10년 이상이고, 3가지 주요 부품 압축기, 응축기, 팬모터 고장 3회 이상 - 2순위: 냉방 효율 저하 국소 (토출온도와 흡입 온도 Gap 12도 이하 중 A/S 불가 국소, 환경 요인 제외)

■ 주요 솔루션

① 교환국사

가) 냉방 솔루션

○ 기존 대비 냉방 효율을 개선한 이중마루 개선형 컨테인먼트 방식 구축

As-is	To-be

● 이중마루 컨테인먼트 방식
 	
- Cool Zone 밀폐/Hot Zone 개방
  (보라매사옥 8층, 둔산신사옥 7,8층)
 · Hot Zone 열기 순환 미흡 낮은 층고, 고발
  열 장비
 · 지진에 취약(천정 텍스 낙하 우려)
 	
	● 이중마루 개선형 컨테인먼트 방식
	
	1안) Cool Zone 밀폐/Hot Zone 밀폐 (성수사
	    옥, 5G)
	  - 천정 텍스 제거(열기덕트 공간확보, 지진 대응)
	  - 열기 전용 덕트를 통한 집중 열기 순환
	  - 냉기 손실방지를 위해 이중마루 구조 유지
	  * 부분 리모델링에서 이중마루 제거 시 전체
	    상면에 소화설비 공사 및 승인 필요
	    (소방서 재승인 소요기간[약3개월] 및 비용과다
	    발생[10억원])
	    사옥 신축 및 층단위 리모델링을 할 경우
	    → 이중마루 없는 구조로 엔지니어링
	
	2안) Cool Zone 개방/Hot Zone 밀폐 (둔산사
	    옥,TIDC)
	  - 장점: 공급 온도 상승에 따른 전기료 절감
	
	  - 단점: 불필요한 공간까지 냉기 공급
	☞ 1안과 2안에 대한 장,단점 추후 분석 예정

■ 정전 시 RM 솔루션

○ 정전 시 냉동기 Off 되는 문제점 개선을 위해 Off-Line UPS 설치 운용

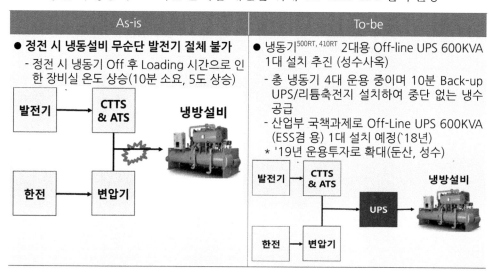

As-is	To-be
● 정전 시 냉동설비 무순단 발전기 절체 불가 - 정전 시 냉동기 Off 후 Loading 시간으로 인한 장비실 온도 상승(10분 소요, 5도 상승)	● 냉동기$^{500RT,\,410RT}$ 2대용 Off-line UPS 600KVA 1대 설치 추진 (성수사옥) - 총 냉동기 4대 운용 중이며 10분 Back-up UPS/리튬축전지 설치하여 중단 없는 냉수 공급 - 산업부 국책과제로 Off-Line UPS 600KVA (ESS겸용) 1대 설치 예정('18년) * '19년 운용투자로 확대(둔산, 성수)

■ 통합국사

② DU 장비 배치 구조 개선

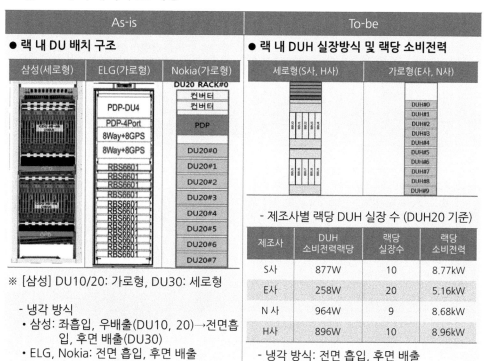

As-is	To-be
● 랙 내 DU 배치 구조	● 랙 내 DUH 실장방식 및 랙당 소비전력

제조사별 랙당 DUH 실장 수 (DUH20 기준)

제조사	DUH 소비전력랙당	랙당 실장수	랙당 소비전력
S사	877W	10	8.77kW
E사	258W	20	5.16kW
N 사	964W	9	8.68kW
H사	896W	10	8.96kW

※ [삼성] DU10/20: 가로형, DU30: 세로형

- 냉각 방식
 • 삼성: 좌흡입, 우배출(DU10, 20)→전면흡입, 후면 배출(DU30)
 • ELG, Nokia: 전면 흡입, 후면 배출

- 냉각 방식: 전면 흡입, 후면 배출

● 단방향 장비 배열로 인한 냉기와 열기 섞임 (C-H-C-H-C-H-C-H 배열)	● 흡기/배기 동일 방향 장비 배열 및 간이 컨테인먼트 방식으로 구축(시범국사 구축 예정, 9월 산업부 정책과제 예산)
	- 장비 배치 기준 정립(C-H-H-C-C-H-H-C 배열)
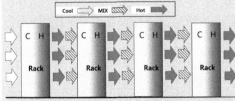	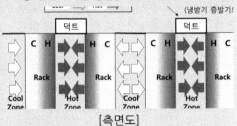
[측면도]	[측면도]
- 고발열로 랙과 랙사이 700mm 이격 설치 또는 이격 없이 설치 - 열과 열 간격이 850~950mm로 국사별 상이	- 랙과 랙사이 이격 없음 - 열과 열 간격은 900mm로 표준화 - 컨테인먼트 내 DUH만 수용(정류기 등 미수용) - DUH랙 4개~14개에 적용, 3개 이하 랙 분산 배치 - 1열방식(단방향), 2열방식(쌍방향) 모두 적용

③ 냉방기 배치 구조 개선

As-is	To-be
● 냉방기 벽면배치 및 상부토출에 따른 냉기 손실, 통로와의 불일치 배치로 인한 열기와의 섞임 문제로 냉방 효율 저하	● 냉기손실 최소화를 위한 냉방기 배치기준 재정립
	① 안: 냉방기 Cool Zone 전진 배치/ 하부 토출 - 토출 냉기 25도를 손실없이 장비 흡입 시, 냉방가동시간 단축으로 전기료30% 이상 절감
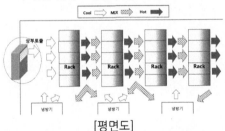	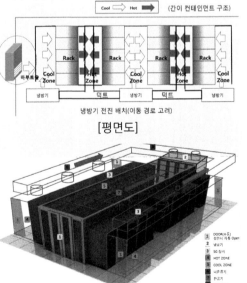
[평면도]	[평면도]
※ 냉방기에서 거리에 따른 DU 흡입 온도 변화 - 토출 냉기가 열기와 섞이면서 5.7m 지점에서 약 13.1도 증가(11.6도→24.7도)	
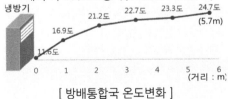 [방배통합국 온도변화]	[입체도]

② 안: Rack Type냉방기 개발 설치
  - Rack Type 냉방기 5RT 개발 설치/하부 토출
  - Off-Line UPS 공동개발(산업부 정책 과제, ~9 월)
(간이 컨테인먼트 ·

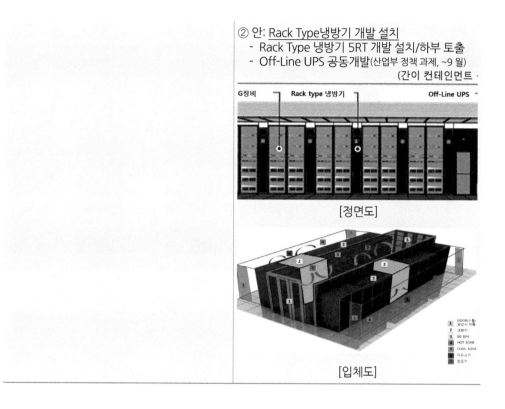

[정면도]

[입체도]

④ 냉방기 동작 온도계 위치 재정립을 통한 효율적 온도 관리

As-is	To-be
● 냉방기 동작 온도 흡입구에 온도계 설치와 실내 온도와 의 차이로 냉방기 비효율적 운용 - 냉방기 동작온도 일괄 설정(25도) - 실내 온도는 장비 발열에 따른 온도 편차가 발생하여 냉방기별 동작 시간 상이 - 상면 내 Cool/Hot Zone 미 구분에 따른 온도계 설치기준 미정립(RMS온도계 포함)	● 냉방기 동작 온도계는 Cool Zone에 설치 운용하고, RMS 온도계는 Cool/Hot Zone에 설치 - DU 장비 흡입구 온도 기준으로 운용 - 설정온도: 25도±2도 장비spec에 따라 조정 - 온도계 설치 수량: 랙 3개당 2개 - 감시 센싱: RMS2.0과 연계 수용

⑤ 실외기 토출 방식 개선을 통한 상면 확보

As-is	To-be
● **상부 토출형 구조**	● **전면 토출형 구조**
- 일부 통합국 실외기 설치 상면 부족으로 냉방기 추가 설치 불가 이슈(해당 국사 파악 중) - 가변형: 4m*3m (약 3.6 평) 기준 실외기 4대 설치 가능	- 상부 토출형 대비 상면 30% 감소(가변형 기준) - 기존 상면 부족 국소: 실외기 재배치 필요

상부 토출형 (As-is): W : 0.97m, D : 0.36m, 최소유격 거리 1 m, 최소유격거리 0.7m

전면 토출형 (To-be): D : 0.384m, 최소유격 거리 1 m, 최소유격거리 0.7m (에어가이드 설치조건), 상향 배풍, 가이드 밴드

(전면 토출형: 4,000*3,000(약 3.6평) 기준 실외기 6대 설치가능)

※ 냉방 유형별 실외기 개선 내역(Depth)

유형	용량	As-is	To-be
가변형	5RT	0.63m	0.384
	10RT	0.75m	0.5
자연공조	5RT	0.63m	축소불가
	10RT	1.2m	0.82

⑥ 정전 시 RM 솔루션: 통합국의 60% 284/478 국소 확보(이동형 제외)

As-is	To-be
● **고정형 발전기: 193국소**	● **냉방 고정형 발전기 확대**
- 냉방기 전용 공급: 31국소 (장비 증가에 따른 발전기 용량 부족으로 냉방기만 공급 하도록 분전반 분리) - 냉방+장비 혼용 공급: 162국소	- 통합 국사 신축 시 냉방기 전용 소형 발전기 설치(90kW), (상면/소음 민원으로 대용량 발전기 불가 시) - 기존 국사 발전기 용량 부족 시, 냉방기만 공급 하도록 분전반 분리
● **고정형 배풍기: 76국소 강제형 14, 고정형 62**	● **장비 증가에 따른 고정형 배풍기 성능개선 추진**
- 정전 시 정류기/축전지를 통해서 소형 인버터 전원 공급 후 배풍기 작동(2시간)	- 소음/용량 개선형 배풍기 FAN 변경 검토 (AC → DC 변경에 따른 효율성 증가)

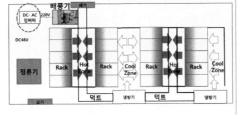

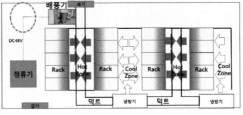

● 냉방기용 인버터 15국소 설치
- 정전 시 주장비용 정류기/축전지를 통해 인버 터 전원공급 후 냉방기 동작(약 30분)
- 단점: 주장비 백업시간 단축

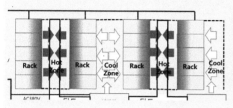

● RM 대응용 이동형 배풍기 194대 운용 중
- 클러스터 단위로 배치

● 강제형 배풍기 14국소 점진적 개선 솔루션 적용
- 고정형 배풍기로 전환하고, 냉방기 재배치 등 신규 솔 루션 적용 검토(먼지 유입, 필터교체에 따른 리소스 증가)

● 냉방기용 Off-Line UPS 설치(산업부 국책과제)
- 정전 시 냉방전용 UPS/축전지를 통한 냉방기 동작 (10RT 2대 30분 유지: ~9월)
- 장점: 주장비 전원과 분리 운용

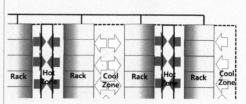

● RM 대응용 이동형 배풍기 재배치
- 국사 단위로 배치

● 간이 컨테인먼트 RM 방식
- 전원 공급 중단 시 천정/Cool Zone Door 자동 개방
- Hot Zone은 고정형 배풍기로 배기

■ 기지국사

As-is	To-be
● 냉방기 벽면 배치 및 상부 토출에 따른 냉기 손실, 통로와의 불일치 배치로 인한 열기와의 섞임 문제로 냉방 효율 저하	● DUH 설치 기준 - 간이 컨테인먼트 미적용(DUH랙 4개 미만) - DUH랙 분산 배치 - 상면 중 온도가 제일 낮은 상면에 설치 - 냉방기 증설 시 냉방기 앞에 설치
● 정전 시 RM - 일부 국소에 한해 고정형 배풍기 또는 배기팬 설치 운용 중	● 정전 시 RM - 기존 배풍기/배기팬 운용 국소는 시설 보강 - 고정형 배풍기 설치(인버터/축전지): 창문 有 - 배기팬 설치(인버터/축전지): 덕트 설치 불가 시 - 창문 無: 이동용 배풍기/Off-line UPS 설치 　(중요도&출동시간 고려 대상 국소 선정 예정) 　☞ 이동용 배풍기: 중요도 낮고, 출동시간 1시간 이상 소요 (단자대 공사 필요) 　☞ Of-line UPS 설치: 중요도 높고, 출동시간 1시간 이내 소요

- End Picture

① 교환 국사

교환국사를 국내 상위 수준의 운용 환경으로 전환
(PUE 1.5이하, 전력밀도 6kW, 안정성 Tier Ⅲ)

시스템 도입
방기 확대
식 도입(냉각탑, 펌프)
냉방 활용(열 교환기)
보 냉동기

❖ 공기 흐름 개선
- 장비 배열 최적화
- 냉기 순환방식 개선
- 컨테인먼트 시스템 도입
  (Hot밀폐덕트/천정,
   AF제거)

❖ 랙 전력밀도 상향 조정
- 3.3kW → 6kW → 10kW

안점성 강화
onent Redundant 강화(냉방기, 냉동기, 냉각탑,
, 변압기, UPS, 자동제어 고도화 등)
ry Path 경로 이중화(냉수 경로, 전원 경로 등)

② 통합 국사

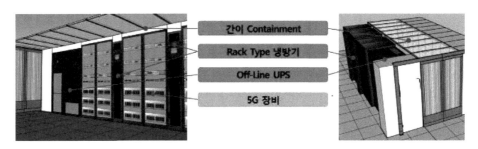

간이 Containment

Rack Type 냉방기

Off-Line UPS

5G 장비

★ RM 솔루션 Option: 고정형 발전기, 고정형 배풍기, Off-Line UPS

5G, 6G 시대를 준비하는
차세대 이동통신 시스템

| 2024년 | 2월 | 22일 | 1판 | 1쇄 | 인 쇄 |
| 2024년 | 2월 | 29일 | 1판 | 1쇄 | 발 행 |

지 은 이 : 김동옥

펴 낸 이 : 박정태

펴 낸 곳 : **광 문 각**

10881

경기도 파주시 파주출판문화도시 광인사길 161

광문각 B/D 4층

등   록 : 1991. 5. 31 제12-484호

전 화(代) : 031) 955-8787

팩   스 : 031) 955-3730

E - mail : kwangmk7@hanmail.net

홈페이지 : www.kwangmoonkag.co.kr

ISBN : 978-89-7093-043-5 93560

값 : 24,000원

한국과학기술출판협회회원
KSPA

※ 교재와 관련된 자료는 광문각 홈페이지(www.kwangmoonkag.com) 자료실에서 다운로드 할 수 있습니다.